北大社普通高等教育"十三五"数字化建设规划教材
大学数学基础系列教材

线性代数

(第二版)

主　编　郝志峰

副主编　单　丽

北京大学出版社
PEKING UNIVERSITY PRESS

本书资源使用说明

内 容 简 介

本书根据最新的高等学校理工类、经济和管理类专业线性代数课程的教学基本要求，并结合考研大纲编写而成. 全书共八章，内容包括：行列式、矩阵、矩阵的初等变换与线性方程组、向量、线性方程组、特征值与特征向量、二次型、线性空间等. 本书每章章末配有习题，书末附有习题参考答案与提示.

本书主要适用于应用型本科院校的人才培养，可作为理工类、经济和管理类专业的教材或教学参考书，也可作为需要学习线性代数的科技工作者、准备考研的非数学专业学生及其他读者的参考资料.

总　　序

数学是人一生中学得最多的一门功课.中小学里就已开设了很多数学课程,涉及算术、平面几何、三角、代数、立体几何、解析几何等众多科目,看起来洋洋大观、琳琅满目,但均属于初等数学的范畴,实际上只能用来解决一些相对简单的问题,面对现实世界中一些复杂的情况则往往无能为力.正因为如此,在大学学习阶段,专攻数学专业的学生不必说了,就是对于广大非数学专业的学生,也都必须选学一些数学基础课程,花相当多的时间和精力学习高等数学,这就对非数学专业的大学数学基础课程教材提出了高质量的要求.

这些年来,各种大学数学基础课程教材已经林林总总地出版了许多,但平心而论,除少数精品以外,大多均偏于雷同,难以使人满意.而学习数学这门学科,关键又在理解与熟练,同一类型的教材只需精读一本好的就足够了.因此,精选并推出一些优秀的大学数学基础课程教材,就理所当然地成为编写出版"大学数学基础系列教材"这一套丛书的宗旨.

大学数学基础课程的名目并不多,所涵盖的内容又大体上相似,但教材的编写不仅仅是材料的堆积和梳理,更体现编写者的教学思想和理念.对于同一门课程,应该鼓励有不同风格的教材来诠释和体现;针对不同程度的教学对象,也应该采用不同层次的教材来教学.特别是,大学非数学专业是一个相当广泛的概念,对分属工程类、经管类、医药类、农林类、社科类甚至文史类的众多大学生,不分青红皂白、一刀切地采用统一的数学教材进行教学,很难密切联系有关专业的实际,很难充分针对有关专业的迫切需要和特殊要求,是不值得提倡的.相反,通过教材编写者和相应专业工作者的密切结合和协作,针对专业特点编写出来的教材,才能特色鲜明、有血有肉,才能深受欢迎,并产生重要而深远的影响.这是各专业的大学数学基础课程教材应有的定位和标准,也是大家的迫切期望,但却是当前明显的短板,因而使我们对这一套丛书可以大有作为有了足够的信心和依据.

说得更远一些,我们一些教师往往把数学看成定义、公式、定理及证明的堆积,千方百计地要把这些知识灌输到学生大脑中去,但却忘记了有关数学最根本的三点.一是数学知识的来龙去脉——从哪里来,又可以到哪里去.割断数学与生动活泼的现实世界的血肉联系,学生就不会有学习数学的持续的积极性.二是数学的精神实质和思想方法.只讲知识,不讲精神,只讲技巧,不讲思想,学生就不可能学到数学的精髓,不可能对数学有真正的领悟.三是数学的人文内涵.

数学在人类认识世界和改造世界的过程中起着关键的、不可代替的作用,是人类文明的坚实基础和重要支柱.不自觉地接受数学文化的熏陶,是不可能真正走近数学、了解数学、领悟数学并热爱数学的.在数学教学中抓住了上面这三点,就抓住了数学的灵魂,学生对数学的学习就一定会更有成效.但客观地说,现有的大学数学基础课程教材,能够真正体现这三点要求的,恐怕为数不多.这一现实为大学数学基础课程教材的编写提供了广阔的发展空间,很多探索有待进行,很多经验有待总结,可以说是任重而道远.从这个意义上说,由北京大学出版社推出的这一套丛书实际上已经为一批有特色、高品质的大学数学基础课程教材的面世搭建了一个很好的平台,特别值得称道,也相信一定会得到各方面广泛而有力的支持.

特为之序.

李大潜

2015年1月28日

第二版前言

从基础学科拔尖学生培养计划 2.0，到卓越工程师教育培养计划 2.0，再深入到计算机领域本科教育教学改革试点工作计划（简称“101 计划”），围绕以新工科为代表的“四新”（新工科、新医科、新农科、新文科）专业改革，尤其是其中的大学数学课程体系和教学内容建设，已成为国内外高等教育研究和教材编写的一个热点，当然也是难点.

党的二十大报告不仅要求“加快建设教育强国、科技强国、人才强国，坚持为党育人、为国育才，全面提高人才自主培养质量，着力造就拔尖创新人才”，而且指明了“统筹职业教育、高等教育、继续教育协同创新，推进职普融通、产教融合、科教融汇”的方向，大量的地方应用型本科院校、职教本科，急需打造一批结合教育部颁布的《普通高等学校本科专业类教学质量国家标准》，融合课程思政、劳动教育等新理念的数学新教材. 编者对包括本书在内的《高等数学》《概率论与数理统计》和《复变函数与积分变换》系列教材，从教学改革的思路，到适应大学数学基础课程教学基本要求（2014 年版）中各类专业，也包括最近各地方高校开展的“深度交叉融合再出新”的新工科人才培养方案，都提出了新的要求. 所以，为了更好地适应 2022 年世界高等教育大会所提出的超越极限——重塑高等教育的新路径等新举措，本书特别关注教学内容的精练和专业交叉融合后的大学数学基础课程教学时数的新变化，力图成为符合国家教育数字化战略与教育教学深度融合的在线教育课程标准之新教材，更好地培养具备创新能力的新一代人才.

进入 2023 年，以 ChatGPT 为代表的各类 GPT（Generative Pre-trained Transformer，生成式预训练变换模型）热闹了起来，其底层架构的本质仍旧是超大规模矩阵的快速求解.“线性代数”作为离散方法、矩阵计算的源头和基础课之一，其教学自然引起了诸多教学改革者的高度关注. 近年来，不断兴起的智能＋、大数据＋的各类专业，包括元宇宙、数字孪生、工业互联网等相关专业建设的需要，对“线性代数”课程的基本内容提出了新的要求. 线性代数深刻地影响着信息处理和数据工程相关专业的建设，例如数据分析层面的基础算法、深度学习、数据智能技术的矩阵和向量空间技术以及线性方程组的快速求解，都是“线性代数”课程不可回避的教学内容和细节.

编者在编写本书第一版时，恰好全程参加了“我国大学数学课程建设与教学改革六十年”课题组的工作，深深体会到目前使用本书的学生，其学习背景、主动性都有了不少新变化. 事实上，欧美等发达国家，在倡导 iSTREAM(intelligent，science，technology，reading，engineering，arts，mathematics)教学的过程中，主张先由 STEM 进入 STEAM，进而是 STREAM、iSTREAM 的新阶段，也可以认为是欧美等发达国家的新工科对策．全世界“线性代数”教学界也在不断回归初心，思考面向学习过程的下一代线性代数学习（Next Generation Learning Challenges，NGLC，下一代学习挑战）的新教材，如 Gilbert Strang 等人的新版教材及其配套资源就是结合数据科学与数据工程的“Linear Algebra and Learning from Data”．本书也融合了这些国外先进教材的优点，不断细化深入，全面探索面向个性化和可容错的学习、基于大数据和人工智能的学习、团队化和社交化的学习、师生合作及可互相帮促的学习等新学习形态，及时研判学习者学习效率的评估和反馈．

需要特别指出的是，本书还融合编者组织并参与的第五届“全国高校数学微课程教学设计竞赛”中的精华，实现教材编写的协同创新、集成创新和融合创新．2022 年，编者牵头汕头大学在国家高等教育智慧教育平台上开设了“线性代数精讲”课程（https://higher.smartedu.cn/course/623c250ea44c4eb65ae86b86），邀请“全国高校数学微课程教学设计竞赛”精英赛金银奖获得者和特邀青年教师联袂讲授．结合本书，借鉴不同章节教与学的过程，授课教师展示了各自特色和风采，对于本书来说，也是很好的示范性、参考性的资料．党的二十大报告还首次提出“推进教育数字化”，强调建设全民终身学习的学习型社会、学习型大国．2023 年 2 月 13 日至 14 日，首届世界数字教育大会在北京召开，中国向世界展示的数字激发的教育机遇令人振奋，提出的教育挑战也更加凸显，需要我们数学教学工作者充分发掘数字变革的力量，共同推动教育数字化变革，开创教育美好未来．前几年，许多国家都推出了自己的国家智慧教育公共服务平台，“线性代数精讲”的实践也可以视为相应的课程资源和教育服务．实际上，早在 2018 年中国慕课宣传周上，教育部就吹响了“通过国家精品慕课，助力高等教育教学质量‘变轨超车’”的号角，要求在一流本科教育中推动优质资源开放共享，重塑教育教学形态．

在本书编写过程中，编者十分重视引导学生运用互联网自主学习的习惯，适应和满足在线学习、课堂教学和精品在线开放课程相结合的混合式教学呈现，推动提高“线性代数”课程教学的质量．同时，也努力推进“线性代数”课程内容的更新和课堂实践的改革．这些努力表现在以“线性代数”为代表的大学数学课程群建设中，教学内容和教学方法的创新改革，本书的这一版在形式上也做了不少新的探索和尝试与此相呼应，取得了很好的成效．智能＋时代、数据＋时代的大学数学教育信息化，不到十年时间，已从 2015 年的“互联网＋教育”、2016 年的“教育＋互联网”，在 2017 年进化到“教育＋AI(人工智能)”、在 2018 年演变为“智能(智慧)教育”，到了 2019 年则提出 “高质量教育”，而从 2020 年开始全球则进入了全民线上教学的实践和尝试，效果如何会逐渐展现．教育数字化已经从推进层面进入到了国家战略层面，这些变化的重点还是要回到课程教学本身，甚至在智慧教室的基础上，教育部还组建了不少的虚拟教研室．其实互联网也好,人工智能也罢,微学分、微证书的流行,都是辅助教学的工具.针对这些新形势,编者结合参加国家"九五"重点科技攻关 96-750 项目"计算机辅助教学软件的研制开发与应用项目"的经验和体会,贯彻落实构建具有中国特色的在线开放课程体系和课程平台的新指向,积极探索《线性代数》教材的新变化.通过纸质版教材、课后网上测试、教学视频案例等,努力为师生提供一个学习共享、开放交流的立体化和智能化的平台,更好地实现更新教育观念、优化教学方式、提高教育质量、推动教育改革等新举措与"线性代数"课程的融合.编者也积极参与了华北理工大学刘春凤老师主持的教育部"大学数学课程群虚拟教研室",汕头大学是共建高校之一,我们牵头主持"线性代数"教研组的建设,也热诚欢迎本书的使用者共同参与建设.

在上一版的基础上,编者探索线上教学融合和教育数字化背景下大学数学课程群建设的新发展,通过应用型本科院校人才培养方案的诸多试点工作,反复整合各院校老师、学生的不同需求,对书中的重难点进行了精心编排,坚持"以学生为本",保持"重点突出、逻辑清晰、内容简洁"等特点.此次改版,为了突出矩阵的初等变换的重要性,我们将矩阵的初等变换、初等矩阵以及利用矩阵工具求解线性方程组独立成第三章.在引入行列式、矩阵、向量等概念时,与学生熟悉的初高中内容联系起来,实现知识体系的无缝衔接和无痛过渡,每个知识点后设置有代表性的习题加深理解.例如,从解线性方程组引出二阶、三阶行列式的概念,归纳两者对角线法则规律,猜想高阶行列式的定义,注重系统性和科学性.教材前五章围绕线性方程组这个研究对象,依次介绍行列式、矩阵、向量三个研究工具,分别通过克拉默法则、矩阵的初等变换和向量的线性关系展现如何使用三个工具来判断线性方程组解的性态以及表达其解的结构,层层递进,实现了"行列式—矩阵—线性方程组—向量—线性方程组解的结构"的螺旋式上升.

关于教育部最新倡导的课程思政、劳动教育,本书也进行了一些探索,教育部高等学校大学数学课程教学指导委员会也牵头组织了"课程思政教学案例设计"的研究,以研讨会的形式在全国征集了一批优秀的案例;汕头大学也积极推动劳动教育与专业、课程的融合,编者在高校劳动教育体系建设高端研讨会上,也介绍了将数学建模和数学实验融入线性代数教育教学的实践.例如,本书的§5.3 分别给出了线性方程组在物理传热问题、交通流量问题和投入产出问题方面的应用;§6.4 例 6 关于转移矩阵的例子,包括配套的习题六第 21 题,均可以围绕本地区、本行业类似的转移关系(当然,设计符合实际问题的参数值,还需要具体的调研才能获得),探索和研究与时俱进的国情.

本书附录部分还提供了一些相关概念和相似定义之间的拓扑图,帮助学生多角度、立体化地理解相关知识点,把看似零碎、独立的概念整合起来,以点及面,融会贯通.例如,关于矩阵的等价、相似、合同的充要条件部分,给了师生围绕矩阵分类问题抽丝剥茧般的精细刻画,作为数学文化美感的集大成者案例,可以使读者在修读完线性代数之后,更易于理解大规模计算中与数据科学有关的有限结构化数据关系.

本书第二版由郝志峰担任主编，汕头大学单丽为本书的此次改版提出了诸多有益的建议和意见，袁晓辉、吴浪、谷任盟、陈平、苏娟构思并设计了全书的数字资源，编者在此对为本书的编写和出版付出辛勤工作的各位老师表示感谢！同时也衷心感谢教育部原数学与统计学教学指导委员会主任委员李大潜院士为这一套丛书欣然题序，并对内容的组织和编排做了详细的指导，尤其是对数学知识、能力和素养相互统一的期盼，这些都为本书的编写明确了方向.

尽管编者力求把本书编为一本优秀的教材，但囿于客观条件与自身学识和能力，书中难免存在诸多不妥之处，恳请同行和读者批评指正. 若这本书能让读者有所受益，编者将感到莫大的荣幸.

编者

2023 年 2 月

于汕头桑浦山下

汕头大学

作者简介

目　录

第一章　行列式

行列式是线性代数的基础．本章将介绍 n 阶行列式的定义、性质、计算及应用［克拉默（Cramer）法则］等内容．

课程思政案例

知识结构

§1.1 n 阶行列式的概念

1. 二阶行列式、三阶行列式

为了探究行列式的概念出现的必然性,我们不妨从二元线性方程组的求解出发.利用消元法求解二元线性方程组

$$\begin{cases} a_{11}x_1 + a_{12}x_2 = b_1, \\ a_{21}x_1 + a_{22}x_2 = b_2, \end{cases} \tag{1.1}$$

当 $a_{11}a_{22} - a_{12}a_{21} \neq 0$ 时,可得它的解为

$$x_1 = \frac{b_1 a_{22} - a_{12} b_2}{a_{11}a_{22} - a_{12}a_{21}}, \quad x_2 = \frac{a_{11}b_2 - b_1 a_{21}}{a_{11}a_{22} - a_{12}a_{21}}.$$

上述解的表达式不便记忆,但观察其分子、分母,不难发现,解的表达式中,分子、分母都是由方程组的系数和常数项按一定规律计算而得.为此,我们引入如下二阶行列式的概念.

定义 1 用记号 $\begin{vmatrix} a_{11} & a_{12} \\ a_{21} & a_{22} \end{vmatrix}$ 表示 $a_{11}a_{22} - a_{12}a_{21}$,称为二阶行列式,即

$$\begin{vmatrix} a_{11} & a_{12} \\ a_{21} & a_{22} \end{vmatrix} = a_{11}a_{22} - a_{12}a_{21}. \tag{1.2}$$

行列式的横排称为行,竖排称为列,数 $a_{ij}(i,j = 1,2)$ 称为行列式(1.2) 的元素.元素 a_{ij} 的第一个下标 i 称为行标,表明 a_{ij} 位于第 i 行;第二个下标 j 称为列标,表明 a_{ij} 位于第 j 列.

说明 ① 记忆方法为实线所连接两个元素的乘积减去虚线所连接两个元素的乘积:

$$\begin{vmatrix} a_{11} & a_{12} \\ a_{21} & a_{22} \end{vmatrix}.$$
$-\qquad +$

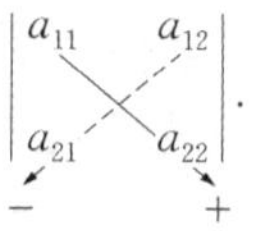

② 上述记忆方法中的实线称为主对角线,虚线称为副对角线.于是,二阶行列式的对角线法则便是主对角线上两个元素的乘积减去副对角线上两个元素的乘积.

利用二阶行列式的定义,我们记

$$D = \begin{vmatrix} a_{11} & a_{12} \\ a_{21} & a_{22} \end{vmatrix}, \quad D_1 = \begin{vmatrix} b_1 & a_{12} \\ b_2 & a_{22} \end{vmatrix}, \quad D_2 = \begin{vmatrix} a_{11} & b_1 \\ a_{21} & b_2 \end{vmatrix},$$

当 $D\neq 0$ 时,方程组(1.1)的解可表示为

$$x_1=\frac{D_1}{D},\quad x_2=\frac{D_2}{D}.$$

显然,利用二阶行列式来表示二元线性方程组的解,更为简洁整齐,且易于记忆,这也为 §1.4 介绍克拉默法则奠定了基础.

例 1 利用二阶行列式,求解二元线性方程组 $\begin{cases}2x_1+4x_2=1,\\ x_1+3x_2=2.\end{cases}$

解 由于

$$D=\begin{vmatrix}2 & 4\\ 1 & 3\end{vmatrix}=2\times 3-4\times 1=2\neq 0,$$

且

$$D_1=\begin{vmatrix}1 & 4\\ 2 & 3\end{vmatrix}=1\times 3-4\times 2=-5,$$

$$D_2=\begin{vmatrix}2 & 1\\ 1 & 2\end{vmatrix}=2\times 2-1\times 1=3,$$

因此方程组的解为

$$x_1=\frac{D_1}{D}=-\frac{5}{2},\quad x_2=\frac{D_2}{D}=\frac{3}{2}.$$

定义 2 用记号 $\begin{vmatrix}a_{11} & a_{12} & a_{13}\\ a_{21} & a_{22} & a_{23}\\ a_{31} & a_{32} & a_{33}\end{vmatrix}$ 表示

$$a_{11}a_{22}a_{33}+a_{12}a_{23}a_{31}+a_{13}a_{21}a_{32}-a_{11}a_{23}a_{32}-a_{12}a_{21}a_{33}-a_{13}a_{22}a_{31},$$

称为三阶行列式,即

$$\begin{vmatrix}a_{11} & a_{12} & a_{13}\\ a_{21} & a_{22} & a_{23}\\ a_{31} & a_{32} & a_{33}\end{vmatrix}=a_{11}a_{22}a_{33}+a_{12}a_{23}a_{31}+a_{13}a_{21}a_{32}-a_{11}a_{23}a_{32}-a_{12}a_{21}a_{33}-a_{13}a_{22}a_{31}.\tag{1.3}$$

说明 ① 记忆方法为各实线所连接三个元素的乘积是其正项,各虚线所连接三个元素的乘积是其负项:

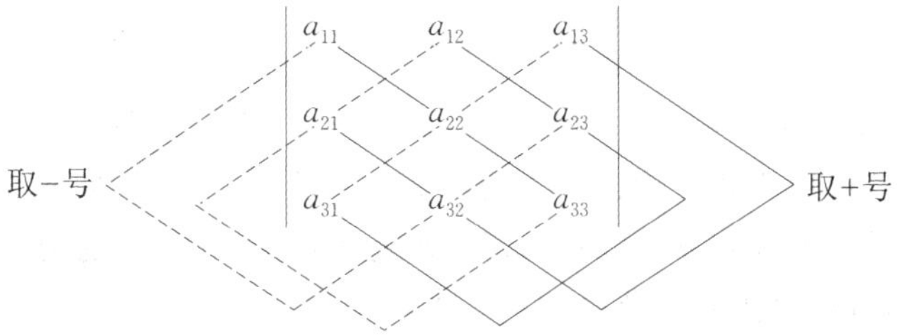

或

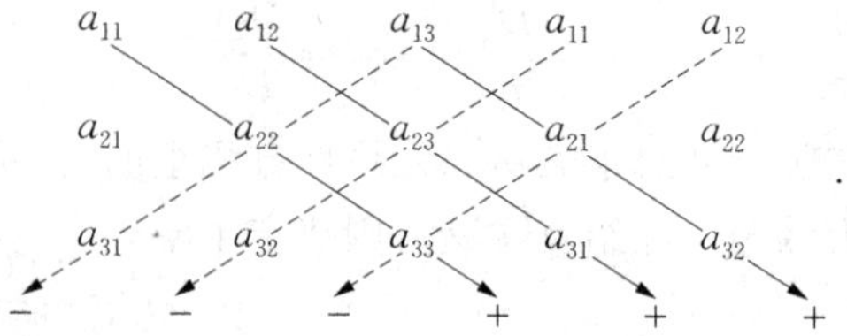

② 三阶行列式的对角线法则是主对角线和平行于主对角线上三个元素的乘积冠以正号，副对角线和平行于副对角线上三个元素的乘积冠以负号.

例 2 计算三阶行列式 $D=\begin{vmatrix}1&2&3\\4&5&6\\7&8&9\end{vmatrix}$.

解 利用三阶行列式的对角线法则，可得

$$\begin{aligned}D&=1\times5\times9+2\times6\times7+3\times4\times8\\&\quad-3\times5\times7-2\times4\times9-1\times6\times8\\&=0.\end{aligned}$$

有了三阶行列式的概念，可以考察如下三元线性方程组：

$$\begin{cases}a_{11}x_1+a_{12}x_2+a_{13}x_3=b_1,\\a_{21}x_1+a_{22}x_2+a_{23}x_3=b_2,\\a_{31}x_1+a_{32}x_2+a_{33}x_3=b_3.\end{cases}\tag{1.4}$$

令

$$D=\begin{vmatrix}a_{11}&a_{12}&a_{13}\\a_{21}&a_{22}&a_{23}\\a_{31}&a_{32}&a_{33}\end{vmatrix},\quad D_1=\begin{vmatrix}b_1&a_{12}&a_{13}\\b_2&a_{22}&a_{23}\\b_3&a_{32}&a_{33}\end{vmatrix},$$

$$D_2=\begin{vmatrix}a_{11}&b_1&a_{13}\\a_{21}&b_2&a_{23}\\a_{31}&b_3&a_{33}\end{vmatrix},\quad D_3=\begin{vmatrix}a_{11}&a_{12}&b_1\\a_{21}&a_{22}&b_2\\a_{31}&a_{32}&b_3\end{vmatrix},$$

当 $D\neq0$ 时，可以验证，方程组(1.4)的解可表示为

$$x_1=\frac{D_1}{D},\quad x_2=\frac{D_2}{D},\quad x_3=\frac{D_3}{D}.$$

事实上，该结论是克拉默法则在三元线性方程组中的应用.

从二阶行列式和三阶行列式的定义可以看出，二阶行列式或三阶行列式的对角线法则含有 2!或 3!项，每项均为不同行、不同列的两个或三个元素的乘积，且冠以正号和负号的项各占一半.

思考　n 阶行列式的计算公式中应该包含多少项？是否存在类似的对角线法则？

n 阶行列式的计算公式中应该包含 $n!$ 项. 现考虑如下四阶行列式：

$$\begin{vmatrix} a_{11} & a_{12} & a_{13} & a_{14} \\ a_{21} & a_{22} & a_{23} & a_{24} \\ a_{31} & a_{32} & a_{33} & a_{34} \\ a_{41} & a_{42} & a_{43} & a_{44} \end{vmatrix},$$

如果按照类似二阶行列式和三阶行列式的对角线法则来计算，应展开成 8 项，与 $4!=24$ 项不符. 由此可得，对角线法则仅适用于二阶行列式和三阶行列式的计算. 对于四阶乃至更高阶的行列式，应如何计算呢？为了给出 n 阶行列式的一般定义，需要引入逆序数的概念.

2. n 阶行列式

1）排列与逆序

定义 3　由 $1,2,\cdots,n$ 组成的不重复的每一种确定次序的排列称为一个 n 级排列.

不难验证：n 级排列共有 $n!$ 种. 规定由小到大的排列为标准排列.

例如，由 1，2，3 组成的三级排列有 $3!=6$ 种，分别是

123，　231，　312，　213，　132，　321.

定义 4　在 n 级排列 $x_1x_2\cdots x_n$ 中，若有较大的数 x_p 排在较小的数 x_q 前面，则称 x_p 和 x_q 构成一个逆序. 在 n 级排列中，逆序的总数称为逆序数，记为 $\tau(x_1x_2\cdots x_n)$，简记为 τ.

定义 5　若排列 $x_1x_2\cdots x_n$ 的逆序数 τ 是奇数，则称该排列为奇排列；若 τ 是偶数，则称该排列为偶排列.

例 3　求五级排列 23154 和 n 级标准排列 $12\cdots n$ 的逆序数，并指出它们的奇偶性.

解　因为 $\tau(23154)=0+0+2+0+1=3$，所以五级排列 23154 为奇排列. 又因为 $\tau(12\cdots n)=0+0+\cdots+0=0$，所以 n 级标准排列 $12\cdots n$ 为偶排列.

2）对换

定义 6　在排列中，将任意两个元素对调，其余元素位置保持不动，称为对换. 将相邻两个元素对换，称为相邻对换.

例如,在排列 23154 中,将 3,5 对调得到 25134,计算得 $\tau(25134)=4$,即奇排列 23154 经一次对换后变成了偶排列.

定理 1 任一排列经一次对换后其奇偶性改变.

证 先证相邻对换的情形.

设原排列为 $almb$,其中 a,b 表示除元素 l,m 外的元素.原排列经对换后变为新排列 $amlb$.比较前后两个排列的逆序数,因为 a,b 中原元素的次序没有变,且 l,m 与 a,b 中原元素的次序也没有变,仅改变了 l,m 的次序,所以新排列比原排列增加一个逆序(当 $l<m$)或减少一个逆序(当 $m<l$),从而奇偶性改变.

再证一般情形.

设原排列为 $alk_1k_2\cdots k_tmb$,经对调 l,m 后变为新排列 $amk_1k_2\cdots k_tlb$.比较前后两个排列的逆序数,因为 l 与 $k_1,k_2,\cdots,k_t$ 做 t 次相邻对换得排列 $ak_1k_2\cdots k_tlmb$,m 与 $l,k_t,\cdots,k_2,k_1$ 再做 $t+1$ 次相邻对换得排列 $amk_1k_2\cdots k_tlb$,即总共做 $2t+1$ 次相邻对换将原排列变为新排列,所以原排列做了奇数次相邻对换得到新排列,从而奇偶性改变.

3) n 阶行列式

为了给出 n 阶行列式的一般定义,我们先回顾二阶行列式和三阶行列式的定义并用排列的逆序数表示:

$$\begin{vmatrix} a_{11} & a_{12} \\ a_{21} & a_{22} \end{vmatrix} = a_{11}a_{22} - a_{12}a_{21} = \sum (-1)^{\tau(m_1m_2)} a_{1m_1}a_{2m_2},$$

其中 $\sum$ 表示对所有的二级排列 m_1m_2 取和;

$$\begin{vmatrix} a_{11} & a_{12} & a_{13} \\ a_{21} & a_{22} & a_{23} \\ a_{31} & a_{32} & a_{33} \end{vmatrix} = a_{11}a_{22}a_{33} + a_{12}a_{23}a_{31} + a_{13}a_{21}a_{32}$$

$$- a_{11}a_{23}a_{32} - a_{12}a_{21}a_{33} - a_{13}a_{22}a_{31}$$

$$= \sum (-1)^{\tau(m_1m_2m_3)} a_{1m_1}a_{2m_2}a_{3m_3},$$

其中 $\sum$ 表示对所有的三级排列 $m_1m_2m_3$ 取和.

仿此可推广到 n 阶行列式的情形.

定义 7 将 n^2 个元素 $a_{ij}(i,j=1,2,\cdots,n)$ 排成 n 行 n 列:

$$D = \begin{vmatrix} a_{11} & a_{12} & \cdots & a_{1n} \\ a_{21} & a_{22} & \cdots & a_{2n} \\ \vdots & \vdots & & \vdots \\ a_{n1} & a_{n2} & \cdots & a_{nn} \end{vmatrix} = \sum (-1)^{\tau(m_1m_2\cdots m_n)} a_{1m_1}a_{2m_2}\cdots a_{nm_n},$$

称为 n 阶行列式,其中 $\sum$ 表示对元素列标所有的 n 级排列取和.

说明 ① 一阶行列式 $|a_{11}|$ 就是 a_{11},要注意不能与绝对值记号

混淆.

② n 阶行列式可写成 $|a_{ij}|_{n\times n}$ 或 $|a_{ij}|$.

③ n 阶行列式的计算公式中每一项都是位于不同行、不同列的 n 个元素的乘积,共 $n!$ 项,其中取正号和取负号的项各占一半.

④ 一个行列式若有一行(列)中的元素皆为0,则该行列式为0.

例 4 计算下三角形行列式(主对角线上方元素全为0的行列式)

$$D=\begin{vmatrix} a_{11} & & & \\ a_{21} & a_{22} & & \\ \vdots & \vdots & \ddots & \\ a_{n1} & a_{n2} & \cdots & a_{nn} \end{vmatrix}$$

的值,其中 $a_{ii}\neq 0(i=1,2,\cdots,n)$ 且未写出的元素全为0(以后均如此规定).

解 由定义7知,D 的值等于取自不同行、不同列的 n 个元素的乘积的代数和.观察下三角形行列式的特点,第一行只有取 a_{11} 时,其项才不为0,进而第二行也只有取 a_{22}.依此类推,第 n 行也只有取 a_{nn},即

$$D=(-1)^{\tau(12\cdots n)}a_{11}a_{22}\cdots a_{nn}=a_{11}a_{22}\cdots a_{nn}.$$

说明 定义7是逐行选取不同列的 n 个元素,当然也可以逐列选取不同行的 n 个元素,这样就得到如下 n 阶行列式的等价定义.

定义 8 n 阶行列式

$$D=|a_{ij}|=\sum(-1)^{\tau(q_1q_2\cdots q_n)}a_{q_11}a_{q_22}\cdots a_{q_nn},$$

其中 $\sum$ 表示对元素行标所有的 n 级排列取和.

例 5 计算上三角形行列式(主对角线下方元素全为0的行列式)

$$D=\begin{vmatrix} a_{11} & a_{12} & \cdots & a_{1n} \\ & a_{22} & \cdots & a_{2n} \\ & & \ddots & \vdots \\ & & & a_{nn} \end{vmatrix}$$

的值,其中 $a_{ii}\neq 0(i=1,2,\cdots,n)$.

解 观察上三角形行列式的特点,第一列只有一个非零元素,因此由定义8知,在第一列中选取元素,只有 a_{11} 所在的项不为0,进而第二列也只能选取 a_{22}.依此类推,即

$$D=(-1)^{\tau(12\cdots n)}a_{11}a_{22}\cdots a_{nn}=a_{11}a_{22}\cdots a_{nn}.$$

例 6 计算对角行列式(除主对角线以外的元素全为 0 的行列式)

$$\begin{vmatrix} a_{11} & & & \\ & a_{22} & & \\ & & \ddots & \\ & & & a_{nn} \end{vmatrix}$$

的值,其中 $a_{ii} \neq 0(i=1,2,\cdots,n)$.

解 利用定义 7 或定义 8,不难求得 $D=a_{11}a_{22}\cdots a_{nn}$.

例 7 证明:

$$D=\begin{vmatrix} & & & a_{1n} \\ & & a_{2,n-1} & \\ & \iddots & & \\ a_{n1} & & & \end{vmatrix}=(-1)^{\frac{n(n-1)}{2}}a_{1n}a_{2,n-1}\cdots a_{n1},$$

其中 $a_{1n}\neq 0,a_{2,n-1}\neq 0,\cdots,a_{n1}\neq 0$.

证 由定义 7 知 $D=(-1)^{\tau}a_{1n}a_{2,n-1}\cdots a_{n1}$,其中 τ 为排列 $n(n-1)\cdots 21$ 的逆序数,且

$$\tau=0+1+2+\cdots+(n-1)=\frac{n(n-1)}{2}.$$

例 8 利用行列式的定义计算行列式

$$D=\begin{vmatrix} 1 & 0 & a & 0 \\ 2 & 0 & 0 & -1 \\ a & 1 & 0 & 0 \\ 0 & 0 & 1 & 2 \end{vmatrix}.$$

解
$$\begin{aligned} D &=(-1)^{\tau_1}a_{11}a_{24}a_{32}a_{43}+(-1)^{\tau_2}a_{13}a_{21}a_{32}a_{44} \\ &=(-1)^{1+1}\times 1\times(-1)\times 1\times 1+(-1)^{1+1}\times a\times 2\times 1\times 2 \\ &=-1+4a. \end{aligned}$$

说明 由 n 阶行列式的定义,理论上可计算任意行列式的值.然而 n 阶行列式的计算公式中包含 $n!$ 项,当阶数 n 较大或行列式的零元素较少时,利用定义计算行列式的计算量较大,因此该情况下不推荐使用定义计算.

§1.2 行列式的性质

本节将介绍行列式的性质,以便通过这些性质将复杂难计算的行列式

化为较简单容易计算的行列式(如上(下)三角形行列式,其值等于主对角线上元素的乘积),从而进行行列式的计算.

定义 1 将行列式 D 的行和列交换后得到的行列式称为 D 的转置行列式,记为 D^{T} 或 D',即若 $D=\begin{vmatrix} a_{11} & a_{12} & \cdots & a_{1n} \\ a_{21} & a_{22} & \cdots & a_{2n} \\ \vdots & \vdots & & \vdots \\ a_{n1} & a_{n2} & \cdots & a_{nn} \end{vmatrix}$,则

$$D^{\mathrm{T}}=D'=\begin{vmatrix} a_{11} & a_{21} & \cdots & a_{n1} \\ a_{12} & a_{22} & \cdots & a_{n2} \\ \vdots & \vdots & & \vdots \\ a_{1n} & a_{2n} & \cdots & a_{nn} \end{vmatrix}.$$

性质 1 将行列式转置,行列式的值不变,即 $D^{\mathrm{T}}=D$.

证 假设 $D^{\mathrm{T}}=|b_{ij}|$,则 $b_{ij}=a_{ji}(i,j=1,2,\cdots,n)$. 由 §1.1 定义 7 知,

$$\begin{aligned} D^{\mathrm{T}} &= \sum(-1)^{\tau(m_1 m_2 \cdots m_n)} b_{1m_1} b_{2m_2} \cdots b_{nm_n} \\ &= \sum(-1)^{\tau(m_1 m_2 \cdots m_n)} a_{m_1 1} a_{m_2 2} \cdots a_{m_n n}, \end{aligned}$$

而由 §1.1 定义 8 知,上式右边即为 D,故 $D^{\mathrm{T}}=D$.

说明 行列式中行与列地位相同,行具有的性质,对列也成立.

性质 2 用数 k 乘以行列式 D 的某一行(列),等于用数 k 乘以行列式 D,即

$$D_1=\begin{vmatrix} a_{11} & a_{12} & \cdots & a_{1n} \\ \vdots & \vdots & & \vdots \\ ka_{i1} & ka_{i2} & \cdots & ka_{in} \\ \vdots & \vdots & & \vdots \\ a_{n1} & a_{n2} & \cdots & a_{nn} \end{vmatrix}=k\begin{vmatrix} a_{11} & a_{12} & \cdots & a_{1n} \\ \vdots & \vdots & & \vdots \\ a_{i1} & a_{i2} & \cdots & a_{in} \\ \vdots & \vdots & & \vdots \\ a_{n1} & a_{n2} & \cdots & a_{nn} \end{vmatrix}=kD.$$

证 因为 D_1 的一般项为

$$(-1)^{\tau} a_{1m_1} a_{2m_2} \cdots (ka_{im_i}) \cdots a_{nm_n}=k[(-1)^{\tau} a_{1m_1} a_{2m_2} \cdots a_{im_i} \cdots a_{nm_n}],$$

所以 $D_1=kD$.

说明 行列式的某一行(列)元素的公因子可以提到行列式符号的外面.

性质 3 设行列式 D 的某一行(列)每一个元素都是两数之和,则 D 可写为两个行列式之和,即

$$D=\begin{vmatrix} a_{11} & a_{12} & \cdots & a_{1n} \\ \vdots & \vdots & & \vdots \\ b_{i1}+c_{i1} & b_{i2}+c_{i2} & \cdots & b_{in}+c_{in} \\ \vdots & \vdots & & \vdots \\ a_{n1} & a_{n2} & \cdots & a_{nn} \end{vmatrix}$$

$$=\begin{vmatrix} a_{11} & a_{12} & \cdots & a_{1n} \\ \vdots & \vdots & & \vdots \\ b_{i1} & b_{i2} & \cdots & b_{in} \\ \vdots & \vdots & & \vdots \\ a_{n1} & a_{n2} & \cdots & a_{nn} \end{vmatrix}+\begin{vmatrix} a_{11} & a_{12} & \cdots & a_{1n} \\ \vdots & \vdots & & \vdots \\ c_{i1} & c_{i2} & \cdots & c_{in} \\ \vdots & \vdots & & \vdots \\ a_{n1} & a_{n2} & \cdots & a_{nn} \end{vmatrix}$$

$$=D_1+D_2.$$

证　因 D 的一般项为

$$\begin{aligned}&(-1)^{\tau}a_{1m_1}a_{2m_2}\cdots(b_{im_i}+c_{im_i})\cdots a_{nm_n}\\ &\quad=(-1)^{\tau}a_{1m_1}a_{2m_2}\cdots b_{im_i}\cdots a_{nm_n}+(-1)^{\tau}a_{1m_1}a_{2m_2}\cdots c_{im_i}\cdots a_{nm_n},\end{aligned}$$

上面等式右边第一项是 D_1 的一般项，第二项是 D_2 的一般项，故

$$D=D_1+D_2.$$

性质 4　互换行列式的某两行(列)，行列式变号.

证　设行列式

$$D_1=\begin{vmatrix} b_{11} & b_{12} & \cdots & b_{1n} \\ b_{21} & b_{22} & \cdots & b_{2n} \\ \vdots & \vdots & & \vdots \\ b_{n1} & b_{n2} & \cdots & b_{nn} \end{vmatrix}$$

是由 $D=|a_{ij}|$ 互换 i,j 两行得到的，即当 $k\neq i,j$ 时，$b_{kp}=a_{kp}$；当 $k=i,j$ 时，$\begin{cases}b_{ip}=a_{jp},\\ b_{jp}=a_{ip}\end{cases}(p=1,2,\cdots,n)$，于是由 §1.1 定义 7 知

$$\begin{aligned}D_1&=\sum(-1)^{\tau(m_1m_2\cdots m_i\cdots m_j\cdots m_n)}b_{1m_1}b_{2m_2}\cdots b_{im_i}\cdots b_{jm_j}\cdots b_{nm_n}\\ &=\sum(-1)^{\tau(m_1m_2\cdots m_i\cdots m_j\cdots m_n)}a_{1m_1}a_{2m_2}\cdots a_{jm_i}\cdots a_{im_j}\cdots a_{nm_n}\\ &=\sum(-1)^{\tau(m_1m_2\cdots m_i\cdots m_j\cdots m_n)}a_{1m_1}a_{2m_2}\cdots a_{im_j}\cdots a_{jm_i}\cdots a_{nm_n}\\ &=-\sum(-1)^{\tau(m_1m_2\cdots m_j\cdots m_i\cdots m_n)}a_{1m_1}a_{2m_2}\cdots a_{im_j}\cdots a_{jm_i}\cdots a_{nm_n}\\ &=-D.\end{aligned}$$

性质 5　若行列式有两行(列)元素完全相同，则此行列式为 0.

证　把该行列式中完全相同的两行(列)互换，由性质 4 知，$D=-D$，故 $D=0$.

性质 6　若行列式有两行(列)元素成比例，则该行列式为 0.

证 $$\begin{vmatrix} a_{11} & a_{12} & \cdots & a_{1n} \\ \vdots & \vdots & & \vdots \\ a_{i1} & a_{i2} & \cdots & a_{in} \\ \vdots & \vdots & & \vdots \\ ka_{i1} & ka_{i2} & \cdots & ka_{in} \\ \vdots & \vdots & & \vdots \\ a_{n1} & a_{n2} & \cdots & a_{nn} \end{vmatrix} = k\begin{vmatrix} a_{11} & a_{12} & \cdots & a_{1n} \\ \vdots & \vdots & & \vdots \\ a_{i1} & a_{i2} & \cdots & a_{in} \\ \vdots & \vdots & & \vdots \\ a_{i1} & a_{i2} & \cdots & a_{in} \\ \vdots & \vdots & & \vdots \\ a_{n1} & a_{n2} & \cdots & a_{nn} \end{vmatrix} = k\times 0 = 0,$$

这里第一步根据性质 2,第二步根据性质 5.

性质 7 把行列式某一行(列)的倍数加到另一行(列),行列式的值不变.

证 $$\begin{vmatrix} a_{11} & a_{12} & \cdots & a_{1n} \\ \vdots & \vdots & & \vdots \\ a_{i1} & a_{i2} & \cdots & a_{in} \\ \vdots & \vdots & & \vdots \\ ka_{i1}+a_{s1} & ka_{i2}+a_{s2} & \cdots & ka_{in}+a_{sn} \\ \vdots & \vdots & & \vdots \\ a_{n1} & a_{n2} & \cdots & a_{nn} \end{vmatrix}$$

$$= \begin{vmatrix} a_{11} & a_{12} & \cdots & a_{1n} \\ \vdots & \vdots & & \vdots \\ a_{i1} & a_{i2} & \cdots & a_{in} \\ \vdots & \vdots & & \vdots \\ ka_{i1} & ka_{i2} & \cdots & ka_{in} \\ \vdots & \vdots & & \vdots \\ a_{n1} & a_{n2} & \cdots & a_{nn} \end{vmatrix} + \begin{vmatrix} a_{11} & a_{12} & \cdots & a_{1n} \\ \vdots & \vdots & & \vdots \\ a_{i1} & a_{i2} & \cdots & a_{in} \\ \vdots & \vdots & & \vdots \\ a_{s1} & a_{s2} & \cdots & a_{sn} \\ \vdots & \vdots & & \vdots \\ a_{n1} & a_{n2} & \cdots & a_{nn} \end{vmatrix}$$

$$= 0 + \begin{vmatrix} a_{11} & a_{12} & \cdots & a_{1n} \\ \vdots & \vdots & & \vdots \\ a_{i1} & a_{i2} & \cdots & a_{in} \\ \vdots & \vdots & & \vdots \\ a_{s1} & a_{s2} & \cdots & a_{sn} \\ \vdots & \vdots & & \vdots \\ a_{n1} & a_{n2} & \cdots & a_{nn} \end{vmatrix},$$

这里第一步根据性质 3,第二步根据性质 6.

说明 在行列式的性质 2,4,7 中关于行(用 r 表示)和列(用 c 表示)的三种运算,有以下记号:kr_i 表示用 k 乘以第 i 行;$r_i\leftrightarrow r_j$ 表示互换第 i,j 行;r_i+kr_j 表示把第 j 行的 k 倍加到第 i 行;kc_i 表示用 k 乘以第 i 列;$c_i\leftrightarrow c_j$ 表示互换第 i,j 列;c_i+kc_j 表示把第 j 列的 k 倍加到第 i 列.后面的矩阵亦用这样的记号.

例 1 利用行列式的性质计算下列行列式：

(1) $D_1=\begin{vmatrix}1&2&3\\0&0&0\\2&1&1\end{vmatrix}$； (2) $D_2=\begin{vmatrix}1&2&3\\3&6&9\\2&1&1\end{vmatrix}$；

(3) $D_3=\begin{vmatrix}a^2+a^{-2}&a&a^{-1}&1\\b^2+b^{-2}&b&b^{-1}&1\\c^2+c^{-2}&c&c^{-1}&1\\d^2+d^{-2}&d&d^{-1}&1\end{vmatrix}\quad(abcd=1)$.

解 (1) 因 D_1 的第二行元素全为 0，故 $D_1=0$.

(2) 因 D_2 的第一行与第二行对应元素成比例，故 $D_2=0$.

$$(3)\ D_3\xlongequal{\text{用性质 3}}\begin{vmatrix}a^2&a&a^{-1}&1\\b^2&b&b^{-1}&1\\c^2&c&c^{-1}&1\\d^2&d&d^{-1}&1\end{vmatrix}+\begin{vmatrix}a^{-2}&a&a^{-1}&1\\b^{-2}&b&b^{-1}&1\\c^{-2}&c&c^{-1}&1\\d^{-2}&d&d^{-1}&1\end{vmatrix}$$

$$\xlongequal[\frac{r_1}{a},\frac{r_2}{b},\frac{r_3}{c},\frac{r_4}{d}]{\text{在第一个行列式中}}abcd\begin{vmatrix}a&1&a^{-2}&a^{-1}\\b&1&b^{-2}&b^{-1}\\c&1&c^{-2}&c^{-1}\\d&1&d^{-2}&d^{-1}\end{vmatrix}+\begin{vmatrix}a^{-2}&a&a^{-1}&1\\b^{-2}&b&b^{-1}&1\\c^{-2}&c&c^{-1}&1\\d^{-2}&d&d^{-1}&1\end{vmatrix}$$

$$\xlongequal[\text{再 }c_1\leftrightarrow c_2\text{，再 }c_3\leftrightarrow c_4]{\text{用性质 4 对第一个行列式 }c_2\leftrightarrow c_3}(-1)^3\begin{vmatrix}a^{-2}&a&a^{-1}&1\\b^{-2}&b&b^{-1}&1\\c^{-2}&c&c^{-1}&1\\d^{-2}&d&d^{-1}&1\end{vmatrix}+\begin{vmatrix}a^{-2}&a&a^{-1}&1\\b^{-2}&b&b^{-1}&1\\c^{-2}&c&c^{-1}&1\\d^{-2}&d&d^{-1}&1\end{vmatrix}=0.$$

例 2 利用行列式的性质计算下列行列式：

(1) $D_1=\begin{vmatrix}2&1&1&1\\1&2&1&1\\1&1&2&1\\1&1&1&2\end{vmatrix}$； (2) $D_2=\begin{vmatrix}2&-5&1&2\\-3&7&-1&4\\5&-9&2&7\\4&-6&1&2\end{vmatrix}$.

解 (1) 观察该行列式的特点，发现每行四个数的和均为 5，因此我们首先把第二、三、四列分别加到第一列，然后提取第一列的公因子，最后将第一行的 -1 倍分别加到第二、三、四行，即可得到上三角形行列式：

$$D_1=\begin{vmatrix}5&1&1&1\\5&2&1&1\\5&1&2&1\\5&1&1&2\end{vmatrix}=5\begin{vmatrix}1&1&1&1\\1&2&1&1\\1&1&2&1\\1&1&1&2\end{vmatrix}=5\begin{vmatrix}1&1&1&1\\0&1&0&0\\0&0&1&0\\0&0&0&1\end{vmatrix}=5.$$

(2) 先将第一、三列互换，再利用性质 7 得

$$D_1 \xlongequal{c_1 \leftrightarrow c_3} -\begin{vmatrix} 1 & -5 & 2 & 2 \\ -1 & 7 & -3 & 4 \\ 2 & -9 & 5 & 7 \\ 1 & -6 & 4 & 2 \end{vmatrix} \xlongequal[r_4 - r_1]{\substack{r_2 + r_1 \\ r_3 - 2r_1}} -\begin{vmatrix} 1 & -5 & 2 & 2 \\ 0 & 2 & -1 & 6 \\ 0 & 1 & 1 & 3 \\ 0 & -1 & 2 & 0 \end{vmatrix}$$

$$\xlongequal{r_2 \leftrightarrow r_3} \begin{vmatrix} 1 & -5 & 2 & 2 \\ 0 & 1 & 1 & 3 \\ 0 & 2 & -1 & 6 \\ 0 & -1 & 2 & 0 \end{vmatrix} \xlongequal[r_4 + r_2]{r_3 - 2r_2} \begin{vmatrix} 1 & -5 & 2 & 2 \\ 0 & 1 & 1 & 3 \\ 0 & 0 & -3 & 0 \\ 0 & 0 & 3 & 3 \end{vmatrix}$$

$$\xlongequal{r_4 + r_3} \begin{vmatrix} 1 & -5 & 2 & 2 \\ 0 & 1 & 1 & 3 \\ 0 & 0 & -3 & 0 \\ 0 & 0 & 0 & 3 \end{vmatrix} = -9.$$

例 3 计算行列式

$$D = \begin{vmatrix} 1+a_1 & a_2 & \cdots & a_n \\ a_1 & 1+a_2 & \cdots & a_n \\ \vdots & \vdots & & \vdots \\ a_1 & a_2 & \cdots & 1+a_n \end{vmatrix}.$$

解 $$D \xlongequal{\text{将各列加到第一列}} \begin{vmatrix} 1+\sum\limits_{i=1}^{n} a_i & a_2 & \cdots & a_n \\ 1+\sum\limits_{i=1}^{n} a_i & 1+a_2 & \cdots & a_n \\ \vdots & \vdots & & \vdots \\ 1+\sum\limits_{i=1}^{n} a_i & a_2 & \cdots & 1+a_n \end{vmatrix}$$

$$\xlongequal{\frac{c_1}{1+\sum_{i=1}^{n} a_i}} \left(1+\sum_{i=1}^{n} a_i\right) \begin{vmatrix} 1 & a_2 & \cdots & a_n \\ 1 & 1+a_2 & \cdots & a_n \\ \vdots & \vdots & & \vdots \\ 1 & a_2 & \cdots & 1+a_n \end{vmatrix}$$

$$\xlongequal[(i=2,3,\cdots,n)]{c_i - a_i c_1} \left(1+\sum_{i=1}^{n} a_i\right) \begin{vmatrix} 1 & 0 & \cdots & 0 \\ 1 & 1 & \cdots & 0 \\ \vdots & \vdots & & \vdots \\ 1 & 0 & \cdots & 1 \end{vmatrix} = 1+\sum_{i=1}^{n} a_i.$$

§1.3 行列式按行(列)展开

观察 §1.1 中介绍的三阶行列式的定义，即

$$D=\begin{vmatrix} a_{11} & a_{12} & a_{13} \\ a_{21} & a_{22} & a_{23} \\ a_{31} & a_{32} & a_{33} \end{vmatrix}=a_{11}a_{22}a_{33}+a_{12}a_{23}a_{31}+a_{13}a_{21}a_{32}$$

$$-a_{11}a_{23}a_{32}-a_{12}a_{21}a_{33}-a_{13}a_{22}a_{31},$$

将等式右边分别组合且合并同类项，有

$$\begin{aligned} D&=a_{11}(a_{22}a_{33}-a_{23}a_{32})+a_{12}(a_{23}a_{31}-a_{21}a_{33})+a_{13}(a_{21}a_{32}-a_{22}a_{31}) \\ &=a_{11}\begin{vmatrix} a_{22} & a_{23} \\ a_{32} & a_{33} \end{vmatrix}-a_{12}\begin{vmatrix} a_{21} & a_{23} \\ a_{31} & a_{33} \end{vmatrix}+a_{13}\begin{vmatrix} a_{21} & a_{22} \\ a_{31} & a_{32} \end{vmatrix}, \end{aligned}$$

即一个三阶行列式可转化为三个二阶行列式的运算. 观察其规律是：三阶行列式的第一行各个元素分别乘以划去该元素所在行、列后剩余元素排成的二阶行列式，并分别取正负号.

本节将该降阶思想推广，研究如何将高阶行列式转化为较低阶行列式进行计算，从而得到行列式的另一种计算方法 —— 按行(列) 展开. 为此，先介绍代数余子式的概念.

定义 1 在 n 阶行列式中，划去元素 a_{ij} 所在的第 i 行和第 j 列，余下的元素按照原来的次序，排成的 $n-1$ 阶行列式，称为 a_{ij} 的**余子式**，记为 M_{ij}. 而 $A_{ij}=(-1)^{i+j}M_{ij}$ 称为 a_{ij} 的**代数余子式**.

例如，在四阶行列式

$$D=\begin{vmatrix} a_{11} & a_{12} & a_{13} & a_{14} \\ a_{21} & a_{22} & a_{23} & a_{24} \\ a_{31} & a_{32} & a_{33} & a_{34} \\ a_{41} & a_{42} & a_{43} & a_{44} \end{vmatrix}$$

中，a_{23} 的余子式和代数余子式分别为

$$M_{23}=\begin{vmatrix} a_{11} & a_{12} & a_{14} \\ a_{31} & a_{32} & a_{34} \\ a_{41} & a_{42} & a_{44} \end{vmatrix},\quad A_{23}=(-1)^{2+3}\begin{vmatrix} a_{11} & a_{12} & a_{14} \\ a_{31} & a_{32} & a_{34} \\ a_{41} & a_{42} & a_{44} \end{vmatrix}=-M_{23}.$$

说明 余子式 M_{ij} 与代数余子式 A_{ij} 均与 a_{ij} 无关.

引理 1 一个 n 阶行列式 D，若其第 i 行元素除 a_{ij} 外都为 0，则 D 等于 a_{ij} 与它的代数余子式的乘积，即

$$D = a_{ij}A_{ij}. \qquad (1.5)$$

证 先证 a_{ij} 位于第一行、第一列的情形. 这时

$$D_1 = \begin{vmatrix} a_{11} & 0 & \cdots & 0 \\ a_{21} & a_{22} & \cdots & a_{2n} \\ \vdots & \vdots & & \vdots \\ a_{n1} & a_{n2} & \cdots & a_{nn} \end{vmatrix}.$$

因为 D_1 的一般项中每一项均含第一行元素，而仅有 $a_{11} \neq 0$，所以 D_1 的一般项中仅含有下列的项：

$$(-1)^{\tau(1m_2\cdots m_n)} a_{11}a_{2m_2}\cdots a_{nm_n} = a_{11}[(-1)^{\tau(1m_2\cdots m_n)} a_{2m_2}\cdots a_{nm_n}].$$

上述等式右边中括号内为余子式 M_{11}，故

$$D_1 = a_{11}M_{11}.$$

而由 $A_{11} = (-1)^{1+1}M_{11} = M_{11}$，这时 $D_1 = a_{11}A_{11}$.

再证 a_{ij} 的一般情形. 这时

$$D_2 = \begin{vmatrix} a_{11} & \cdots & a_{1j} & \cdots & a_{1n} \\ \vdots & & \vdots & & \vdots \\ 0 & \cdots & a_{ij} & \cdots & 0 \\ \vdots & & \vdots & & \vdots \\ a_{n1} & \cdots & a_{nj} & \cdots & a_{nn} \end{vmatrix}.$$

将 a_{ij} 调至第一行、第一列：将第 i 行依次与第 $i-1,\cdots,2,1$ 行互换，第 j 列依次与第 $j-1,\cdots,2,1$ 列互换，即共经 $i+j-2$ 次互换后得

$$D_2 = (-1)^{i+j-2}D_1 = (-1)^{i+j}D_1.$$

元素 a_{ij} 在 D_2 中的余子式仍为其在 D_1 中的余子式.

利用上面的结果得

$$D_2 = (-1)^{i+j}a_{ij}M_{ij} = a_{ij}A_{ij}.$$

定理 1 n 阶行列式 $D = |a_{ij}|$ 等于其任意一行的各元素与对应代数余子式的乘积之和，即

$$D = a_{i1}A_{i1} + a_{i2}A_{i2} + \cdots + a_{in}A_{in} \quad (i = 1,2,\cdots,n). \qquad (1.6)$$

证

$$D = \begin{vmatrix} a_{11} & a_{12} & \cdots & a_{1n} \\ \vdots & \vdots & & \vdots \\ a_{i1}+0+\cdots+0 & 0+a_{i2}+\cdots+0 & \cdots & 0+0+\cdots+a_{in} \\ \vdots & \vdots & & \vdots \\ a_{n1} & a_{n2} & \cdots & a_{nn} \end{vmatrix}$$

$$\xlongequal{\text{对第 } i \text{ 行用 §1.2 的性质 3}} \begin{vmatrix} a_{11} & a_{12} & \cdots & a_{1n} \\ \vdots & \vdots & & \vdots \\ a_{i1} & 0 & \cdots & 0 \\ \vdots & \vdots & & \vdots \\ a_{n1} & a_{n2} & \cdots & a_{nn} \end{vmatrix} + \begin{vmatrix} a_{11} & a_{12} & \cdots & a_{1n} \\ \vdots & \vdots & & \vdots \\ 0 & a_{i2} & \cdots & 0 \\ \vdots & \vdots & & \vdots \\ a_{n1} & a_{n2} & \cdots & a_{nn} \end{vmatrix}$$

$$+\cdots+ \begin{vmatrix} a_{11} & a_{12} & \cdots & a_{1n} \\ \vdots & \vdots & & \vdots \\ 0 & 0 & \cdots & a_{in} \\ \vdots & \vdots & & \vdots \\ a_{n1} & a_{n2} & \cdots & a_{nn} \end{vmatrix}$$

$$=a_{i1}A_{i1}+a_{i2}A_{i2}+\cdots+a_{in}A_{in} \quad (i=1,2,\cdots,n).$$

定理 2 n 阶行列式 D 的某一行元素与另一行元素对应代数余子式的乘积之和等于 0,即

$$a_{i1}A_{s1}+a_{i2}A_{s2}+\cdots+a_{in}A_{sn}=0 \quad (i \neq s;i,s=1,2,\cdots,n). \tag{1.7}$$

证 将原行列式 D 中第 s 行元素换成第 i 行($i \neq s$)对应元素,得到其两行完全相同的行列式 D_1,则由 §1.2 的性质 5 得 $D_1=0$. 再将 D_1 按第 s 行展开得

$$D_1=a_{i1}A_{s1}+a_{i2}A_{s2}+\cdots+a_{in}A_{sn}=0 \quad (i \neq s).$$

说明 ① n 阶行列式 $D=|a_{ij}|$ 按列展开有公式:

$$D=a_{1j}A_{1j}+a_{2j}A_{2j}+\cdots+a_{nj}A_{nj} \quad (j=1,2,\cdots,n);$$

$$a_{1j}A_{1m}+a_{2j}A_{2m}+\cdots+a_{nj}A_{nm}=0 \quad (j \neq m).$$

② 定理 1 和定理 2 称为按行(列)展开定理.

③ 定理 1 和定理 2 可写成

$$\sum_{j=1}^{n} a_{ij}A_{sj}=\begin{cases} D, & i=s, \\ 0, & i \neq s; \end{cases} \quad \sum_{i=1}^{n} a_{ij}A_{im}=\begin{cases} D, & j=m, \\ 0, & j \neq m. \end{cases} \tag{1.8}$$

例 1 计算行列式

$$D=\begin{vmatrix} 3 & 0 & 1 & 0 \\ 2 & 0 & 0 & 5 \\ 0 & 1 & 4 & 1 \\ 0 & 2 & 3 & 1 \end{vmatrix}.$$

解 按第一行展开得

$$D=3\times(-1)^{1+1}\begin{vmatrix} 0 & 0 & 5 \\ 1 & 4 & 1 \\ 2 & 3 & 1 \end{vmatrix}+1\times(-1)^{1+3}\begin{vmatrix} 2 & 0 & 5 \\ 0 & 1 & 1 \\ 0 & 2 & 1 \end{vmatrix}.$$

上式右边第一个行列式按第一行展开,第二个行列式按第一列展开,得

$$D=15\times(-1)^{1+3}\begin{vmatrix}1&4\\2&3\end{vmatrix}+2\times(-1)^{1+1}\begin{vmatrix}1&1\\2&1\end{vmatrix}=-75-2=-77.$$

例 2 计算行列式

$$D=\begin{vmatrix}6&-1&3&32\\5&-3&3&27\\3&-1&-1&17\\4&-1&3&19\end{vmatrix}.$$

解 $$D\xlongequal{c_4-5c_1}\begin{vmatrix}6&-1&3&2\\5&-3&3&2\\3&-1&-1&2\\4&-1&3&-1\end{vmatrix}\xlongequal[r_4-r_1]{\substack{r_2-3r_1\\r_3-r_1}}\begin{vmatrix}6&-1&3&2\\-13&0&-6&-4\\-3&0&-4&0\\-2&0&0&-3\end{vmatrix}$$

$$\xlongequal{\text{按第二列展开}}(-1)\times(-1)^{1+2}\begin{vmatrix}-13&-6&-4\\-3&-4&0\\-2&0&-3\end{vmatrix}$$

$$\xlongequal{c_1-c_3}\begin{vmatrix}-9&-6&-4\\-3&-4&0\\1&0&-3\end{vmatrix}\xlongequal{c_3+3c_1}\begin{vmatrix}-9&-6&-31\\-3&-4&-9\\1&0&0\end{vmatrix}$$

$$\xlongequal{\text{按第三行展开}}(-1)^{3+1}\begin{vmatrix}-6&-31\\-4&-9\end{vmatrix}=-70.$$

说明 ① 行列式按行(列)展开的关键是如何选择行或列.例 1 表明选择只含一个非零元的行(列),可将高阶行列式转化为一个低阶行列式进行计算,大大节省计算时间;例 2 表明如果行列式中不存在零元素较多的行(列),可先利用行列式的性质将某一行(列)中一些非零元化零(把非零元化为零元),再采用按行(列)展开进行计算.

② 化零常常是从含绝对值最小的整数所在的行(列)开始,如含 1 或 -1 所在的行(列).

③ 在化零过程中应尽量避免出现分数.

④ 当某行(列)的元素偏大时,应先用行列式的性质将它们变小,如例 2 中第一步和第四步.

例 3 证明:

$$D=\begin{vmatrix}x&-1&0&0\\0&x&-1&0\\0&0&x&-1\\a_0&a_1&a_2&a_3\end{vmatrix}=a_3x^3+a_2x^2+a_1x+a_0.$$

证 按第四行展开得

$$D=(-1)^{4+1}a_0\begin{vmatrix}-1&0&0\\x&-1&0\\0&x&-1\end{vmatrix}+(-1)^{4+2}a_1\begin{vmatrix}x&0&0\\0&-1&0\\0&x&-1\end{vmatrix}$$

$$+(-1)^{4+3}a_2\begin{vmatrix}x&-1&0\\0&x&0\\0&0&-1\end{vmatrix}+(-1)^{4+4}a_3\begin{vmatrix}x&-1&0\\0&x&-1\\0&0&x\end{vmatrix}$$

$$=a_0+a_1x+a_2x^2+a_3x^3.$$

说明 由例3的计算过程发现,我们并未选择零元素较多的行(列),这是因为按第四行展开产生的四个三阶行列式,均为上(下)三角形行列式,方便计算.因此,采用按行(列)展开计算行列式时,要综合考量降阶后产生的余子式计算的难度和该行(列)中非零元素的个数.

例4 设行列式

$$D=\begin{vmatrix}3&1&-1&2\\-5&1&3&-4\\2&0&1&-1\\1&-5&3&-3\end{vmatrix},$$

求 $A_{31}+3A_{32}-2A_{33}+2A_{34}$.

解 方法1 利用代数余子式的定义,分别求出 A_{31},A_{32},A_{33} 和 A_{34},再代入所求表达式中,即

$$A_{31}=(-1)^{3+1}\begin{vmatrix}1&-1&2\\1&3&-4\\-5&3&-3\end{vmatrix}\xlongequal[r_3+5r_1]{r_2-r_1}\begin{vmatrix}1&-1&2\\0&4&-6\\0&-2&7\end{vmatrix}$$

$$=1\times(-1)^{1+1}\begin{vmatrix}4&-6\\-2&7\end{vmatrix}=16,$$

$$A_{32}=(-1)^{3+2}\begin{vmatrix}3&-1&2\\-5&3&-4\\1&3&-3\end{vmatrix}\xlongequal{c_1\leftrightarrow c_2}\begin{vmatrix}-1&3&2\\3&-5&-4\\3&1&-3\end{vmatrix}\xlongequal[r_3+3r_1]{r_2+3r_1}\begin{vmatrix}-1&3&3\\0&4&2\\0&10&3\end{vmatrix}$$

$$=-1\times(-1)^{1+1}\begin{vmatrix}4&2\\10&3\end{vmatrix}=8,$$

$$A_{33}=(-1)^{3+3}\begin{vmatrix}3&1&2\\-5&1&-4\\1&-5&-3\end{vmatrix}\xlongequal[r_3+5r_1]{r_2-r_1}\begin{vmatrix}3&1&2\\-8&0&-6\\16&0&7\end{vmatrix}$$

$$=1\times(-1)^{1+2}\begin{vmatrix}-8&-6\\16&7\end{vmatrix}=-40,$$

$$A_{34}=(-1)^{3+4}\begin{vmatrix}3&1&-1\\-5&1&3\\1&-5&3\end{vmatrix}\xlongequal[r_3+5r_1]{r_2-r_1}-\begin{vmatrix}3&1&-1\\-8&0&4\\16&0&-2\end{vmatrix}$$

$$=-1\times(-1)^{1+2}\begin{vmatrix}-8&4\\16&-2\end{vmatrix}=-48,$$

所以

$$A_{31}+3A_{32}-2A_{33}+2A_{34}=24.$$

方法 2 观察所求表达式，发现它形似某个四阶行列式按第三行展开的计算公式. 又因为代数余子式与其对应的元素无关，所以将已知行列式 D 的第三行元素替换成所求表达式中的四个系数 $1,3,-2,2$，不会改变 A_{31},A_{32},A_{33} 和 A_{34} 的值，且替换后所得到的四阶行列式恰好等于 $A_{31}+3A_{32}-2A_{33}+2A_{34}$，即

$$A_{31}+3A_{32}-2A_{33}+2A_{34}=\begin{vmatrix}3&1&-1&2\\-5&1&3&-4\\1&3&-2&2\\1&-5&3&-3\end{vmatrix}\xlongequal[r_4+5r_1]{\substack{r_2-r_1\\r_3-3r_1}}\begin{vmatrix}3&1&-1&2\\-8&0&4&-6\\-8&0&1&-4\\16&0&-2&7\end{vmatrix}$$

$$=1\times(-1)^{1+2}\begin{vmatrix}-8&4&-6\\-8&1&-4\\16&-2&7\end{vmatrix}\xlongequal[r_3+2r_1]{r_2-r_1}-\begin{vmatrix}-8&4&-6\\0&-3&2\\0&6&-5\end{vmatrix}$$

$$=8\times(-1)^{1+1}\begin{vmatrix}-3&2\\6&-5\end{vmatrix}=24.$$

说明 方法 2 比方法 1 计算量更小，因此有时按行(列)展开也可反向使用，将几个低阶行列式的代数和转化为一个高阶行列式进行计算.

例 5 证明：范德蒙德(Vandermonde) 行列式

$$D_n=\begin{vmatrix}1&1&1&\cdots&1\\a_1&a_2&a_3&\cdots&a_n\\a_1^2&a_2^2&a_3^2&\cdots&a_n^2\\\vdots&\vdots&\vdots&&\vdots\\a_1^{n-1}&a_2^{n-1}&a_3^{n-1}&\cdots&a_n^{n-1}\end{vmatrix}=\prod_{1\leqslant i<j\leqslant n}(a_j-a_i),\tag{1.9}$$

其中记号“$\prod$”表示全体同类因子的乘积.

证　用数学归纳法.当 $n=2$ 时，

$$D_2=\begin{vmatrix}1 & 1\\ a_1 & a_2\end{vmatrix}=a_2-a_1,$$

结论成立.

假设(1.9)式对 $n-1$ 阶范德蒙德行列式成立，接下来证明(1.9)式对 n 阶范德蒙德行列式也成立.

对 D_n 降阶，从第 n 行开始，后一行依次减去前一行的 a_1 倍，有

$$D_n=\begin{vmatrix}1 & 1 & 1 & \cdots & 1\\ 0 & a_2-a_1 & a_3-a_1 & \cdots & a_n-a_1\\ 0 & a_2(a_2-a_1) & a_3(a_3-a_1) & \cdots & a_n(a_n-a_1)\\ \vdots & \vdots & \vdots & & \vdots\\ 0 & a_2^{n-2}(a_2-a_1) & a_3^{n-2}(a_3-a_1) & \cdots & a_n^{n-2}(a_n-a_1)\end{vmatrix},$$

然后接第一列展开，并把每列的公因子提出，得

$$D_n=(a_2-a_1)(a_3-a_1)\cdots(a_n-a_1)\begin{vmatrix}1 & 1 & \cdots & 1\\ a_2 & a_3 & \cdots & a_n\\ \vdots & \vdots & & \vdots\\ a_2^{n-1} & a_3^{n-1} & \cdots & a_n^{n-1}\end{vmatrix}.$$

上式右边的行列式是 $n-1$ 阶范德蒙德行列式，由归纳假设知，它等于所有 (a_j-a_i) 因子的乘积，其中 $2\leqslant i<j\leqslant n$，故

$$D_n=(a_2-a_1)(a_3-a_1)\cdots(a_n-a_1)\prod_{2\leqslant i<j\leqslant n}(a_j-a_i)=\prod_{1\leqslant i<j\leqslant n}(a_j-a_i).$$

例 6　计算行列式

$$D=\begin{vmatrix}1 & 1 & 1 & 1\\ 4 & 3 & 6 & -2\\ 16 & 9 & 36 & 4\\ 64 & 27 & 216 & -8\end{vmatrix}.$$

解　这是范德蒙德行列式，其中 $a_1=4, a_2=3, a_3=6, a_4=-2$，因此

$$D=\begin{vmatrix}1 & 1 & 1 & 1\\ 4 & 3 & 6 & (-2)\\ 4^2 & 3^2 & 6^2 & (-2)^2\\ 4^3 & 3^3 & 6^3 & (-2)^3\end{vmatrix}=\prod_{1\leqslant i<j\leqslant 4}(a_j-a_i)$$

$$=(a_4-a_1)(a_3-a_1)(a_2-a_1)(a_4-a_2)(a_3-a_2)(a_4-a_3)$$

$$=(-6)\times 2\times(-1)\times(-5)\times 3\times(-8)=1\,440.$$

例 7 证明:行列式

$$D=\begin{vmatrix}1&1&1&1\\a&b&c&d\\a^2&b^2&c^2&d^2\\a^4&b^4&c^4&d^4\end{vmatrix}$$

$$=(a-b)(a-c)(a-d)(b-c)(b-d)(c-d)(a+b+c+d).$$

证 观察行列式 D 中元素的排列规律发现,D 类似四阶范德蒙德行列式但又不是.为了应用范德蒙德行列式来计算,可以通过加边法(也叫升阶法),将其变成一个五阶范德蒙德行列式,即在 D 中第三、四行之间插入一行,同时在最右侧插入一列,构造如下五阶范德蒙德行列式:

$$D_5=\begin{vmatrix}1&1&1&1&1\\a&b&c&d&e\\a^2&b^2&c^2&d^2&e^2\\a^3&b^3&c^3&d^3&e^3\\a^4&b^4&c^4&d^4&e^4\end{vmatrix}$$

$$=(e-a)(e-b)(e-c)(e-d)(d-a)(d-b)(d-c)(c-a)(c-b)(b-a). \tag{1.10}$$

显然 D 恰好是 D_5 的余子式 M_{45},将 D_5 按第五列展开,得

$$\begin{aligned}D_5&=1\cdot A_{15}+e\cdot A_{25}+e^2\cdot A_{35}+e^3\cdot A_{45}+e^4\cdot A_{55}\\&=A_{15}+A_{25}e+A_{35}e^2-M_{45}e^3+A_{55}e^4,\end{aligned}$$

其中所有的余子式均与 e 无关.因此,上式可看作 e 的 4 次多项式,$D=M_{45}$ 恰好是 $-e^3$ 的系数,只要通过(1.10)式确定 $-e^3$ 的系数即可求得 D.(1.10)式中 e^3 项为

$$-(a+b+c+d)(d-a)(d-b)(d-c)(c-a)(c-b)(b-a)e^3,$$

所以由待定系数法知

$$\begin{aligned}D&=(a+b+c+d)(d-a)(d-b)(d-c)(c-a)(c-b)(b-a)\\&=(a-b)(a-c)(a-d)(b-c)(b-d)(c-d)(a+b+c+d).\end{aligned}$$

例 8 计算 n 阶行列式

$$D_n=\begin{vmatrix}2&1&&&\\1&2&1&&\\&1&\ddots&\ddots&\\&&\ddots&2&1\\&&&1&2\end{vmatrix}.$$

解 将 D_n 按第一行展开,有 $D_n=2M_{11}-M_{12}$.注意到 $M_{11}=D_{n-1}$,将 M_{12} 按第一列展开,有 $M_{12}=D_{n-2}$,于是得到一个递推公式

$$D_n=2D_{n-1}-D_{n-2}, \quad 即 \quad D_n-D_{n-1}=D_{n-1}-D_{n-2}.$$

数列$\{D_n\}$为一个等差数列，且公差为

$$D_2-D_1=\begin{vmatrix}2&1\\1&2\end{vmatrix}-2=3-2=1,$$

首项为$D_1=2$，从而$D_n=n+1$.

§1.4 克拉默法则

在 §1.1 中，介绍了关于二元和三元线性方程组的克拉默法则，本节将给出一般n元线性方程组的克拉默法则.它回答了如何利用行列式这个工具求解线性方程组的问题.

1. 非齐次线性方程组

含有n个方程、n个未知数的线性方程组的一般形式为

$$\begin{cases}a_{11}x_1+a_{12}x_2+\cdots+a_{1n}x_n=b_1,\\a_{21}x_1+a_{22}x_2+\cdots+a_{2n}x_n=b_2,\\\quad\cdots\cdots\\a_{n1}x_1+a_{n2}x_2+\cdots+a_{nn}x_n=b_n.\end{cases}\tag{1.11}$$

定义 1 若$b_i(i=1,2,\cdots,n)$不全为0，则称方程组(1.11)为非齐次线性方程组，其系数$a_{ij}(i,j=1,2,\cdots,n)$构成的行列式

$$D=\begin{vmatrix}a_{11}&a_{12}&\cdots&a_{1n}\\a_{21}&a_{22}&\cdots&a_{2n}\\\vdots&\vdots&&\vdots\\a_{n1}&a_{n2}&\cdots&a_{nn}\end{vmatrix},\tag{1.12}$$

称为方程组(1.11)的系数行列式.

定理 1 （克拉默法则）若方程组(1.11)的系数行列式$D\neq0$，则方程组(1.11)仅有唯一解

$$x_i=\frac{D_i}{D}\quad(i=1,2,\cdots,n),\tag{1.13}$$

其中$D_i(i=1,2,\cdots,n)$是将D中第i列元素$a_{1i},a_{2i},\cdots,a_{ni}$换为方程组(1.11)的常数项$b_1,b_2,\cdots,b_n$后得到的行列式.

证 一方面，

$$Dx_i=\begin{vmatrix} a_{11} & \cdots & a_{1,i-1} & a_{1i}x_i & a_{1,i+1} & \cdots & a_{1n} \\ a_{21} & \cdots & a_{2,i-1} & a_{2i}x_i & a_{2,i+1} & \cdots & a_{2n} \\ \vdots & & \vdots & \vdots & \vdots & & \vdots \\ a_{n1} & \cdots & a_{n,i-1} & a_{ni}x_i & a_{n,i+1} & \cdots & a_{nn} \end{vmatrix},$$

用 x_1 乘以第 1 列……用 x_{i-1} 乘以第 $i-1$ 列,用 x_{i+1} 乘以第 $i+1$ 列……用 x_n 乘以第 n 列,然后都加到第 i 列得

$$Dx_i=\begin{vmatrix} a_{11} & \cdots & a_{1,i-1} & \sum\limits_{i=1}^{n} a_{1i}x_i & a_{1,i+1} & \cdots & a_{1n} \\ a_{21} & \cdots & a_{2,i-1} & \sum\limits_{i=1}^{n} a_{2i}x_i & a_{2,i+1} & \cdots & a_{2n} \\ \vdots & & \vdots & \vdots & \vdots & & \vdots \\ a_{n1} & \cdots & a_{n,i-1} & \sum\limits_{i=1}^{n} a_{ni}x_i & a_{n,i+1} & \cdots & a_{nn} \end{vmatrix}$$

$$=\begin{vmatrix} a_{11} & \cdots & a_{1,i-1} & b_1 & a_{1,i+1} & \cdots & a_{1n} \\ a_{21} & \cdots & a_{2,i-1} & b_2 & a_{2,i+1} & \cdots & a_{2n} \\ \vdots & & \vdots & \vdots & \vdots & & \vdots \\ a_{n1} & \cdots & a_{n,i-1} & b_n & a_{n,i+1} & \cdots & a_{nn} \end{vmatrix}=D_i.$$

当 $D\neq 0$ 时,$x_i=\dfrac{D_i}{D}(i=1,2,\cdots,n)$,这就证明了方程组(1.11)有解(1.13).

另一方面,将(1.13)式代入方程组(1.11),很容易验证它满足方程组(1.11),故(1.13)式是方程组(1.11)的解.因而结论得证.

例 1 求解线性方程组

$$\begin{cases} x_1+2x_2+3x_3=1, \\ 2x_1+2x_2+\ \ x_3=0, \\ 3x_1+4x_2+3x_3=1. \end{cases}$$

解 因为

$$D=\begin{vmatrix} 1 & 2 & 3 \\ 2 & 2 & 1 \\ 3 & 4 & 3 \end{vmatrix}=2\neq 0,$$

所以方程组有唯一解.又

$$D_1=\begin{vmatrix} 1 & 2 & 3 \\ 0 & 2 & 1 \\ 1 & 4 & 3 \end{vmatrix}=-2,\quad D_2=\begin{vmatrix} 1 & 1 & 3 \\ 2 & 0 & 1 \\ 3 & 1 & 3 \end{vmatrix}=2,\quad D_3=\begin{vmatrix} 1 & 2 & 1 \\ 2 & 2 & 0 \\ 3 & 4 & 1 \end{vmatrix}=0,$$

故

$$x_1=\frac{D_1}{D}=-1,\quad x_2=\frac{D_2}{D}=1,\quad x_3=\frac{D_3}{D}=0.$$

说明 值得注意的是，应用克拉默法则求解方程组(1.11)时，需要计算 $n+1$ 个 n 阶行列式的值，当 n 较大时，计算量非常巨大，且克拉默法则只适用于系数行列式不为 0 的情形，因此对于系数行列式为 0 或方程个数不等于未知数个数的方程组，克拉默法则均不适用，这也为下一章学习矩阵这个工具埋下了伏笔.

2. 齐次线性方程组

定义 2 对于方程组(1.11)，若 $b_1=b_2=\cdots=b_n=0$，则称方程组(1.11)为齐次线性方程组，即

$$\begin{cases}a_{11}x_1+a_{12}x_2+\cdots+a_{1n}x_n=0,\\a_{21}x_1+a_{22}x_2+\cdots+a_{2n}x_n=0,\\\quad\cdots\cdots\\a_{n1}x_1+a_{n2}x_2+\cdots+a_{nn}x_n=0.\end{cases}\tag{1.14}$$

定义 3 $x_1=x_2=\cdots=x_n=0$ 一定是方程组(1.14)的解，这个解称为方程组(1.14)的零解，也叫平凡解.

定义 4 若存在一组不全为 0 的数是方程组(1.14)的解，则称这个解为方程组(1.14)的非零解，也叫非平凡解.

说明 方程组(1.14)一定有零解，但不一定有非零解.

定理 2 若方程组(1.14)的系数行列式 $D\neq 0$，则方程组(1.14)仅有零解.

证 因为 $D_i=0, D\neq 0$，所以 $x_i=\dfrac{D_i}{D}=0(i=1,2,\cdots,n)$.

例 2 求解齐次线性方程组

$$\begin{cases}2x_1+3x_2-x_3=0,\\3x_1+x_2+2x_3=0,\\4x_1+x_2-3x_3=0,\\x_1-2x_2+4x_3-7x_4=0.\end{cases}$$

解 因为

$$D=\begin{vmatrix}2&3&-1&0\\3&1&2&0\\4&1&-3&0\\1&-2&4&-7\end{vmatrix}=-7\times(-1)^{4+4}\begin{vmatrix}2&3&-1\\3&1&2\\4&1&-3\end{vmatrix}$$

$$=-7\times42=-294\neq0,$$

所以 $x_i=0(i=1,2,3,4)$.

定理 3 若方程组(1.14)有非零解,则 $D=0$.

说明 该定理是定理 2 的逆否命题,自然成立.由定理 3 知,$D=0$ 是方程组(1.14)有非零解的必要条件,在后面还将证明这个条件也是充分的.

例 3 问:当 λ 取何值时,齐次线性方程组

$$\begin{cases}\lambda x_1+x_2=0,\\x_1+\lambda x_2=0,\\x_1+x_2-2\lambda x_3=0\end{cases}$$

有非零解?

解 由定理 3 知,若方程组有非零解,则方程组的系数行列式 $D=0$,即

$$D=\begin{vmatrix}\lambda&1&0\\1&\lambda&0\\1&1&-2\lambda\end{vmatrix}=(-2\lambda)(\lambda^2-1)=0,$$

解得

$$\lambda_1=0,\quad\lambda_2=1,\quad\lambda_3=-1.$$

于是当 $\lambda=0,1$ 或 -1 时,方程组有非零解.

习题一

1. 用对角线法则计算下列三阶行列式:

(1) $D_1=\begin{vmatrix}1&0&-2\\0&2&-1\\2&3&5\end{vmatrix}$;　　(2) $D_2=\begin{vmatrix}a&b&c\\b&c&a\\c&a&b\end{vmatrix}$.

2. 求下列排列的逆序数：

(1) 3421；　　　　(2) $n(n-1)\cdots 21$.

3. 写出四阶行列式中含有因子 $a_{11}a_{23}$ 的项.

4. 设行列式 $|a_{ij}|=D(i,j=1,2,3,4,5)$，互换第一行与第四行，转置，用 2 乘以所有元素，再用 -1 乘以第二列加到第五列，经这些处置后，求其结果.

5. 求行列式 $\begin{vmatrix} -2 & 0 & 4 \\ -3 & 0 & 3 \\ 2 & -2 & 1 \end{vmatrix}$ 中元素 a_{31} 和 a_{11} 的代数余子式.

6. 已知四阶行列式 D 中第三行元素依次为 $-2,-1,0,1$，它们对应的余子式依次为 $-5,-3,7,4$，求 D.

7. 计算下列行列式：

(1) $D_1=\begin{vmatrix} 4 & 3 & 2 & 1 \\ 3 & 2 & 1 & 0 \\ 2 & -2 & 0 & 0 \\ -4 & 0 & 0 & 0 \end{vmatrix}$；　　(2) $D_2=\begin{vmatrix} 1+x & 1 & 1 & 1 \\ 1 & 1-x & 1 & 1 \\ 1 & 1 & 1+y & 1 \\ 1 & 1 & 1 & 1-y \end{vmatrix}$.

8. 计算下列 n 阶行列式：

(1) $D_1=\begin{vmatrix} 0 & 1 & 0 & \cdots & 0 \\ 0 & 0 & 2 & \cdots & 0 \\ \vdots & \vdots & \vdots & & \vdots \\ 0 & 0 & 0 & \cdots & n-1 \\ n & 0 & 0 & \cdots & 0 \end{vmatrix}$；　　(2) $D_2=\begin{vmatrix} a & b & 0 & \cdots & 0 & 0 \\ 0 & a & b & \cdots & 0 & 0 \\ 0 & 0 & a & \cdots & 0 & 0 \\ \vdots & \vdots & \vdots & & \vdots & \vdots \\ 0 & 0 & 0 & \cdots & a & b \\ b & 0 & 0 & \cdots & 0 & a \end{vmatrix}$；

(3) $D_3=\begin{vmatrix} 1 & 1 & 1 & \cdots & 1 & 1 \\ -1 & 1 & 1 & \cdots & 1 & 1 \\ -1 & -1 & 1 & \cdots & 1 & 1 \\ \vdots & \vdots & \vdots & & \vdots & \vdots \\ -1 & -1 & -1 & \cdots & 1 & 1 \\ -1 & -1 & -1 & \cdots & -1 & 1 \end{vmatrix}$；(4) $D_4=\begin{vmatrix} a & 0 & 0 & \cdots & 0 & 1 \\ 0 & a & 0 & \cdots & 0 & 0 \\ 0 & 0 & a & \cdots & 0 & 0 \\ \vdots & \vdots & \vdots & & \vdots & \vdots \\ 0 & 0 & 0 & \cdots & a & 0 \\ 1 & 0 & 0 & \cdots & 0 & a \end{vmatrix}$.

9. 证明：

(1) $\begin{vmatrix} a^2 & (a+1)^2 & (a+2)^2 & (a+3)^2 \\ b^2 & (b+1)^2 & (b+2)^2 & (b+3)^2 \\ c^2 & (c+1)^2 & (c+2)^2 & (c+3)^2 \\ d^2 & (d+1)^2 & (d+2)^2 & (d+3)^2 \end{vmatrix}=0$；

(2) $\begin{vmatrix} a & b & c & d \\ 1 & 1 & 1 & 1 \\ a^2 & b^2 & c^2 & d^2 \\ a^3 & b^3 & c^3 & d^3 \end{vmatrix}=-(b-a)(c-a)(d-a)(c-b)(d-b)(d-c)$；

(3) $\begin{vmatrix} a_0 & -1 & 0 & \cdots & 0 & 0 \\ a_1 & x & -1 & \cdots & 0 & 0 \\ a_2 & 0 & x & \cdots & 0 & 0 \\ \vdots & \vdots & \vdots & & \vdots & \vdots \\ a_{n-2} & 0 & 0 & \cdots & x & -1 \\ a_{n-1} & 0 & 0 & \cdots & 0 & x \end{vmatrix} = a_0x^{n-1} + a_1x^{n-2} + \cdots + a_{n-2}x + a_{n-1}$.

10. 用数学归纳法证明:n 阶行列式

$$\begin{vmatrix} a+b & ab & 0 & \cdots & 0 & 0 \\ 1 & a+b & ab & \cdots & 0 & 0 \\ 0 & 1 & a+b & \cdots & 0 & 0 \\ \vdots & \vdots & \vdots & & \vdots & \vdots \\ 0 & 0 & 0 & \cdots & a+b & ab \\ 0 & 0 & 0 & \cdots & 1 & a+b \end{vmatrix} = \frac{a^{n+1}-b^{n+1}}{a-b}.$$

11. 证明:$2n$ 阶行列式

$$D_{2n} = \begin{vmatrix} a & & & & & b \\ & \ddots & & & \cdots & \\ & & a & b & & \\ & & b & a & & \\ & \cdots & & & \ddots & \\ b & & & & & a \end{vmatrix} = (a^2-b^2)^n.$$

12. 利用克拉默法则求解线性方程组

$$\begin{cases} x_1 + x_2 + x_3 = a+b+c, \\ ax_1 + bx_2 + cx_3 = a^2+b^2+c^2, \quad (a,b,c \text{ 为互异}). \\ bcx_1 + cax_2 + abx_3 = 3abc \end{cases}$$

13. 若 $f(x)$ 为某二次函数,且 $f(1)=-1$,$f(-1)=9$,$f(2)=-3$,求 $f(x)$.

14. 问:当 λ 为何值时,齐次线性方程组

$$\begin{cases} (1-\lambda)x_1 + 2x_2 = 0, \\ 2x_1 + (4-\lambda)x_2 = 0, \\ x_1 + x_2 + (1-\lambda)x_3 = 0 \end{cases}$$

有非零解?

本章小结

第二章　矩　　阵

矩阵是线性代数的重要内容，是求解线性方程组最常用的工具．本章主要介绍矩阵的概念、矩阵的运算、几个特殊矩阵、可逆矩阵、分块矩阵等内容．

课程思政案例

知识结构

§2.1 矩阵的概念

微课视频

定义 1 由 $m\times n$ 个数 a_{ij} $(i=1,2,\cdots,m;j=1,2,\cdots,n)$ 排成的 m 行 n 列数表

$$\begin{matrix} a_{11} & a_{12} & \cdots & a_{1n} \\ a_{21} & a_{22} & \cdots & a_{2n} \\ \vdots & \vdots & & \vdots \\ a_{m1} & a_{m2} & \cdots & a_{mn} \end{matrix}$$

称为 $m\times n$ 矩阵，记为

$$\boldsymbol{A}=\begin{pmatrix} a_{11} & a_{12} & \cdots & a_{1n} \\ a_{21} & a_{22} & \cdots & a_{2n} \\ \vdots & \vdots & & \vdots \\ a_{m1} & a_{m2} & \cdots & a_{mn} \end{pmatrix}=(a_{ij})_{m\times n}=\boldsymbol{A}_{m\times n}.$$

这 $m\times n$ 个数称为矩阵 $\boldsymbol{A}$ 的元素，简称为元.

例 1 某产品(单位：t) 从三个产地运往四个销售地，调运方案为

$$\boldsymbol{A}=\begin{pmatrix} 2 & 4 & 6 & 3 \\ 1 & 0 & 4 & 5 \\ 0 & 1 & 2 & 3 \end{pmatrix},$$

其中 a_{ij} $(i=1,2,3;j=1,2,3,4)$ 表示从第 i 个产地运往第 j 个销售地的数量.

例 2 某工厂向四个商店运送三种产品，运送方案为

$$\boldsymbol{B}=\begin{pmatrix} a_{11} & a_{12} & a_{13} \\ a_{21} & a_{22} & a_{23} \\ a_{31} & a_{32} & a_{33} \\ a_{41} & a_{42} & a_{43} \end{pmatrix},$$

其中 a_{ij} $(i=1,2,3,4;j=1,2,3)$ 表示向第 i 个商店运送第 j 种产品的数量.

说明 矩阵的本质是数表，其行数和列数不一定相等，一定要严格区分矩阵与行列式的符号.

定义 2 若两个矩阵的行数与列数都相等，则称这两个矩阵为同型矩阵.

定义 3 若两个矩阵 $\boldsymbol{A},\boldsymbol{B}$ 是同型矩阵，且对应位置上的元素相等，则称矩阵 $\boldsymbol{A},\boldsymbol{B}$ 相等，记为 $\boldsymbol{A}=\boldsymbol{B}$，即若 $\boldsymbol{A}=(a_{ij})_{m\times n}$，$\boldsymbol{B}=(b_{ij})_{m\times n}$，且

$$a_{ij}=b_{ij}\quad(i=1,2,\cdots,m;j=1,2,\cdots,n),$$

则 $\boldsymbol{A}=\boldsymbol{B}$.

定义 4 若某矩阵中所有元素均为 0，则称该矩阵为零矩阵，记为 $\boldsymbol{O}$.

说明 不同型的零矩阵是不同的.

定义 5 只有一行的矩阵

$$\boldsymbol{A}=(a_{11},a_{12},\cdots,a_{1n})$$

称为行矩阵，又称为行向量.

只有一列的矩阵

$$\boldsymbol{B}=\begin{pmatrix}a_{11}\\a_{21}\\\vdots\\a_{m1}\end{pmatrix}$$

称为列矩阵，又称为列向量.

定义 6 若矩阵 $\boldsymbol{A}=(a_{ij})$ 的行数和列数均等于 n，则称矩阵 $\boldsymbol{A}$ 为 n 阶矩阵或 n 阶方阵.

说明 n 阶方阵是由 n^2 个元素排成的一个正方形数表，它和 n 阶行列式不同，n 阶行列式是一个数.

§2.2 矩阵的运算

微课视频

1. 矩阵的加法

定义 1 两个同型矩阵 $\boldsymbol{A},\boldsymbol{B}$ 对应元素相加，称为 $\boldsymbol{A}$ 与 $\boldsymbol{B}$ 的和，记为 $\boldsymbol{A}+\boldsymbol{B}$，即若 $\boldsymbol{A}=(a_{ij})_{m\times n}$，$\boldsymbol{B}=(b_{ij})_{m\times n}$，则

$$\boldsymbol{A}+\boldsymbol{B}=(a_{ij})_{m\times n}+(b_{ij})_{m\times n}=(a_{ij}+b_{ij})_{m\times n}.\tag{2.1}$$

说明 只有当两个矩阵为同型矩阵时，这两个矩阵才能相加.

定义 2 设矩阵 $\boldsymbol{A}=(a_{ij})_{m\times n}$，记

$$-\boldsymbol{A}=(-a_{ij})_{m\times n},$$

称为 $\boldsymbol{A}$ 的负矩阵.

定义 3 矩阵的减法为

$$\boldsymbol{A}-\boldsymbol{B}=\boldsymbol{A}+(-\boldsymbol{B}).$$

下面介绍矩阵的加法的一些简单性质.

性质 1 设 $\boldsymbol{A},\boldsymbol{B},\boldsymbol{C},\boldsymbol{O}$ 均为 $m\times n$ 矩阵,则

① $\boldsymbol{A}+\boldsymbol{B}=\boldsymbol{B}+\boldsymbol{A}$;

② $(\boldsymbol{A}+\boldsymbol{B})+\boldsymbol{C}=\boldsymbol{A}+(\boldsymbol{B}+\boldsymbol{C})$;

③ $\boldsymbol{A}+\boldsymbol{O}=\boldsymbol{A}$;

④ $\boldsymbol{A}+(-\boldsymbol{A})=\boldsymbol{O}$.

2. 数与矩阵相乘

定义 4 数 λ 乘以矩阵 $\boldsymbol{A}$ 的每一个元素所得矩阵,称为数 λ 与矩阵 $\boldsymbol{A}$ 的积,记为 $\lambda\boldsymbol{A}$,即若 $\boldsymbol{A}=(a_{ij})_{m\times n}$,则

$$\lambda\boldsymbol{A}=\lambda(a_{ij})_{m\times n}=(\lambda a_{ij})_{m\times n}. \tag{2.2}$$

下面介绍数乘矩阵的一些简单性质.

性质 2 设 $\boldsymbol{A},\boldsymbol{B}$ 为 $m\times n$ 矩阵,$\lambda,\lambda_1,\lambda_2$ 为任意实数,则

① $\lambda(\boldsymbol{A}+\boldsymbol{B})=\lambda\boldsymbol{A}+\lambda\boldsymbol{B}$;

② $(\lambda_1+\lambda_2)\boldsymbol{A}=\lambda_1\boldsymbol{A}+\lambda_2\boldsymbol{A}$;

③ $(\lambda_1\lambda_2)\boldsymbol{A}=\lambda_1(\lambda_2\boldsymbol{A})$;

④ $1\cdot\boldsymbol{A}=\boldsymbol{A}$.

例 1 已知矩阵

$$\boldsymbol{A}=\begin{pmatrix}1&2&3\\0&1&-2\end{pmatrix},\quad \boldsymbol{B}=\begin{pmatrix}3&4&2\\5&-2&0\end{pmatrix},$$

求 $2\boldsymbol{A}-\boldsymbol{B}$.

解 $$2\boldsymbol{A}-\boldsymbol{B}=2\begin{pmatrix}1&2&3\\0&1&-2\end{pmatrix}-\begin{pmatrix}3&4&2\\5&-2&0\end{pmatrix}=\begin{pmatrix}-1&0&4\\-5&4&-4\end{pmatrix}.$$

例 2 已知同例 1,且 $\boldsymbol{A}+2\boldsymbol{Z}=\boldsymbol{B}$,求矩阵 $\boldsymbol{Z}$.

解 $$\boldsymbol{Z}=\frac{1}{2}(\boldsymbol{B}-\boldsymbol{A})=\frac{1}{2}\begin{pmatrix}2&2&-1\\5&-3&2\end{pmatrix}=\begin{pmatrix}1&1&-\dfrac{1}{2}\\\dfrac{5}{2}&-\dfrac{3}{2}&1\end{pmatrix}.$$

3. 矩阵的乘法

定义 5 设有 n 个变量 $x_1,x_2,\cdots,x_n$ 和 m 个变量 $y_1,y_2,\cdots,y_m$，它们满足关系式

$$\begin{cases} y_1=a_{11}x_1+a_{12}x_2+\cdots+a_{1n}x_n, \\ y_2=a_{21}x_1+a_{22}x_2+\cdots+a_{2n}x_n, \\ \cdots\cdots \\ y_m=a_{m1}x_1+a_{m2}x_2+\cdots+a_{mn}x_n, \end{cases} \tag{2.3}$$

则称(2.3)式为一个从变量 $x_1,x_2,\cdots,x_n$ 到变量 $y_1,y_2,\cdots,y_m$ 的线性变换，其中 $a_{ij}(i=1,2,\cdots,m;j=1,2,\cdots,n)$ 为常数.

定义 6 线性变换(2.3)的系数 $a_{ij}(i=1,2,\cdots,m;j=1,2,\cdots,n)$ 构成的矩阵 $\boldsymbol{A}=(a_{ij})_{m\times n}$ 称为系数矩阵.

说明 线性变换和矩阵之间有一一对应的关系.

设有两个线性变换

$$\begin{cases} y_1=a_{11}x_1+a_{12}x_2, \\ y_2=a_{21}x_1+a_{22}x_2, \\ y_3=a_{31}x_1+a_{32}x_2, \end{cases} \tag{2.4}$$

$$\begin{cases} x_1=b_{11}m_1+b_{12}m_2, \\ x_2=b_{21}m_1+b_{22}m_2. \end{cases} \tag{2.5}$$

若要求从变量 m_1,m_2 到变量 y_1,y_2,y_3 的线性变换，则将(2.5)式代入(2.4)式，便得

$$\begin{cases} y_1=(a_{11}b_{11}+a_{12}b_{21})m_1+(a_{11}b_{12}+a_{12}b_{22})m_2, \\ y_2=(a_{21}b_{11}+a_{22}b_{21})m_1+(a_{21}b_{12}+a_{22}b_{22})m_2, \\ y_3=(a_{31}b_{11}+a_{32}b_{21})m_1+(a_{31}b_{12}+a_{32}b_{22})m_2. \end{cases} \tag{2.6}$$

把线性变换(2.6)看作是先线性变换(2.5)再线性变换(2.4)，则线性变换(2.6)称为线性变换(2.4)和(2.5)的乘积，相应地把线性变换(2.6)的系数矩阵定义为线性变换(2.4)和(2.5)的系数矩阵的乘积，即

$$\begin{pmatrix} a_{11} & a_{12} \\ a_{21} & a_{22} \\ a_{31} & a_{32} \end{pmatrix}\begin{pmatrix} b_{11} & b_{12} \\ b_{21} & b_{22} \end{pmatrix}=\begin{pmatrix} a_{11}b_{11}+a_{12}b_{21} & a_{11}b_{12}+a_{12}b_{22} \\ a_{21}b_{11}+a_{22}b_{21} & a_{21}b_{12}+a_{22}b_{22} \\ a_{31}b_{11}+a_{32}b_{21} & a_{31}b_{12}+a_{32}b_{22} \end{pmatrix}. \tag{2.7}$$

一般地，矩阵的乘积定义如下.

定义 7 设矩阵 $\boldsymbol{A}=(a_{ij})_{m\times s}$，$\boldsymbol{B}=(b_{ij})_{s\times n}$，由元素

$$\begin{aligned} c_{ij} &= a_{i1}b_{1j}+a_{i2}b_{2j}+\cdots+a_{is}b_{sj} \\ &= \sum_{k=1}^{s}a_{ik}b_{kj} \quad (i=1,2,\cdots,m;j=1,2,\cdots,n) \end{aligned} \tag{2.8}$$

所构成的矩阵 $\boldsymbol{C}=(c_{ij})_{m\times n}$ 称为 $\boldsymbol{A}$ 与 $\boldsymbol{B}$ 的乘积，记为

$$\boldsymbol{C}=\boldsymbol{A}\boldsymbol{B}.$$

说明 ① 当第一个矩阵的列数等于第二个矩阵的行数时，两个矩阵才能相乘.

② 由(2.8)式可见，c_{ij} 等于矩阵 $\boldsymbol{A}$ 的第 i 行元素与矩阵 $\boldsymbol{B}$ 的第 j 列对应元素乘积之和.

③ 若记 $\boldsymbol{x}=\begin{pmatrix}x_1\\x_2\\\vdots\\x_n\end{pmatrix}$，$\boldsymbol{y}=\begin{pmatrix}y_1\\y_2\\\vdots\\y_m\end{pmatrix}$，则线性变换(2.3)可写成矩阵形式 $\boldsymbol{y}=\boldsymbol{A}\boldsymbol{x}$.

例 3 已知矩阵

$$\boldsymbol{A}=\begin{pmatrix}1&-3\\-2&2\\3&1\end{pmatrix},\quad \boldsymbol{B}=\begin{pmatrix}4&5\\-6&7\end{pmatrix},$$

求 $\boldsymbol{C}=\boldsymbol{A}\boldsymbol{B}$.

解 $$\boldsymbol{C}=\boldsymbol{A}\boldsymbol{B}=\begin{pmatrix}1\times4+(-3)\times(-6)&1\times5+(-3)\times7\\(-2)\times4+2\times(-6)&(-2)\times5+2\times7\\3\times4+1\times(-6)&3\times5+1\times7\end{pmatrix}=\begin{pmatrix}22&-16\\-20&4\\6&22\end{pmatrix}.$$

例 4 已知矩阵

$$\boldsymbol{A}=\begin{pmatrix}-2&4\\1&-2\end{pmatrix},\quad \boldsymbol{B}=\begin{pmatrix}2&4\\-3&-6\end{pmatrix},$$

求 $\boldsymbol{C}=\boldsymbol{A}\boldsymbol{B}$，$\boldsymbol{D}=\boldsymbol{B}\boldsymbol{A}$.

解 $$\boldsymbol{C}=\boldsymbol{A}\boldsymbol{B}=\begin{pmatrix}-16&-32\\8&16\end{pmatrix},\quad \boldsymbol{D}=\boldsymbol{B}\boldsymbol{A}=\begin{pmatrix}0&0\\0&0\end{pmatrix}.$$

说明 ① 矩阵的乘法不满足交换律：a. 设有矩阵 $\boldsymbol{A}_{m\times s}$，$\boldsymbol{B}_{s\times n}$ $(m\neq n)$，则可计算 $\boldsymbol{A}\boldsymbol{B}$，但 $\boldsymbol{B}\boldsymbol{A}$ 不可计算，如例 3；b. 设有矩阵 $\boldsymbol{A}_{m\times n}$，$\boldsymbol{B}_{n\times m}$，则可计算 $\boldsymbol{A}\boldsymbol{B}$，$\boldsymbol{B}\boldsymbol{A}$，但 $\boldsymbol{A}\boldsymbol{B}$ 是 m 阶方阵，$\boldsymbol{B}\boldsymbol{A}$ 是 n 阶方阵；c. 设有矩阵 $\boldsymbol{A}_{n\times n}$，$\boldsymbol{B}_{n\times n}$，则 $\boldsymbol{A}\boldsymbol{B}$，$\boldsymbol{B}\boldsymbol{A}$ 均为 n 阶方阵，但两者不一定相等，如例 4.

② 从例 4 可见，矩阵 $\boldsymbol{A}\neq\boldsymbol{O}$，$\boldsymbol{B}\neq\boldsymbol{O}$，但 $\boldsymbol{B}\boldsymbol{A}=\boldsymbol{O}$. 这就引起注意：a. 若两个矩阵 $\boldsymbol{A}$，$\boldsymbol{B}$ 满足 $\boldsymbol{A}\boldsymbol{B}=\boldsymbol{O}$，不能推出 $\boldsymbol{A}=\boldsymbol{O}$ 或 $\boldsymbol{B}=\boldsymbol{O}$ 的结论；b. 若 $\boldsymbol{A}\neq\boldsymbol{O}$ 满足 $\boldsymbol{A}(\boldsymbol{Z}-\boldsymbol{Y})=\boldsymbol{O}$，不能推出 $\boldsymbol{Z}=\boldsymbol{Y}$ 的结论.

对于两个 n 阶方阵 $\boldsymbol{A}$，$\boldsymbol{B}$，若 $\boldsymbol{A}\boldsymbol{B}=\boldsymbol{B}\boldsymbol{A}$，则称方阵 $\boldsymbol{A}$ 与 $\boldsymbol{B}$ 是可交换的.

例 5 在线性方程组

$$\begin{cases} a_{11}x_1 + a_{12}x_2 + \cdots + a_{1n}x_n = b_1, \\ a_{21}x_1 + a_{22}x_2 + \cdots + a_{2n}x_n = b_2, \\ \cdots\cdots \\ a_{m1}x_1 + a_{m2}x_2 + \cdots + a_{mn}x_n = b_m \end{cases}$$

中，定义 $\boldsymbol{A}_{m\times n} = \begin{pmatrix} a_{11} & a_{12} & \cdots & a_{1n} \\ a_{21} & a_{22} & \cdots & a_{2n} \\ \vdots & \vdots & & \vdots \\ a_{m1} & a_{m2} & \cdots & a_{mn} \end{pmatrix}$ 为方程组的系数矩阵，$\boldsymbol{b} = \begin{pmatrix} b_1 \\ b_2 \\ \vdots \\ b_m \end{pmatrix}$ 为常数项矩阵，$\boldsymbol{x} = \begin{pmatrix} x_1 \\ x_2 \\ \vdots \\ x_n \end{pmatrix}$ 为未知数矩阵，试写出方程组的矩阵形式.

解 由矩阵的乘法知，方程组可以表示为矩阵方程 $\boldsymbol{Ax} = \boldsymbol{b}$. 这为利用矩阵作为工具研究线性方程组奠定了基础.

下面讨论矩阵的乘法的一些简单性质.

性质 3 矩阵的乘法不满足交换律，但仍满足结合律和分配律（设下列运算都可以进行）：

① $(\boldsymbol{AB})\boldsymbol{C} = \boldsymbol{A}(\boldsymbol{BC})$；

② $\boldsymbol{A}(\boldsymbol{B}+\boldsymbol{C}) = \boldsymbol{AB} + \boldsymbol{AC}$；

③ $(\boldsymbol{B}+\boldsymbol{C})\boldsymbol{A} = \boldsymbol{BA} + \boldsymbol{CA}$；

④ $\lambda(\boldsymbol{AB}) = (\lambda\boldsymbol{A})\boldsymbol{B} = \boldsymbol{A}(\lambda\boldsymbol{B})$ （λ 为数）.

这里仅证明性质 ②.

证 ② 设 $\boldsymbol{A} = (a_{ik})_{m\times s}$，$\boldsymbol{B} = (b_{kj})_{s\times n}$，$\boldsymbol{C} = (c_{kj})_{s\times n}$，则

$$\begin{aligned} \boldsymbol{A}(\boldsymbol{B}+\boldsymbol{C}) &= (a_{ik})_{m\times s}\left[(b_{kj})_{s\times n} + (c_{kj})_{s\times n}\right] \\ &= (a_{ik})_{m\times s}(b_{kj}+c_{kj})_{s\times n} \\ &= \left[\sum_{k=1}^{s} a_{ik}(b_{kj}+c_{kj})\right]_{m\times n} \\ &= \left(\sum_{k=1}^{s} a_{ik}b_{kj}\right)_{m\times n} + \left(\sum_{k=1}^{s} a_{ik}c_{kj}\right)_{m\times n} \\ &= \boldsymbol{AB} + \boldsymbol{AC}. \end{aligned}$$

例 6 解矩阵方程

$$\begin{pmatrix} 1 & 2 \\ 2 & 1 \end{pmatrix}\boldsymbol{Z} = \begin{pmatrix} 3 & 6 \\ 0 & 6 \end{pmatrix},$$

其中 $\boldsymbol{Z}$ 为二阶方阵.

解 设 $\boldsymbol{Z}=\begin{pmatrix}a_{11} & a_{12}\\ a_{21} & a_{22}\end{pmatrix}$,由题设有

$$\begin{pmatrix}1 & 2\\ 2 & 1\end{pmatrix}\begin{pmatrix}a_{11} & a_{12}\\ a_{21} & a_{22}\end{pmatrix}=\begin{pmatrix}a_{11}+2a_{21} & a_{12}+2a_{22}\\ 2a_{11}+a_{21} & 2a_{12}+a_{22}\end{pmatrix}=\begin{pmatrix}3 & 6\\ 0 & 6\end{pmatrix},$$

即

$$\begin{cases}a_{11}+2a_{21}=3, & ①\\ 2a_{11}+a_{21}=0,& ②\end{cases}$$

$$\begin{cases}a_{12}+2a_{22}=6, & ③\\ 2a_{12}+a_{22}=6. & ④\end{cases}$$

解 ①,② 得 $a_{11}=-1, a_{21}=2$;解 ③,④ 得 $a_{12}=2, a_{22}=2$. 故

$$\boldsymbol{Z}=\begin{pmatrix}-1 & 2\\ 2 & 2\end{pmatrix}.$$

4. 方阵的幂

定义 8 对于 n 阶方阵 $\boldsymbol{A}$ 与正整数 k,称

$$\boldsymbol{A}^k=\underbrace{\boldsymbol{A}\cdot\boldsymbol{A}\cdot\cdots\cdot\boldsymbol{A}}_{k\text{个}\boldsymbol{A}} \tag{2.9}$$

为方阵 $\boldsymbol{A}$ 的 k 次幂.

下面讨论方阵的幂的一些性质.

性质 4 设 $\boldsymbol{A},\boldsymbol{B}$ 为 n 阶方阵,k,k_1,k_2 为正整数,则

① $(\boldsymbol{AB})^k\neq\boldsymbol{A}^k\boldsymbol{B}^k$;

② $\boldsymbol{A}^{k_1}\boldsymbol{A}^{k_2}=\boldsymbol{A}^{k_1+k_2}$;

③ $(\boldsymbol{A}^{k_1})^{k_2}=\boldsymbol{A}^{k_1k_2}$.

下面仅证明性质 ②.

证 ② $\boldsymbol{A}^{k_1}\boldsymbol{A}^{k_2}=\underbrace{\boldsymbol{A}\cdot\boldsymbol{A}\cdot\cdots\cdot\boldsymbol{A}}_{k_1\text{个}\boldsymbol{A}}\cdot\underbrace{\boldsymbol{A}\cdot\boldsymbol{A}\cdot\cdots\cdot\boldsymbol{A}}_{k_2\text{个}\boldsymbol{A}}=\boldsymbol{A}^{k_1+k_2}$.

例 7 设方阵 $\boldsymbol{A}=\begin{pmatrix}1 & 2\\ 3 & 4\end{pmatrix}$,求 $\boldsymbol{A}^2$.

解 $\boldsymbol{A}^2=\boldsymbol{A}\cdot\boldsymbol{A}=\begin{pmatrix}1 & 2\\ 3 & 4\end{pmatrix}\begin{pmatrix}1 & 2\\ 3 & 4\end{pmatrix}=\begin{pmatrix}7 & 10\\ 15 & 22\end{pmatrix}$.

5. 矩阵的转置

定义 9 将矩阵 $\boldsymbol{A}$ 的行和列交换后得到的矩阵,称为 $\boldsymbol{A}$ 的转置矩阵,记为 $\boldsymbol{A}^{\mathrm{T}}$ 或 $\boldsymbol{A}'$,即若 $\boldsymbol{A}=\begin{pmatrix} a_{11} & a_{12} & \cdots & a_{1n} \\ a_{21} & a_{22} & \cdots & a_{2n} \\ \vdots & \vdots & & \vdots \\ a_{m1} & a_{m2} & \cdots & a_{mn} \end{pmatrix}$,则

$$\boldsymbol{A}^{\mathrm{T}}=\begin{pmatrix} a_{11} & a_{21} & \cdots & a_{m1} \\ a_{12} & a_{22} & \cdots & a_{m2} \\ \vdots & \vdots & & \vdots \\ a_{1n} & a_{2n} & \cdots & a_{mn} \end{pmatrix}. \tag{2.10}$$

下面讨论矩阵转置的一些简单性质.

性质 5 矩阵的转置满足下列运算规律(设下列运算都可以进行):

① $(\boldsymbol{A}^{\mathrm{T}})^{\mathrm{T}}=\boldsymbol{A}$;

② $(\boldsymbol{A}+\boldsymbol{B})^{\mathrm{T}}=\boldsymbol{A}^{\mathrm{T}}+\boldsymbol{B}^{\mathrm{T}}$;

③ $(\lambda\boldsymbol{A})^{\mathrm{T}}=\lambda\boldsymbol{A}^{\mathrm{T}}$;

④ $(\boldsymbol{AB})^{\mathrm{T}}=\boldsymbol{B}^{\mathrm{T}}\boldsymbol{A}^{\mathrm{T}}$.

下面仅证明性质 ④.

证 ④ 设矩阵 $\boldsymbol{A}=(a_{ij})_{m\times n}$,$\boldsymbol{B}=(b_{ij})_{n\times p}$,$\boldsymbol{AB}=\boldsymbol{C}=(c_{ij})_{m\times p}$,则

$$\boldsymbol{A}^{\mathrm{T}}=(a'_{ij})_{n\times m},\quad \boldsymbol{B}^{\mathrm{T}}=(b'_{ij})_{p\times n},\quad \boldsymbol{C}^{\mathrm{T}}=(c'_{ij})_{p\times m}.$$

因为 $a'_{ij}=a_{ji}$,$b'_{ij}=b_{ji}$,$c'_{ij}=c_{ji}$,所以

$$c'_{12}=c_{21}=\sum_{k=1}^{n}a_{2k}b_{k1}=\sum_{k=1}^{n}b'_{1k}a'_{k2}.$$

一般地,有

$$c'_{ij}=c_{ji}=\sum_{k=1}^{n}a_{jk}b_{ki}=\sum_{k=1}^{n}b'_{ik}a'_{kj}.$$

这就是说,c'_{ij} 是 $\boldsymbol{B}^{\mathrm{T}}\boldsymbol{A}^{\mathrm{T}}$ 中第 i 行、第 j 列位置上的元素,即

$$(\boldsymbol{AB})^{\mathrm{T}}=\boldsymbol{B}^{\mathrm{T}}\boldsymbol{A}^{\mathrm{T}}.$$

例 8 设矩阵

$$\boldsymbol{A}=\begin{pmatrix} 1 & 2 \\ 3 & 4 \end{pmatrix},\quad \boldsymbol{B}=\begin{pmatrix} 5 & 6 \\ 7 & 8 \end{pmatrix},$$

求 $2\boldsymbol{A}^{\mathrm{T}}-\boldsymbol{B}^{\mathrm{T}}$,$(\boldsymbol{AB})^{\mathrm{T}}$.

解 $A^{T}=\begin{pmatrix}1 & 3\\ 2 & 4\end{pmatrix}$，$B^{T}=\begin{pmatrix}5 & 7\\ 6 & 8\end{pmatrix}$，则

$$2A^{T}-B^{T}=\begin{pmatrix}2\times1-5 & 2\times3-7\\ 2\times2-6 & 2\times4-8\end{pmatrix}=\begin{pmatrix}-3 & -1\\ -2 & 0\end{pmatrix}.$$

求 $(AB)^{T}$ 可按以下两种方法：第一种是先求 AB，再求 $(AB)^{T}$；第二种是先求 B^{T}，A^{T}，再求 $B^{T}A^{T}$，这里是按第二种方法，则

$$(AB)^{T}=B^{T}A^{T}=\begin{pmatrix}5 & 7\\ 6 & 8\end{pmatrix}\begin{pmatrix}1 & 3\\ 2 & 4\end{pmatrix}=\begin{pmatrix}19 & 43\\ 22 & 50\end{pmatrix}.$$

6. 方阵的行列式

定义 10 n 阶方阵 A 的元素构成的行列式称为方阵 A 的行列式，记为 $|A|$ 或 $\det A$.

下面讨论方阵的行列式的一些简单性质.

性质 6 设 A，B 为 n 阶方阵，λ 为数，则

① $|A^{T}|=|A|$（行列式的性质 1）；

② $|\lambda A|=\lambda^{n}|A|$；

③ $|AB|=|A||B|$.

说明 性质①是转置行列式的性质. 性质②是用数 λ 乘以矩阵等于数 λ 乘以此矩阵的所有元素，而用数 λ 乘以行列式等于数 λ 乘以此行列式的某一行（列）的元素. 性质③的证明较烦琐，这里从略.

§2.3 几个特殊矩阵

1. 三角形矩阵

定义 1 若 n 阶方阵 $A=(a_{ij})_{n\times n}$ 的元素满足条件

$$a_{ij}=0 \quad (i>j;i,j=1,2,\cdots,n),$$

则称 A 为 n 阶上三角形矩阵，即

$$A=\begin{pmatrix} a_{11} & a_{12} & \cdots & a_{1n} \\ & a_{22} & \cdots & a_{2n} \\ & & \ddots & \vdots \\ & & & a_{nn} \end{pmatrix}. \tag{2.11}$$

定义 2 若 n 阶方阵 $\boldsymbol{B}=(b_{ij})_{n\times n}$ 的元素满足条件

$$b_{ij}=0 \quad (i<j;i,j=1,2,\cdots,n),$$

则称 $\boldsymbol{B}$ 为 n 阶下三角形矩阵，即

$$\boldsymbol{B}=\begin{pmatrix} b_{11} & & & \\ b_{21} & b_{22} & & \\ \vdots & \vdots & \ddots & \\ b_{n1} & b_{n2} & \cdots & b_{nn} \end{pmatrix}. \tag{2.12}$$

从三角形矩阵的定义出发，不难证明以下性质.

性质 1 若 $\boldsymbol{A},\boldsymbol{B}$ 为 n 阶同型三角形矩阵，λ 为数，则 $\lambda\boldsymbol{A},\boldsymbol{A}+\boldsymbol{B},\boldsymbol{AB}$ 也为 n 阶同型三角形矩阵.

2. 对角矩阵

定义 3 一个既是上三角形矩阵又是下三角形矩阵的矩阵称为对角矩阵，记为

$$\operatorname{diag}(\delta_1,\delta_2,\cdots,\delta_n)=\begin{pmatrix} \delta_1 & & & \\ & \delta_2 & & \\ & & \ddots & \\ & & & \delta_n \end{pmatrix}. \tag{2.13}$$

说明 记号 $\operatorname{diag}(\delta_1,\delta_2,\cdots,\delta_n)$ 表示主对角线上元素依次为 δ_1, $\delta_2,\cdots,\delta_n$ 的 n 阶对角矩阵.

下面介绍对角矩阵的一些性质.

性质 2

① $\boldsymbol{A}^{\mathrm{T}}=\boldsymbol{A}$；

② 若 $\boldsymbol{A},\boldsymbol{B}$ 均为 n 阶对角矩阵，λ 为数，则 $\lambda\boldsymbol{A},\boldsymbol{A}+\boldsymbol{B},\boldsymbol{AB}$ 也为 n 阶对角矩阵.

3. 数量矩阵

定义 4 当一对角矩阵的主对角线元素全相等(即一对角矩阵 $\boldsymbol{A}$ 的元素 $\delta_1=\delta_2=\cdots=\delta_n=\delta$) 时，则称 $\boldsymbol{A}$ 为 n 阶数量矩阵或标量矩阵，即

$$A=\mathrm{diag}(\delta,\delta,\cdots,\delta)=\begin{pmatrix}\delta & & & \\ & \delta & & \\ & & \ddots & \\ & & & \delta\end{pmatrix}. \qquad (2.14)$$

下面介绍数量矩阵的一些简单性质.

性质 3

① 若 $\boldsymbol{A},\boldsymbol{B}$ 为同型数量矩阵,λ 为数,则 $\lambda\boldsymbol{A},\boldsymbol{A}+\boldsymbol{B},\boldsymbol{AB}$ 也为同型数量矩阵;

② 以数量矩阵 $\boldsymbol{A}=\mathrm{diag}(\delta,\delta,\cdots,\delta)$ 左乘或右乘(若可乘)一个矩阵 $\boldsymbol{B}$,则乘积等于以数 δ 乘以矩阵 $\boldsymbol{B}$,即 $\boldsymbol{AB}=\boldsymbol{BA}=\delta\boldsymbol{B}$.

这里仅证明性质 ②.

证 ② 若 n 阶数量矩阵

$$\boldsymbol{A}=\mathrm{diag}(\delta,\delta,\cdots,\delta),\quad \boldsymbol{B}=\begin{pmatrix}b_{11} & b_{12} & \cdots & b_{1n}\\ b_{21} & b_{22} & \cdots & b_{2n}\\ \vdots & \vdots & & \vdots\\ b_{n1} & b_{n2} & \cdots & b_{nn}\end{pmatrix},$$

则

$$\boldsymbol{AB}=\begin{pmatrix}\delta b_{11} & \delta b_{12} & \cdots & \delta b_{1n}\\ \delta b_{21} & \delta b_{22} & \cdots & \delta b_{2n}\\ \vdots & \vdots & & \vdots\\ \delta b_{n1} & \delta b_{n2} & \cdots & \delta b_{nn}\end{pmatrix}=\delta\begin{pmatrix}b_{11} & b_{12} & \cdots & b_{1n}\\ b_{21} & b_{22} & \cdots & b_{2n}\\ \vdots & \vdots & & \vdots\\ b_{n1} & b_{n2} & \cdots & b_{nn}\end{pmatrix}=\delta\boldsymbol{B}.$$

同理可证 $\boldsymbol{BA}=\delta\boldsymbol{B}$.

说明 数量矩阵与任意同阶矩阵可交换,即数量矩阵与任何矩阵的乘法满足交换律.

4. 单位矩阵

定义 5 称 $\delta=1$ 的数量矩阵为单位矩阵,记为 $\boldsymbol{E}$ 或 $\boldsymbol{I}$,即

$$\boldsymbol{E}=\mathrm{diag}(1,1,\cdots,1)=\begin{pmatrix}1 & & & \\ & 1 & & \\ & & \ddots & \\ & & & 1\end{pmatrix}. \qquad (2.15)$$

下面讨论单位矩阵的一些简单性质.

性质 4

① $\boldsymbol{E}_m\boldsymbol{A}_{m\times n}=\boldsymbol{A}_{m\times n}$, $\boldsymbol{A}_{m\times n}\boldsymbol{E}_n=\boldsymbol{A}_{m\times n}$;

② n 阶单位矩阵与任意 n 阶方阵 $\boldsymbol{A}$ 可交换,即

$$\boldsymbol{AE}=\boldsymbol{EA}=\boldsymbol{A}.$$

说明 对某个矩阵左乘或右乘不变的不一定就是单位矩阵,例如,

$$\begin{pmatrix}3&1\\2&2\end{pmatrix}\begin{pmatrix}1&-1\\-2&2\end{pmatrix}=\begin{pmatrix}1&-1\\-2&2\end{pmatrix}\begin{pmatrix}3&1\\2&2\end{pmatrix}=\begin{pmatrix}1&-1\\-2&2\end{pmatrix},$$

但$\begin{pmatrix}3&1\\2&2\end{pmatrix}$不是二阶单位矩阵.

5. 对称矩阵

定义 6 若 n 阶方阵 $\boldsymbol{A}=(a_{ij})$ 满足

$$a_{ij}=a_{ji}\quad(i,j=1,2,\cdots,n),\tag{2.16}$$

则称 $\boldsymbol{A}$ 为 n 阶对称矩阵.

下面介绍对称矩阵的一些简单性质.

性质 5

① 若 $\boldsymbol{A}$ 为对称矩阵，则 $\boldsymbol{A}^{\mathrm{T}}=\boldsymbol{A}$，即对称矩阵 $\boldsymbol{A}$ 的元素关于主对角线对称.

② 若 $\boldsymbol{A}$，$\boldsymbol{B}$ 均为 n 阶对称矩阵，则 $\lambda\boldsymbol{A}$，$\boldsymbol{A}+\boldsymbol{B}$ 为 n 阶对称矩阵，但 $\boldsymbol{AB}$ 不一定为对称矩阵. 例如，$\begin{pmatrix}0&1\\1&2\end{pmatrix}$，$\begin{pmatrix}1&1\\1&1\end{pmatrix}$ 均为二阶对称矩阵，但 $\begin{pmatrix}0&1\\1&2\end{pmatrix}\begin{pmatrix}1&1\\1&1\end{pmatrix}=\begin{pmatrix}1&1\\3&3\end{pmatrix}$ 就不是对称矩阵.

③ 对任意矩阵 $\boldsymbol{A}$，$\boldsymbol{AA}^{\mathrm{T}}$ 与 $\boldsymbol{A}^{\mathrm{T}}\boldsymbol{A}$ 均为对称矩阵.

这里仅证明性质 ③.

证 ③ 因为

$$(\boldsymbol{AA}^{\mathrm{T}})^{\mathrm{T}}=(\boldsymbol{A}^{\mathrm{T}})^{\mathrm{T}}\boldsymbol{A}^{\mathrm{T}}=\boldsymbol{AA}^{\mathrm{T}},$$
$$(\boldsymbol{A}^{\mathrm{T}}\boldsymbol{A})^{\mathrm{T}}=\boldsymbol{A}^{\mathrm{T}}(\boldsymbol{A}^{\mathrm{T}})^{\mathrm{T}}=\boldsymbol{A}^{\mathrm{T}}\boldsymbol{A},$$

所以 $\boldsymbol{AA}^{\mathrm{T}}$，$\boldsymbol{A}^{\mathrm{T}}\boldsymbol{A}$ 均为对称矩阵.

例 1 设矩阵 $\boldsymbol{A}$，$\boldsymbol{B}$ 均为 n 阶对称矩阵，证明：$\boldsymbol{AB}$ 是 n 阶对称矩阵的充要条件为 $\boldsymbol{A}$，$\boldsymbol{B}$ 是可交换的，即 $\boldsymbol{AB}=\boldsymbol{BA}$.

证 必要性 因为 $\boldsymbol{A}$，$\boldsymbol{B}$ 均是对称矩阵，所以

$$\boldsymbol{A}^{\mathrm{T}}=\boldsymbol{A},\quad \boldsymbol{B}^{\mathrm{T}}=\boldsymbol{B}.$$

而 $\boldsymbol{AB}$ 是对称矩阵，则 $(\boldsymbol{AB})^{\mathrm{T}}=\boldsymbol{AB}$，故有

$$\boldsymbol{AB}=(\boldsymbol{AB})^{\mathrm{T}}=\boldsymbol{B}^{\mathrm{T}}\boldsymbol{A}^{\mathrm{T}}=\boldsymbol{BA},$$

即 $\boldsymbol{A}$，$\boldsymbol{B}$ 可交换.

充分性 若 $\boldsymbol{AB}=\boldsymbol{BA}$，则

$$(\boldsymbol{AB})^{\mathrm{T}}=\boldsymbol{B}^{\mathrm{T}}\boldsymbol{A}^{\mathrm{T}}=\boldsymbol{BA}=\boldsymbol{AB},$$

故 $\boldsymbol{AB}$ 是对称矩阵.

6. 反对称矩阵

定义 7 若 n 阶方阵 $\boldsymbol{A}=(a_{ij})_{n\times n}$ 满足

$$a_{ij}=-a_{ji}\quad(i,j=1,2,\cdots,n),\tag{2.17}$$

则称 $\boldsymbol{A}$ 为反对称矩阵.

下面讨论反对称矩阵的一些简单性质.

性质 6

① 若 $\boldsymbol{A}=(a_{ij})_{n\times n}$ 为反对称矩阵,则 $a_{ii}=0(i=1,2,\cdots,n)$;

② 若 $\boldsymbol{A}$ 为反对称矩阵,则 $\boldsymbol{A}^{\mathrm{T}}=-\boldsymbol{A}$;

③ 若 $\boldsymbol{A}$ 为反对称矩阵,则 $\lambda\boldsymbol{A}$ 也为反对称矩阵;

④ 若 $\boldsymbol{A},\boldsymbol{B}$ 均为反对称矩阵,$\boldsymbol{AB}$ 不一定为反对称矩阵. 例如,

$$\boldsymbol{A}=\begin{pmatrix}0&1\\-1&0\end{pmatrix},\quad \boldsymbol{B}=\begin{pmatrix}0&-1\\1&0\end{pmatrix},\quad \boldsymbol{AB}=\begin{pmatrix}1&0\\0&1\end{pmatrix}.$$

下面仅证明性质 ①.

证 ① 由于 $\boldsymbol{A}=(a_{ij})_{n\times n}$ 为反对称矩阵,则 $a_{ij}=-a_{ji}$,即有 $a_{ii}=-a_{ii}$,从而$2a_{ii}=0$,得 $a_{ii}=0$.

§2.4 逆 矩 阵

对方程 $ax=b$,若 $a\neq0$,则存在倒数 a^{-1},使 $x=a^{-1}b$ 为方程的解. 而对矩阵方程 $\boldsymbol{Ax}=\boldsymbol{b}$,是否也存在一个矩阵,用它乘方程可解得 $\boldsymbol{x}$ 呢? 这正是要讨论的逆矩阵问题.

微课视频

定义 1 对于 n 阶方阵 $\boldsymbol{A}$,若存在一个 n 阶方阵 $\boldsymbol{B}$,使得

$$\boldsymbol{AB}=\boldsymbol{BA}=\boldsymbol{E},\tag{2.18}$$

则称 $\boldsymbol{B}$ 是 $\boldsymbol{A}$ 的逆矩阵,简称逆阵,记为 $\boldsymbol{B}=\boldsymbol{A}^{-1}$,并称 $\boldsymbol{A}$ 是可逆矩阵.

定理 1 若方阵 $\boldsymbol{A}$ 可逆,则 $\boldsymbol{A}^{-1}$ 是唯一的.

证 若 $\boldsymbol{B}$ 和 $\boldsymbol{C}$ 都是 $\boldsymbol{A}$ 的逆矩阵,则有

$$\boldsymbol{AB}=\boldsymbol{BA}=\boldsymbol{E},\quad \boldsymbol{AC}=\boldsymbol{CA}=\boldsymbol{E},$$

故

$$B=BE=B(AC)=(BA)C=EC=C.$$

说明 ① 因为方阵 $\boldsymbol{A}$ 的逆矩阵唯一，所以与数 a 存在唯一倒数 a^{-1} 相同，$\boldsymbol{A}$ 的逆矩阵也用 $\boldsymbol{A}^{-1}$ 表示，这样 $\boldsymbol{A}\boldsymbol{A}^{-1}=\boldsymbol{A}^{-1}\boldsymbol{A}=\boldsymbol{E}$.

② 逆矩阵 $\boldsymbol{A}^{-1}$ 有类似倒数 a^{-1} 的作用，但毕竟不是数，故不可将 $\boldsymbol{A}^{-1}$ 写为 $\dfrac{1}{\boldsymbol{A}}$.

例 1 证明：若方阵 $\boldsymbol{A}$ 可逆，则矩阵方程 $\boldsymbol{A}\boldsymbol{x}=\boldsymbol{b}$ 有唯一解.

证 因方阵 $\boldsymbol{A}$ 可逆，故 $\boldsymbol{A}^{-1}$ 存在. 将它左乘矩阵方程两边，得

$$\boldsymbol{A}^{-1}\boldsymbol{A}\boldsymbol{x}=\boldsymbol{A}^{-1}\boldsymbol{b}.$$

因为 $\boldsymbol{A}^{-1}\boldsymbol{A}=\boldsymbol{E}$，所以

$$\boldsymbol{x}=\boldsymbol{A}^{-1}\boldsymbol{b}.$$

这是矩阵方程的解，因 $\boldsymbol{A}^{-1}$ 唯一，故解唯一.

定理 2 若方阵 $\boldsymbol{A}$ 可逆，则 $|\boldsymbol{A}|\neq 0$.

证 因 $\boldsymbol{A}$ 可逆，故 $\boldsymbol{A}^{-1}$ 存在，且 $\boldsymbol{A}\boldsymbol{A}^{-1}=\boldsymbol{E}$. 由方阵的行列式的性质得

$$|\boldsymbol{A}|\,|\boldsymbol{A}^{-1}|=|\boldsymbol{A}\boldsymbol{A}^{-1}|=|\boldsymbol{E}|=1,$$

因而 $|\boldsymbol{A}|\neq 0$.

定义 2 矩阵

$$\begin{pmatrix} A_{11} & A_{21} & \cdots & A_{n1} \\ A_{12} & A_{22} & \cdots & A_{n2} \\ \vdots & \vdots & & \vdots \\ A_{1n} & A_{2n} & \cdots & A_{nn} \end{pmatrix}$$

称为矩阵 $\boldsymbol{A}=(a_{ij})$ 的伴随矩阵，记为 $\boldsymbol{A}^*$，其中 A_{ij} 是矩阵 $\boldsymbol{A}$ 的元素 a_{ij} 的代数余子式.

性质 1 $\boldsymbol{A}\boldsymbol{A}^*=\boldsymbol{A}^*\boldsymbol{A}=|\boldsymbol{A}|\boldsymbol{E}$.

证 将 $\boldsymbol{A}$ 与 $\boldsymbol{A}^*$ 相乘，并用行列式展开法则有

$$a_{i1}A_{s1}+a_{i2}A_{s2}+\cdots+a_{in}A_{sn}=|\boldsymbol{A}|\delta_{is},$$

其中 δ_{is} 为克罗内克(Kronecker) 符号，即

$$\delta_{is}=\begin{cases}1, & i=s, \\ 0, & i\neq s.\end{cases}$$

于是

$$\boldsymbol{A}\boldsymbol{A}^*=\boldsymbol{A}^*\boldsymbol{A}=\begin{pmatrix} |\boldsymbol{A}| & & & \\ & |\boldsymbol{A}| & & \\ & & \ddots & \\ & & & |\boldsymbol{A}| \end{pmatrix}=|\boldsymbol{A}|\boldsymbol{E}.$$

定理 3 若 $|\boldsymbol{A}|\neq 0$，则方阵 $\boldsymbol{A}$ 可逆，且 $\boldsymbol{A}^{-1}=\dfrac{1}{|\boldsymbol{A}|}\boldsymbol{A}^{*}$，其中 $\boldsymbol{A}^{*}$ 为 $\boldsymbol{A}$ 的伴随矩阵.

证 当 $|\boldsymbol{A}|\neq 0$ 时，由性质 1 知

$$\boldsymbol{A}\left(\frac{1}{|\boldsymbol{A}|}\boldsymbol{A}^{*}\right)=\left(\frac{1}{|\boldsymbol{A}|}\boldsymbol{A}^{*}\right)\boldsymbol{A}=\boldsymbol{E},$$

据定义 1 知 $\dfrac{1}{|\boldsymbol{A}|}\boldsymbol{A}^{*}$ 为 $\boldsymbol{A}$ 的逆矩阵，即

$$\boldsymbol{A}^{-1}=\frac{1}{|\boldsymbol{A}|}\boldsymbol{A}^{*}=\frac{1}{|\boldsymbol{A}|}\begin{pmatrix}A_{11} & A_{21} & \cdots & A_{n1}\\ A_{12} & A_{22} & \cdots & A_{n2}\\ \vdots & \vdots & & \vdots\\ A_{1n} & A_{2n} & \cdots & A_{nn}\end{pmatrix}. \tag{2.19}$$

说明 由定理 2 和定理 3 可知，$\boldsymbol{A}$ 为可逆矩阵的充要条件是 $|\boldsymbol{A}|\neq 0$.

例 2 判断方阵

$$\boldsymbol{A}=\begin{pmatrix}1 & 2 & -1\\ 3 & 4 & -2\\ 5 & -4 & 1\end{pmatrix}$$

是否可逆，若可逆，利用公式法(即用(2.19)式)求 $\boldsymbol{A}^{-1}$.

解 因为 $|\boldsymbol{A}|=2\neq 0$，所以 $\boldsymbol{A}$ 可逆. 又

$$A_{11}=\begin{vmatrix}4 & -2\\ -4 & 1\end{vmatrix}=-4,\quad A_{12}=-\begin{vmatrix}3 & -2\\ 5 & 1\end{vmatrix}=-13,\quad A_{13}=\begin{vmatrix}3 & 4\\ 5 & -4\end{vmatrix}=-32,$$

$$A_{21}=-\begin{vmatrix}2 & -1\\ -4 & 1\end{vmatrix}=2,\quad A_{22}=\begin{vmatrix}1 & -1\\ 5 & 1\end{vmatrix}=6,\quad A_{23}=-\begin{vmatrix}1 & 2\\ 5 & -4\end{vmatrix}=14,$$

$$A_{31}=\begin{vmatrix}2 & -1\\ 4 & -2\end{vmatrix}=0,\quad A_{32}=-\begin{vmatrix}1 & -1\\ 3 & -2\end{vmatrix}=-1,\quad A_{33}=\begin{vmatrix}1 & 2\\ 3 & 4\end{vmatrix}=-2,$$

故

$$\boldsymbol{A}^{-1}=\frac{1}{|\boldsymbol{A}|}\boldsymbol{A}^{*}=\frac{1}{2}\begin{pmatrix}-4 & 2 & 0\\ -13 & 6 & -1\\ -32 & 14 & -2\end{pmatrix}.$$

定理 4 设 $\boldsymbol{A},\boldsymbol{B}$ 均为 n 阶方阵，且 $\boldsymbol{AB}=\boldsymbol{E}$，则 $\boldsymbol{A},\boldsymbol{B}$ 均可逆，且

$$\boldsymbol{A}^{-1}=\boldsymbol{B},\quad \boldsymbol{B}^{-1}=\boldsymbol{A}.$$

证 由 $|\boldsymbol{A}||\boldsymbol{B}|=|\boldsymbol{AB}|=|\boldsymbol{E}|=1$，得 $|\boldsymbol{A}|\neq 0$，$|\boldsymbol{B}|\neq 0$，故 $\boldsymbol{A},\boldsymbol{B}$ 均可

逆. 用 $\boldsymbol{A}^{-1}$ 左乘 $\boldsymbol{AB}=\boldsymbol{E}$，得 $\boldsymbol{B}=\boldsymbol{A}^{-1}$，同理可证 $\boldsymbol{B}^{-1}=\boldsymbol{A}$.

说明 定理 4 中 $\boldsymbol{A},\boldsymbol{B}$ 均为 n 阶方阵，否则结论不成立. 例如，

$$\boldsymbol{A}=\begin{pmatrix}-1&0&2\\0&1&0\end{pmatrix},\quad \boldsymbol{B}=\begin{pmatrix}1&0\\0&1\\1&0\end{pmatrix},\quad \boldsymbol{AB}=\begin{pmatrix}1&0\\0&1\end{pmatrix},$$

虽然 $\boldsymbol{AB}=\boldsymbol{E}$，但因 $\boldsymbol{A},\boldsymbol{B}$ 不是方阵，故不构成行列式，从而不存在可逆的条件 $|\boldsymbol{A}|\neq 0$，$|\boldsymbol{B}|\neq 0$.

例 3 利用逆矩阵求解线性方程组

$$\begin{cases}x_1+2x_2+3x_3=1,\\2x_1+2x_2+5x_3=2,\\3x_1+5x_2+\ \ x_3=3.\end{cases}$$

解 把方程组写成矩阵方程 $\boldsymbol{Ax}=\boldsymbol{b}$，其中

$$\boldsymbol{A}=\begin{pmatrix}1&2&3\\2&2&5\\3&5&1\end{pmatrix},\quad \boldsymbol{x}=\begin{pmatrix}x_1\\x_2\\x_3\end{pmatrix},\quad \boldsymbol{b}=\begin{pmatrix}1\\2\\3\end{pmatrix}.$$

由于 $|\boldsymbol{A}|=15\neq 0$，因此 $\boldsymbol{A}$ 可逆. 对矩阵方程 $\boldsymbol{Ax}=\boldsymbol{b}$ 两边左乘 $\boldsymbol{A}^{-1}$ 得 $\boldsymbol{x}=\boldsymbol{A}^{-1}\boldsymbol{b}$. 又

$$\boldsymbol{A}^{-1}=\frac{1}{|\boldsymbol{A}|}\begin{pmatrix}A_{11}&A_{21}&A_{31}\\A_{12}&A_{22}&A_{32}\\A_{13}&A_{23}&A_{33}\end{pmatrix}=\begin{pmatrix}-\frac{23}{15}&\frac{13}{15}&\frac{4}{15}\\\frac{13}{15}&-\frac{8}{15}&\frac{1}{15}\\\frac{4}{15}&\frac{1}{15}&-\frac{2}{15}\end{pmatrix},$$

则

$$\boldsymbol{x}=\boldsymbol{A}^{-1}\boldsymbol{b}=\begin{pmatrix}-\frac{23}{15}&\frac{13}{15}&\frac{4}{15}\\\frac{13}{15}&-\frac{8}{15}&\frac{1}{15}\\\frac{4}{15}&\frac{1}{15}&-\frac{2}{15}\end{pmatrix}\begin{pmatrix}1\\2\\3\end{pmatrix}=\begin{pmatrix}1\\0\\0\end{pmatrix},$$

故方程组的解为 $\begin{cases}x_1=1,\\x_2=0,\\x_3=0.\end{cases}$

下面介绍逆矩阵的性质.

性质 2

① 若方阵 $\boldsymbol{A}$ 可逆，则 $\boldsymbol{A}^{-1}$ 也可逆，且 $(\boldsymbol{A}^{-1})^{-1}=\boldsymbol{A}$；

② 若方阵 $\boldsymbol{A}$ 可逆，且数 $\lambda\neq0$，则 $\lambda\boldsymbol{A}$ 也可逆，且 $(\lambda\boldsymbol{A})^{-1}=\dfrac{1}{\lambda}\boldsymbol{A}^{-1}$；

③ 若方阵 $\boldsymbol{A}$ 可逆，则 $\boldsymbol{A}^{\mathrm{T}}$ 也可逆，且 $(\boldsymbol{A}^{\mathrm{T}})^{-1}=(\boldsymbol{A}^{-1})^{\mathrm{T}}$；

④ 若 n 阶方阵 $\boldsymbol{A}$ 可逆，则 $\boldsymbol{A}^*$ 也可逆，且 $(\boldsymbol{A}^*)^{-1}=(\boldsymbol{A}^{-1})^*=|\boldsymbol{A}|^{-1}\boldsymbol{A}$，$|\boldsymbol{A}^*|=|\boldsymbol{A}|^{n-1}$；

⑤ $|\boldsymbol{A}^{-1}|=|\boldsymbol{A}|^{-1}$；

⑥ 若 $\boldsymbol{A}$，$\boldsymbol{B}$ 均为 n 阶可逆矩阵，则 $\boldsymbol{AB}$ 也可逆，且 $(\boldsymbol{AB})^{-1}=\boldsymbol{B}^{-1}\boldsymbol{A}^{-1}$；

⑦ $\boldsymbol{A}^{-k}=(\boldsymbol{A}^{-1})^k$，其中 k 为整数.

这里仅证明性质 ⑤ 和性质 ⑥.

证　⑤ 因为 $|\boldsymbol{A}||\boldsymbol{A}^{-1}|=|\boldsymbol{A}\boldsymbol{A}^{-1}|=|\boldsymbol{E}|=1\neq0$，所以

$$|\boldsymbol{A}^{-1}|=|\boldsymbol{A}|^{-1}.$$

⑥ 因 $\boldsymbol{A}$，$\boldsymbol{B}$ 均为可逆矩阵，故 $\boldsymbol{A}^{-1}$，$\boldsymbol{B}^{-1}$ 存在，且有

$$(\boldsymbol{AB})(\boldsymbol{B}^{-1}\boldsymbol{A}^{-1})=\boldsymbol{A}(\boldsymbol{B}\boldsymbol{B}^{-1})\boldsymbol{A}^{-1}=\boldsymbol{AEA}^{-1}=\boldsymbol{A}\boldsymbol{A}^{-1}=\boldsymbol{E},$$

$$(\boldsymbol{B}^{-1}\boldsymbol{A}^{-1})(\boldsymbol{AB})=\boldsymbol{B}^{-1}(\boldsymbol{A}^{-1}\boldsymbol{A})\boldsymbol{B}=\boldsymbol{B}^{-1}\boldsymbol{EB}=\boldsymbol{B}^{-1}\boldsymbol{B}=\boldsymbol{E},$$

则 $\boldsymbol{AB}$ 可逆，且 $(\boldsymbol{AB})^{-1}=\boldsymbol{B}^{-1}\boldsymbol{A}^{-1}$.

性质 ⑥ 可推广到多个同阶可逆矩阵相乘的情况：

$$(\boldsymbol{A}_1\boldsymbol{A}_2\cdots\boldsymbol{A}_s)^{-1}=\boldsymbol{A}_s^{-1}\boldsymbol{A}_{s-1}^{-1}\cdots\boldsymbol{A}_1^{-1}.$$

说明　① 当 $|\boldsymbol{A}|\neq0$ 时，规定 $\boldsymbol{A}^0=\boldsymbol{E}$.

② 当 $|\boldsymbol{A}|\neq0$ 时，可将方阵的幂的有关性质加以推广.

例 4　设 n 阶方阵 $\boldsymbol{A}$ 满足 $\boldsymbol{A}^2-\boldsymbol{A}-2\boldsymbol{E}=\boldsymbol{O}$，证明：$\boldsymbol{A}+2\boldsymbol{E}$ 可逆，并求 $(\boldsymbol{A}+2\boldsymbol{E})^{-1}$.

证　由 $\boldsymbol{A}^2-\boldsymbol{A}-2\boldsymbol{E}=\boldsymbol{O}$，得 $(\boldsymbol{A}+2\boldsymbol{E})(\boldsymbol{A}-3\boldsymbol{E})=-4\boldsymbol{E}$，即

$$(\boldsymbol{A}+2\boldsymbol{E})\left[-\frac{1}{4}(\boldsymbol{A}-3\boldsymbol{E})\right]=\boldsymbol{E},$$

从而 $\boldsymbol{A}+2\boldsymbol{E}$ 可逆，且

$$(\boldsymbol{A}+2\boldsymbol{E})^{-1}=-\frac{1}{4}(\boldsymbol{A}-3\boldsymbol{E}).$$

例 5　设 $\boldsymbol{A}$ 为一个三阶方阵，且 $|\boldsymbol{A}|=\dfrac{1}{2}$，求 $|(3\boldsymbol{A})^{-1}-2\boldsymbol{A}^*|$.

解　因为 $(3\boldsymbol{A})^{-1}-2\boldsymbol{A}^*=\dfrac{1}{3}\boldsymbol{A}^{-1}-2|\boldsymbol{A}|\boldsymbol{A}^{-1}=-\dfrac{2}{3}\boldsymbol{A}^{-1}$，所以

$$|(3\boldsymbol{A})^{-1}-2\boldsymbol{A}^*|=\left|-\frac{2}{3}\boldsymbol{A}^{-1}\right|=\left(-\frac{2}{3}\right)^3\times|\boldsymbol{A}^{-1}|=\left(-\frac{2}{3}\right)^3\times|\boldsymbol{A}|^{-1}=-\frac{16}{27}.$$

§2.5 分块矩阵

在大数据时代的背景下,常常需要处理行数和列数较大的矩阵.为了提高计算效率,处理高阶矩阵时常采用分块法,即用若干条水平线和铅垂线把高阶矩阵分成许多块小矩阵.

定义1 设矩阵 $\boldsymbol{A}=(a_{ij})_{m\times n}$,任取其 r 行($1\leqslant r\leqslant m$)、s 列($1\leqslant s\leqslant n$),位于交叉位置的 $r\times s$ 个元素按原来的相对位置构成一个 $r\times s$ 矩阵,称这样的矩阵 $\boldsymbol{S}$ 为 $\boldsymbol{A}$ 的**子块**.

例如,对矩阵

$$\boldsymbol{A}=\begin{pmatrix}a_{11} & a_{12} & a_{13} & a_{14}\\ a_{21} & a_{22} & a_{23} & a_{24}\\ a_{31} & a_{32} & a_{33} & a_{34}\end{pmatrix},$$

取其第二、三行,第一、二、四列,得子块

$$\boldsymbol{S}=\begin{pmatrix}a_{21} & a_{22} & a_{24}\\ a_{31} & a_{32} & a_{34}\end{pmatrix}.$$

定义2 设矩阵 $\boldsymbol{A}=(a_{ij})_{m\times n}$,在行间作水平线及在列间作铅垂线,把矩阵 $\boldsymbol{A}$ 分成若干个子块,称为对矩阵 $\boldsymbol{A}$ 的**分块**.

例如,矩阵

$$\boldsymbol{A}=\left(\begin{array}{ccc:c}a_{11} & a_{12} & a_{13} & a_{14}\\ a_{21} & a_{22} & a_{23} & a_{24}\\ \hdashline a_{31} & a_{32} & a_{33} & a_{34}\end{array}\right)=\begin{pmatrix}\boldsymbol{A}_{11} & \boldsymbol{A}_{12}\\ \boldsymbol{A}_{21} & \boldsymbol{A}_{22}\end{pmatrix}$$

被虚线分成四块,其中

$$\boldsymbol{A}_{11}=\begin{pmatrix}a_{11} & a_{12} & a_{13}\\ a_{21} & a_{22} & a_{23}\end{pmatrix},\quad \boldsymbol{A}_{12}=\begin{pmatrix}a_{14}\\ a_{24}\end{pmatrix},$$

$$\boldsymbol{A}_{21}=(a_{31},a_{32},a_{33}),\quad \boldsymbol{A}_{22}=(a_{34}).$$

说明 对较高阶矩阵进行适当的分块,可利于显示其简单的结构,并利用已知的性质简化其运算.

例如,对矩阵

$$\boldsymbol{A}=\left(\begin{array}{ccc:c:cc}1 & 2 & 3 & 0 & 0 & 0\\ 4 & 5 & 6 & 0 & 0 & 0\\ 7 & 8 & 9 & 0 & 0 & 0\\ \hdashline 0 & 0 & 0 & 10 & 0 & 0\\ \hdashline 0 & 0 & 0 & 0 & 11 & 12\\ 0 & 0 & 0 & 0 & 13 & 14\end{array}\right)$$

适当分块后,可看成是"对角矩阵"

$$A=\begin{pmatrix}A_{11} & & \\ & A_{22} & \\ & & A_{33}\end{pmatrix}, \tag{2.20}$$

其中

$$A_{11}=\begin{pmatrix}1 & 2 & 3\\ 4 & 5 & 6\\ 7 & 8 & 9\end{pmatrix},\quad A_{22}=(10),\quad A_{33}=\begin{pmatrix}11 & 12\\ 13 & 14\end{pmatrix}.$$

定义 3 称形如(2.20)式的分块矩阵为分块对角矩阵或拟对角矩阵.

说明 ① 一个矩阵有多种分块方法,究竟要怎样分才比较好,要根据具体情况来定. 由于单位矩阵和零矩阵在运算中具有特殊性,因此分块时可让零子块和单位子块尽量多.

② 对于分块矩阵有类似于普通矩阵的加法、数乘、转置等运算.

例 1 设矩阵 $A=\begin{pmatrix}A_1 & O\\ O & A_2\end{pmatrix}$,其中

$$A_1=\begin{pmatrix}a_{11} & a_{12} & \cdots & a_{1r}\\ a_{21} & a_{22} & \cdots & a_{2r}\\ \vdots & \vdots & & \vdots\\ a_{r1} & a_{r2} & \cdots & a_{rr}\end{pmatrix},\quad A_2=\begin{pmatrix}a_{r+1,r+1} & a_{r+1,r+2} & \cdots & a_{r+1,n}\\ a_{r+2,r+1} & a_{r+2,r+2} & \cdots & a_{r+2,n}\\ \vdots & \vdots & & \vdots\\ a_{n,r+1} & a_{n,r+2} & \cdots & a_{nn}\end{pmatrix},$$

证明:$|A|=|A_1||A_2|$.

证 因为

$$A=\begin{pmatrix}A_1 & O\\ O & A_2\end{pmatrix}=\begin{pmatrix}E_r & O\\ O & A_2\end{pmatrix}\begin{pmatrix}A_1 & O\\ O & E_{n-r}\end{pmatrix},$$

所以

$$|A|=\begin{vmatrix}E_r & O\\ O & A_2\end{vmatrix}\begin{vmatrix}A_1 & O\\ O & E_{n-r}\end{vmatrix}.$$

而由行列式按行(列)展开法则知

$$\begin{vmatrix}E_r & O\\ O & A_2\end{vmatrix}=\begin{vmatrix}1 & 0 & \cdots & 0 & 0 & 0 & \cdots & 0\\ 0 & 1 & \cdots & 0 & 0 & 0 & \cdots & 0\\ \vdots & \vdots & & \vdots & \vdots & \vdots & & \vdots\\ 0 & 0 & \cdots & 1 & 0 & 0 & \cdots & 0\\ 0 & 0 & \cdots & 0 & & & & \\ 0 & 0 & \cdots & 0 & & & & \\ \vdots & \vdots & & \vdots & & & A_2 & \\ 0 & 0 & \cdots & 0 & & & & \end{vmatrix}=|A_2|.$$

类似地有

$$\begin{vmatrix} \boldsymbol{A}_1 & \boldsymbol{O} \\ \boldsymbol{O} & \boldsymbol{E}_{n-r} \end{vmatrix} = |\boldsymbol{A}_1|,$$

于是 $|\boldsymbol{A}| = |\boldsymbol{A}_1||\boldsymbol{A}_2|$.

说明 推广到 s 个分块对角矩阵的情况，有

$$\begin{vmatrix} \boldsymbol{A}_1 & & & \\ & \boldsymbol{A}_2 & & \\ & & \ddots & \\ & & & \boldsymbol{A}_s \end{vmatrix} = |\boldsymbol{A}_1||\boldsymbol{A}_2|\cdots|\boldsymbol{A}_s|. \tag{2.21}$$

例 2 设矩阵

$$\boldsymbol{A} = \begin{pmatrix} \boldsymbol{A}_1 & & & \\ & \boldsymbol{A}_2 & & \\ & & \ddots & \\ & & & \boldsymbol{A}_s \end{pmatrix},$$

证明：若 $\boldsymbol{A}_1, \boldsymbol{A}_2, \cdots, \boldsymbol{A}_s$ 均可逆，则 $\boldsymbol{A}$ 也可逆，且

$$\boldsymbol{A}^{-1} = \begin{pmatrix} \boldsymbol{A}_1^{-1} & & & \\ & \boldsymbol{A}_2^{-1} & & \\ & & \ddots & \\ & & & \boldsymbol{A}_s^{-1} \end{pmatrix}.$$

证 由(2.21)式可知，$|\boldsymbol{A}| = |\boldsymbol{A}_1||\boldsymbol{A}_2|\cdots|\boldsymbol{A}_s|$. 因 $|\boldsymbol{A}_i| \neq 0 (i = 1, 2, \cdots, s)$，从而 $|\boldsymbol{A}| \neq 0$，故 $\boldsymbol{A}$ 可逆.

据两个同阶且分块相同的分块对角矩阵的乘法公式和 $\boldsymbol{A}_i$ 可逆(即 $\boldsymbol{A}_i\boldsymbol{A}_i^{-1} = \boldsymbol{E}_i$)，有

$$\boldsymbol{A}\begin{pmatrix} \boldsymbol{A}_1^{-1} & & & \\ & \boldsymbol{A}_2^{-1} & & \\ & & \ddots & \\ & & & \boldsymbol{A}_s^{-1} \end{pmatrix} = \begin{pmatrix} \boldsymbol{A}_1 & & & \\ & \boldsymbol{A}_2 & & \\ & & \ddots & \\ & & & \boldsymbol{A}_s \end{pmatrix}\begin{pmatrix} \boldsymbol{A}_1^{-1} & & & \\ & \boldsymbol{A}_2^{-1} & & \\ & & \ddots & \\ & & & \boldsymbol{A}_s^{-1} \end{pmatrix}$$

$$= \begin{pmatrix} \boldsymbol{A}_1\boldsymbol{A}_1^{-1} & & & \\ & \boldsymbol{A}_2\boldsymbol{A}_2^{-1} & & \\ & & \ddots & \\ & & & \boldsymbol{A}_s\boldsymbol{A}_s^{-1} \end{pmatrix} = \begin{pmatrix} \boldsymbol{E}_1 & & & \\ & \boldsymbol{E}_2 & & \\ & & \ddots & \\ & & & \boldsymbol{E}_s \end{pmatrix} = \boldsymbol{E},$$

故 $A^{-1}=\begin{pmatrix} A_1^{-1} & & & \\ & A_2^{-1} & & \\ & & \ddots & \\ & & & A_s^{-1} \end{pmatrix}$.

说明 若矩阵 $A=\begin{pmatrix} & & & A_1 \\ & & A_2 & \\ & \iddots & & \\ A_s & & & \end{pmatrix}$, A_i 可逆 $(i=1,2,\cdots,s)$，则 A 可逆，且

$$A^{-1}=\begin{pmatrix} & & & A_s^{-1} \\ & & \iddots & \\ & A_2^{-1} & & \\ A_1^{-1} & & & \end{pmatrix}.$$

例 3 求矩阵 $A=\begin{pmatrix} 3 & 0 & 0 \\ 0 & 1 & -5 \\ 0 & 0 & -1 \end{pmatrix}$ 的逆矩阵 A^{-1}.

解 将 A 分块为 $A=\begin{pmatrix} A_1 & \\ & A_2 \end{pmatrix}$，其中 $A_1=(3)$，$A_2=\begin{pmatrix} 1 & -5 \\ 0 & -1 \end{pmatrix}$. 而

$$A_1^{-1}=\left(\frac{1}{3}\right),\quad A_2^{-1}=\begin{pmatrix} 1 & -5 \\ 0 & -1 \end{pmatrix},$$

故

$$A^{-1}=\begin{pmatrix} \frac{1}{3} & 0 & 0 \\ 0 & 1 & -5 \\ 0 & 0 & -1 \end{pmatrix}.$$

例 4 设分块矩阵 $D=\begin{pmatrix} M & P \\ O & N \end{pmatrix}$，其中 M,N 分别为 r 阶、k 阶可逆矩阵，P 为 $r\times k$ 矩阵，O 为 $k\times r$ 零矩阵，证明：D 可逆，并求 D^{-1}.

证 设 D 可逆，且 $D^{-1}=\begin{pmatrix} A & C \\ W & B \end{pmatrix}$，其中 A,B 分别为与 M,N 同阶的方阵，则有

$$D^{-1}D=\begin{pmatrix}A & C\\ W & B\end{pmatrix}\begin{pmatrix}M & P\\ O & N\end{pmatrix}=E,$$

即

$$\begin{pmatrix}AM & AP+CN\\ WM & WP+BN\end{pmatrix}=\begin{pmatrix}E_r & O\\ O & E_k\end{pmatrix}.$$

于是得

$$AM=E_r, \qquad ①$$
$$WM=O, \qquad ②$$
$$AP+CN=O, \qquad ③$$
$$WP+BN=E_k. \qquad ④$$

因 M 可逆，用 M^{-1} 右乘 ①，② 得

$$AMM^{-1}=M^{-1},\quad WMM^{-1}=O,$$

则 $A=M^{-1}$，$W=O$.

将 $A=M^{-1}$ 代入 ③，有

$$M^{-1}P=-CN. \qquad ⑤$$

因 N 可逆，用 N^{-1} 右乘 ⑤ 得

$$M^{-1}PN^{-1}=-CNN^{-1},\quad 则\quad C=-M^{-1}PN^{-1}.$$

将 $W=O$ 代入 ④，有 $BN=E_k$，再用 N^{-1} 右乘上式得 $B=N^{-1}$. 于是求出

$$D^{-1}=\begin{pmatrix}M^{-1} & -M^{-1}PN^{-1}\\ O & N^{-1}\end{pmatrix}.$$

容易验证 $DD^{-1}=D^{-1}D=E$.

说明　由例 4 同理可得，若 $D=\begin{pmatrix}M & O\\ P & N\end{pmatrix}$，则

$$D^{-1}=\begin{pmatrix}M^{-1} & O\\ -N^{-1}PM^{-1} & N^{-1}\end{pmatrix}.$$

例 5　用分块法求矩阵 $D=\begin{vmatrix}1 & 0 & 0 & 0\\ 1 & 2 & 0 & 0\\ 2 & 1 & 3 & 0\\ 1 & 2 & 1 & 4\end{vmatrix}$ 的逆矩阵.

解　记 $D=\begin{pmatrix}M & O\\ P & N\end{pmatrix}$，其中 $M=\begin{pmatrix}1 & 0\\ 1 & 2\end{pmatrix}$，$P=\begin{pmatrix}2 & 1\\ 1 & 2\end{pmatrix}$，$N=\begin{pmatrix}3 & 0\\ 1 & 4\end{pmatrix}$. 因为

$$M^{-1}=\begin{pmatrix}1 & 0\\ -\frac{1}{2} & \frac{1}{2}\end{pmatrix},\quad N^{-1}=\begin{pmatrix}\frac{1}{3} & 0\\ -\frac{1}{12} & \frac{1}{4}\end{pmatrix},$$

且

$$-N^{-1}PM^{-1}=-\begin{pmatrix}\frac{1}{3} & 0\\ -\frac{1}{12} & \frac{1}{4}\end{pmatrix}\begin{pmatrix}2 & 1\\ 1 & 2\end{pmatrix}\begin{pmatrix}1 & 0\\ -\frac{1}{2} & \frac{1}{2}\end{pmatrix}=\frac{1}{24}\begin{pmatrix}-12 & -4\\ 3 & -5\end{pmatrix},$$

所以

$$D^{-1}=\frac{1}{24}\begin{pmatrix}24 & 0 & 0 & 0\\ -12 & 12 & 0 & 0\\ -12 & -4 & 8 & 0\\ 3 & -5 & -2 & 6\end{pmatrix}.$$

习题二

1. 设矩阵 $A=\begin{pmatrix}-3 & 2 & 3\\ 3 & 1 & 2\end{pmatrix}$，$B=\begin{pmatrix}-2 & 0 & 1\\ -1 & 3 & 2\end{pmatrix}$.

(1) 求 $A+B$，$A-B$，$3A-2B$；

(2) 若矩阵 Z 满足 $A+Z=B$，求 Z；

(3) 若矩阵 Y 满足 $3A+Y+3(B-Y)=O$，求 Y.

2. 设矩阵 $A=\begin{pmatrix}x & 0\\ 0 & y\end{pmatrix}$，$B=\begin{pmatrix}u & v\\ 8 & 3\end{pmatrix}$，$C=\begin{pmatrix}3 & -2\\ x & y\end{pmatrix}$，且 $A+3B-2C=O$，求 x,y,u,v 的值.

3. 设矩阵 $A=\begin{pmatrix}1 & 2 & 3\\ 3 & 1 & 2\\ 2 & 3 & 1\end{pmatrix}$，$B=\begin{pmatrix}4 & 7\\ 5 & 8\\ 6 & 9\end{pmatrix}$，求：(1) AB；(2) $3AB$.

4. 设矩阵 $A=\begin{pmatrix}2 & 1 & 3 & -2\\ 0 & 3 & 1 & 0\end{pmatrix}$，$B=\begin{pmatrix}2 & 0 & 3\\ 0 & 1 & 0\\ 2 & 0 & 2\\ 0 & 3 & 0\end{pmatrix}$，$C=\begin{pmatrix}-1 & 0\\ 2 & 6\\ 0 & 3\end{pmatrix}$，求 AB 和 ABC.

5. 设矩阵 $\boldsymbol{A}=(x_1,x_2,x_3)$,$\boldsymbol{B}=\begin{pmatrix}a_{11}&a_{12}&a_{13}\\a_{12}&a_{22}&a_{23}\\a_{13}&a_{23}&a_{33}\end{pmatrix}$,$\boldsymbol{C}=\begin{pmatrix}x_1\\x_2\\x_3\end{pmatrix}$,求 $\boldsymbol{ABC}$.

6. 设有两个线性变换

$$\begin{cases}y_1=3x_1-2x_2,\\y_2=x_2+x_3,\\y_3=x_1+x_2+x_3,\end{cases}\qquad\begin{cases}z_1=y_1-2y_2+3y_3,\\z_2=y_1-y_3,\\z_3=3y_2+y_3,\end{cases}$$

用矩阵的乘法求从变量 x_1,x_2,x_3 到变量 z_1,z_2,z_3 的线性变换.

7. 有 Ⅰ,Ⅱ,Ⅲ,Ⅳ 四个工厂,生产 A,B,C 三种产品,一年中各工厂生产产品的数量(单位:件)如表 2.1 所示,各产品的单位价格(单位:万元)及单位利润(单位:万元)如表 2.2 所示,问:各工厂的总投入及总利润怎样?

表 2.1

	A	B	C
Ⅰ	5	10	20
Ⅱ	6	15	10
Ⅲ	4	20	8
Ⅳ	8	12	6

表 2.2

	价格	利润
A	4	1
B	5	2
C	4.5	1.5

8. 解矩阵方程 $\boldsymbol{AX}=\boldsymbol{B}$,其中 $\boldsymbol{A}=\begin{pmatrix}1&2\\2&1\end{pmatrix}$,$\boldsymbol{B}=\begin{pmatrix}4&3\\8&3\end{pmatrix}$.

9. 设矩阵 $\boldsymbol{A}=\begin{pmatrix}0&1\\0&0\end{pmatrix}$,求满足 $\boldsymbol{AB}=\boldsymbol{BA}$ 的矩阵 $\boldsymbol{B}$.

10. 下列两式是否成立?并求成立的充要条件:

(1) $(\boldsymbol{A}+\boldsymbol{B})(\boldsymbol{A}-\boldsymbol{B})=\boldsymbol{A}^2-\boldsymbol{B}^2$;

(2) $(\boldsymbol{A}+\boldsymbol{B})^2=\boldsymbol{A}^2+2\boldsymbol{AB}+\boldsymbol{B}^2$.

11. 设矩阵 $\boldsymbol{A}=\begin{pmatrix}1&2&3\\0&4&5\\0&0&6\end{pmatrix}$,$\boldsymbol{B}=\begin{pmatrix}7&8&9\\0&10&11\\0&0&11\end{pmatrix}$,求 $2\boldsymbol{A}-\boldsymbol{B}$,$\boldsymbol{AB}$.

12. 证明:

(1) 若 $\boldsymbol{A}$ 为 n 阶方阵,则 $\boldsymbol{A}+\boldsymbol{A}^{\mathrm{T}}$ 是对称矩阵,$\boldsymbol{A}-\boldsymbol{A}^{\mathrm{T}}$ 是反对称矩阵;

(2) 若 $\boldsymbol{A}$ 为对称矩阵且可逆,则 $\boldsymbol{A}^{-1}$ 是对称矩阵.

13. 若 $\boldsymbol{A}$ 是反对称矩阵,$\boldsymbol{B}$ 是对称矩阵,证明:

(1) $\boldsymbol{AB}-\boldsymbol{BA}$ 是对称矩阵;

(2) $\boldsymbol{AB}$ 是反对称矩阵的充要条件是 $\boldsymbol{AB}=\boldsymbol{BA}$.

14. 设 $\boldsymbol{M}$,$\boldsymbol{N}$ 均为 n 阶方阵,$\boldsymbol{N}$ 为对称矩阵,证明:$\boldsymbol{M}^{\mathrm{T}}\boldsymbol{NM}$ 是对称矩阵.

15. 设矩阵 $\boldsymbol{A}=\begin{pmatrix}1&2&3\\4&5&6\\7&8&9\end{pmatrix}$, $\boldsymbol{B}=\begin{pmatrix}1&0&0\\0&1&0\\0&0&2\end{pmatrix}$,求:(1) $\boldsymbol{A}^{\mathrm{T}}-3\boldsymbol{B}^{\mathrm{T}}$;(2) $(\boldsymbol{AB})^{\mathrm{T}}$.

16. 设矩阵 $\boldsymbol{A}=\begin{pmatrix}1&-1&-1\\-1&1&-1\\-1&-1&1\end{pmatrix}$,求 $\boldsymbol{A}^2$.

17. 设矩阵 $\boldsymbol{A}=\begin{pmatrix}1&0\\\lambda&1\end{pmatrix}$($\lambda\neq 0$ 为常数),求 $\boldsymbol{A}^k$.

18. 设矩阵 $\boldsymbol{A}=\begin{pmatrix}1&0&0\\1&0&1\\0&1&0\end{pmatrix}$,证明:当 $n\geqslant 3$ 时恒有 $\boldsymbol{A}^n=\boldsymbol{A}^{n-2}+\boldsymbol{A}^2-\boldsymbol{E}$,并利用此关系求 $\boldsymbol{A}^{100}$.

19. 若 $\boldsymbol{A}$,$\boldsymbol{B}$ 均为 n 阶方阵,且 $\boldsymbol{AB}$ 可逆,证明:$\boldsymbol{A}$,$\boldsymbol{B}$ 均可逆.

20. 已知 $\boldsymbol{AA}^{\mathrm{T}}=\boldsymbol{A}^{\mathrm{T}}\boldsymbol{A}=\boldsymbol{E}$,求 $|\boldsymbol{A}|$.

21. 用定义法求方阵 $\boldsymbol{A}=\begin{pmatrix}3&9\\-2&-5\end{pmatrix}$ 的逆矩阵 $\boldsymbol{A}^{-1}$.

22. 用公式法$\left(即 \boldsymbol{A}^{-1}=\dfrac{1}{|\boldsymbol{A}|}\boldsymbol{A}^*\right)$求方阵 $\boldsymbol{A}=\begin{pmatrix}3&9\\-2&-5\end{pmatrix}$ 的逆矩阵 $\boldsymbol{A}^{-1}$.

23. 用分块法求下列方阵的逆矩阵:

(1) $\boldsymbol{A}_1=\begin{pmatrix}5&2&0&0\\2&1&0&0\\0&0&8&3\\0&0&5&2\end{pmatrix}$; (2) $\boldsymbol{A}_2=\begin{pmatrix}0&a_1&0&\cdots&0\\0&0&a_2&\cdots&0\\\vdots&\vdots&\vdots&&\vdots\\0&0&0&\cdots&a_{n-1}\\a_n&0&0&\cdots&0\end{pmatrix}$.

本章小结

第三章　矩阵的初等变换与线性方程组

为了利用矩阵作为工具求解线性方程组，本章首先通过高斯（Gauss）消元法引出矩阵的初等变换，建立矩阵的秩的概念，进而通过矩阵的秩讨论线性方程组无解、有唯一解或有无穷多解的充要条件，并介绍如何利用矩阵的初等变换求解线性方程组．

课程思政案例

知识结构

§3.1 矩阵的初等变换

矩阵的初等变换是矩阵理论中至关重要的运算，它在求解线性方程组、求逆矩阵及矩阵理论的探讨中起着非常重要的作用. 为引进矩阵的初等变换的概念，我们先来回顾高斯消元法求解线性方程组的过程.

1. 高斯消元法求解线性方程组

例 1 求解线性方程组

$$\begin{cases} x_1 - x_2 - x_3 = 2, \\ 2x_1 - x_2 - 3x_3 = 1, \\ 3x_1 + 2x_2 - 5x_3 = 0. \end{cases}$$

解 将方程组中第一个方程的 -2 倍加到第二个方程，将第一个方程的 -3 倍加到第三个方程，得到方程组

$$\begin{cases} x_1 - x_2 - x_3 = 2, \\ x_2 - x_3 = -3, \\ 5x_2 - 2x_3 = -6. \end{cases}$$

再将上述方程组中第二个方程的 -5 倍加到第三个方程，得到方程组

$$\begin{cases} x_1 - x_2 - x_3 = 2, \\ x_2 - x_3 = -3, \\ 3x_3 = 9. \end{cases}$$

最后将上述方程组中的第三个方程乘以 $\frac{1}{3}$，得到方程组

$$\begin{cases} x_1 - x_2 - x_3 = 2, \\ x_2 - x_3 = -3, \\ x_3 = 3. \end{cases}$$

通过回代，可以得到原方程组的唯一解为

$$\begin{cases} x_1 = 5, \\ x_2 = 0, \\ x_3 = 3. \end{cases}$$

这种解法就是大家熟悉的高斯消元法.

例 2 求解线性方程组

$$\begin{cases} x_1-2x_2+3x_3-\ x_4=1, \\ 3x_1-\ x_2+5x_3-3x_4=2, \\ 2x_1+\ x_2+2x_3-2x_4=3. \end{cases}$$

解　将方程组中第一个方程的 -3 倍加到第二个方程，将第一个方程的 -2 倍加到第三个方程，得到方程组

$$\begin{cases} x_1-2x_2+3x_3-x_4=1, \\ \qquad 5x_2-4x_3\qquad =-1, \\ \qquad 5x_2-4x_3\qquad =1. \end{cases}$$

再将上述方程组中第二个方程的 -1 倍加到第三个方程，得到方程组

$$\begin{cases} x_1-2x_2+3x_3-x_4=1, \\ \qquad 5x_2-4x_3\qquad =-1, \\ \qquad\qquad\qquad 0=2. \end{cases}$$

显然，上述方程组中的第三个方程无解（也称**矛盾方程**），因此原方程组无解.

例 3 求解线性方程组

$$\begin{cases} 2x_1+5x_2+\ 9x_3=3, \\ \ x_1+3x_2+\ 4x_3=-2, \\ 3x_1+7x_2+14x_3=8, \\ \qquad -x_2+\ \ x_3=7. \end{cases}$$

解　将方程组中第一个方程和第二个方程对调位置，得到方程组

$$\begin{cases} \ x_1+3x_2+\ 4x_3=-2, \\ 2x_1+5x_2+\ 9x_3=3, \\ 3x_1+7x_2+14x_3=8, \\ \qquad -\ x_2+\ \ x_3=7. \end{cases}$$

再将上述方程组中第一个方程的 -2 倍加到第二个方程，将第一个方程的 -3 倍加到第三个方程，得到方程组

$$\begin{cases} x_1+3x_2+4x_3=-2, \\ \quad -\ x_2+\ x_3=7, \\ \quad -2x_2+2x_3=14, \\ \quad -\ x_2+\ x_3=7. \end{cases}$$

最后将上述方程组中第二个方程的 -2 倍加到第三个方程，将第二个方程的 -1 倍加到第四个方程，得到方程组

$$\begin{cases} x_1 + 3x_2 + 4x_3 = -2, \\ \quad - x_2 + x_3 = 7, \\ \qquad\qquad 0 = 0, \\ \qquad\qquad 0 = 0. \end{cases}$$

显然，上述方程组中最后两个方程为恒等式，它们的存在不影响方程组的解，因此被称为多余方程. 将上述方程组的第二个方程乘以 -1，得到方程组

$$\begin{cases} x_1 + 3x_2 + 4x_3 = -2, \\ \qquad x_2 - x_3 = -7. \end{cases}$$

为了求出原方程组的解，将上述方程组中第二个方程改写为 $x_2 = x_3 - 7$，再将其代入第一个方程，得到方程组

$$\begin{cases} x_1 = -7x_3 + 19, \\ x_2 = x_3 - 7, \end{cases}$$

其中 x_3 可以任意取值，我们称之为自由未知数. 对 x_3 取定一个值，对应得到原方程组的一个解. 由 x_3 取值的任意性知，原方程组有无穷多解. 不妨令 $x_3 = c$（c 为任意常数），则原方程组的通解为

$$\begin{cases} x_1 = -7c + 19, \\ x_2 = c - 7, \\ x_3 = c. \end{cases}$$

前面三个例子分别对应方程组有唯一解、无解和有无穷多解的情况. 在求解的过程中，都通过一些变换，将方程组化为更容易求解的同解方程组，这些变换可归纳为以下三类：

(1) 调法变换：对调两个方程的位置；

(2) 倍法变换：用一个非零常数乘以某一个方程；

(3) 消法变换：把一个方程的倍数加到另一个方程.

为了后面叙述方便，我们称这类变换为线性方程组的初等变换，高斯消元法的本质就是对方程组反复施行初等变换，使其化为更容易求解的同解方程组.

在前面例子的消元求解过程中，不难发现，线性方程组的解的情况由其未知数系数和右边常数项完全决定，与未知数用什么符号无关. 确切地说，线性方程组的消元过程都可以在由方程组的系数和右边常数项构成的矩阵上进行. 为此，类似于线性方程组的初等变换，我们引入矩阵的初等变换的概念.

2. 矩阵的初等变换

定义 1 下列三类变换称为矩阵的初等行(或列)变换：

(1) 调法变换：对调 $\boldsymbol{A}$ 的第 i 行(或列)与第 j 行(或列)，记为 $r_i \leftrightarrow r_j$(或 $c_i \leftrightarrow c_j$)；

(2) 倍法变换：用非零常数 k 乘以第 i 行(或列)，记为 kr_i(或 kc_i)；

(3) 消法变换：把第 i 行(或列)的 k 倍加到第 j 行(或列)，记为 $r_j + kr_i$(或 $c_j + kc_i$).

矩阵的初等行(或列)变换统称为矩阵的初等变换.

现在我们利用矩阵的初等行变换求解前面的三个例子.

先求解例 1 的线性方程组，对其由系数和右边常数项所构成的矩阵(称为增广矩阵，记为 $\overline{\boldsymbol{A}}$)施行初等行变换：

$$\overline{\boldsymbol{A}} = \begin{pmatrix} 1 & -1 & -1 & 2 \\ 2 & -1 & -3 & 1 \\ 3 & 2 & -5 & 0 \end{pmatrix} \xrightarrow[r_3 - 3r_1]{r_2 - 2r_1} \begin{pmatrix} 1 & -1 & -1 & 2 \\ 0 & 1 & -1 & -3 \\ 0 & 5 & -2 & -6 \end{pmatrix}$$

$$\xrightarrow[\frac{1}{3}r_3]{r_3 - 5r_2} \begin{bmatrix} 1 & -1 & -1 & 2 \\ 0 & 1 & -1 & -3 \\ 0 & 0 & 1 & 3 \end{bmatrix} \xrightarrow[r_1 + r_3]{r_2 + r_3} \begin{pmatrix} 1 & -1 & 0 & 5 \\ 0 & 1 & 0 & 0 \\ 0 & 0 & 1 & 3 \end{pmatrix}$$

$$\xrightarrow{r_1 + r_2} \begin{pmatrix} 1 & 0 & 0 & 5 \\ 0 & 1 & 0 & 0 \\ 0 & 0 & 1 & 3 \end{pmatrix} = \boldsymbol{B},$$

于是原方程组的解为 $\begin{cases} x_1 = 5, \\ x_2 = 0, \\ x_3 = 3. \end{cases}$

注意到，当 $\overline{\boldsymbol{A}}$ 经过初等行变换化为第三个矩阵时，已完成了消元的过程. 观察该矩阵发现它有如下特点：每一行的非零首元下方均为 0，且非零首元的行标递增的同时，其列标也严格递增. 也就是说，该矩阵可以画出一条从第一行非零首元下方的横线开始到最后一行非零首元下方的横线结束的阶梯线，线的下方元素全为 0，每个台阶占一行，因其形状像阶梯，故将其称为行阶梯形矩阵.

为了避免回代的过程，我们对 $\overline{\boldsymbol{A}}$ 的行阶梯形矩阵进一步施行初等行变换，化为最后一个矩阵 $\boldsymbol{B}$. 观察矩阵 $\boldsymbol{B}$ 发现它有如下特点：$\boldsymbol{B}$ 是一个行阶梯形矩阵，且每一行的非零首元均为 1，其所在的列的其余元素都是 0，我们将其称为行最简形矩阵.

任何矩阵均可通过有限次初等行变换，化为行阶梯形矩阵和行最简形矩阵，且行最简形矩阵是唯一确定的.

再求解例 2 的线性方程组，对其增广矩阵施行初等行变换：

$$\overline{\mathbf{A}}=\begin{pmatrix}1&-2&3&-1&1\\3&-1&5&-3&2\\2&1&2&-2&3\end{pmatrix}\xrightarrow[r_3-2r_1]{r_2-3r_1}\begin{pmatrix}1&-2&3&-1&1\\0&5&-4&0&-1\\0&5&-4&0&1\end{pmatrix}$$

$$\xrightarrow{r_3-r_2}\begin{pmatrix}1&-2&3&-1&1\\0&5&-4&0&-1\\0&0&0&0&2\end{pmatrix},$$

此时已把 $\overline{\mathbf{A}}$ 化为行阶梯形矩阵，与该矩阵对应的方程组为

$$\begin{cases}x_1-2x_2+3x_3-x_4=1,\\ \quad\quad 5x_2-4x_3\quad\quad=-1,\\ \quad\quad\quad\quad\quad\quad\quad\quad 0=2.\end{cases}$$

由第三个方程知，原方程组无解.

最后求解例 3 的线性方程组，对其增广矩阵施行初等行变换：

$$\overline{\mathbf{A}}=\begin{pmatrix}2&5&9&3\\1&3&4&-2\\3&7&14&8\\0&-1&1&7\end{pmatrix}\xrightarrow{r_1\leftrightarrow r_2}\begin{pmatrix}1&3&4&-2\\2&5&9&3\\3&7&14&8\\0&-1&1&7\end{pmatrix}$$

$$\xrightarrow[r_3-3r_1]{r_2-2r_1}\begin{pmatrix}1&3&4&-2\\0&-1&1&7\\0&-2&2&14\\0&-1&1&7\end{pmatrix}\xrightarrow[r_4-r_2]{r_3-2r_2}\begin{pmatrix}1&3&4&-2\\0&-1&1&7\\0&0&0&0\\0&0&0&0\end{pmatrix}$$

$$\xrightarrow[r_1-3r_2]{-r_2}\begin{pmatrix}1&0&7&19\\0&1&-1&-7\\0&0&0&0\\0&0&0&0\end{pmatrix}=\mathbf{C},$$

此时已把 $\overline{\mathbf{A}}$ 化为行最简形矩阵 $\mathbf{C}$，与其对应的方程组为

$$\begin{cases}x_1+\quad\quad 7x_3=19,\\ \quad\quad x_2-x_3=-7,\end{cases}$$

即

$$\begin{cases}x_1=-7x_3+19,\\ x_2=x_3-7\end{cases}\quad(x_3\text{ 为自由未知数}).$$

令 $x_3=c$（c 为任意常数），则原方程组的通解为

$$\begin{cases}x_1=-7c+19,\\ x_2=c-7,\\ x_3=c.\end{cases}$$

通过前面三个例子的求解过程，不难发现线性方程组的求解过程本质上就是对其增广矩阵施行初等行变换，将它化为行最简形矩阵的过程.

下面讨论一般的线性方程组

$$\begin{cases} a_{11}x_1+a_{12}x_2+\cdots+a_{1n}x_n=b_1, \\ a_{21}x_1+a_{22}x_2+\cdots+a_{2n}x_n=b_2, \\ \cdots\cdots \\ a_{m1}x_1+a_{m2}x_2+\cdots+a_{mn}x_n=b_m \end{cases}$$

的求解过程. 上述方程组的矩阵形式为

$$\boldsymbol{Ax}=\boldsymbol{b},$$

其中

$$\boldsymbol{A}=\begin{pmatrix} a_{11} & a_{12} & \cdots & a_{1n} \\ a_{21} & a_{22} & \cdots & a_{2n} \\ \vdots & \vdots & & \vdots \\ a_{m1} & a_{m2} & \cdots & a_{mn} \end{pmatrix}, \quad \boldsymbol{x}=\begin{pmatrix} x_1 \\ x_2 \\ \vdots \\ x_n \end{pmatrix}, \quad \boldsymbol{b}=\begin{pmatrix} b_1 \\ b_2 \\ \vdots \\ b_m \end{pmatrix}.$$

不失一般性，不妨假设方程组 $\boldsymbol{Ax}=\boldsymbol{b}$ 的增广矩阵 $\overline{\boldsymbol{A}}=(\boldsymbol{A},\boldsymbol{b})$ 可化为如下的行最简形矩阵：

$$\overline{\boldsymbol{A}}\rightarrow\begin{pmatrix} 1 & 0 & \cdots & 0 & c_{1,r+1} & c_{1,r+2} & \cdots & c_{1n} & d_1 \\ 0 & 1 & \cdots & 0 & c_{2,r+1} & c_{2,r+2} & \cdots & c_{2n} & d_2 \\ \vdots & \vdots & & \vdots & \vdots & \vdots & & \vdots & \vdots \\ 0 & 0 & \cdots & 1 & c_{r,r+1} & c_{r,r+2} & \cdots & c_{rn} & d_r \\ 0 & 0 & \cdots & 0 & 0 & 0 & \cdots & 0 & d_{r+1} \\ 0 & 0 & \cdots & 0 & 0 & 0 & \cdots & 0 & 0 \\ \vdots & \vdots & & \vdots & \vdots & \vdots & & \vdots & \vdots \\ 0 & 0 & \cdots & 0 & 0 & 0 & \cdots & 0 & 0 \end{pmatrix}. \tag{3.1}$$

易见，方程组 $\boldsymbol{Ax}=\boldsymbol{b}$ 有解的充要条件是 $d_{r+1}=0$，否则矩阵(3.1) 第 $r+1$ 行对应一个矛盾方程.

若 $d_{r+1}=0$，在有解的情况下，方程组的解又分为以下两种情况：

(1) 当 $r=n$ 时，方程组有唯一解 $\begin{cases} x_1=d_1, \\ x_2=d_2, \\ \cdots\cdots \\ x_n=d_n. \end{cases}$

(2) 当 $r<n$ 时，方程组有无穷多解. 此时，将行最简形矩阵中每一行非零首元所对应的未知数(这里是 $x_1,x_2,\cdots,x_r$) 作为基本未知数，其余未知数(这里是 $x_{r+1},x_{r+2},\cdots,x_n$) 作为自由未知数，然后将 $n-r$ 个自由未知数依次取任意常数 $k_1,k_2,\cdots,k_{n-r}$，由行最简形矩阵即可解得 x_1，$x_2,\cdots,x_r$，从而得到原方程组的通解.

上述结果总结可得如下定理.

定理 1 设有线性方程组 $\boldsymbol{A}_{m\times n}\boldsymbol{x}=\boldsymbol{b}$，对它的增广矩阵施行初等行变换，得到行最简形矩阵(3.1). 若 $d_{r+1}\neq 0$，则该方程组无解；若 $d_{r+1}=0$，

则该方程组有解,且当 $r=n$ 时有唯一解,当 $r<n$ 时有无穷多解.

说明　该定理的结论,我们将在 §3.4 中以矩阵的秩作为工具进一步重申.

最后需要指出的是,矩阵的初等变换都是可逆的,且其逆变换是同一类型的初等变换,它们之间的关系如表 3.1 所示.

表 3.1

类型	初等变换	逆变换
(1)	对调两行(或列)	对调同样的两行(或列)
(2)	用非零常数 k 乘以某一行(或列)	用非零常数 $\frac{1}{k}$ 乘以同一行(或列)
(3)	把第 i 行(或列)的 k 倍加到第 j 行(或列)	把第 i 行(或列)的 $-k$ 倍加到第 j 行(或列)

定义 2　如果矩阵 $\boldsymbol{A}$ 经过有限次初等变换化为矩阵 $\boldsymbol{B}$,则称矩阵 $\boldsymbol{A}$ 与 $\boldsymbol{B}$ 等价,记为 $\boldsymbol{A}\cong\boldsymbol{B}$.

不难证明,矩阵的等价满足以下三条性质:

① 自反性:$\boldsymbol{A}\cong\boldsymbol{A}$;

② 对称性:若 $\boldsymbol{A}\cong\boldsymbol{B}$,则 $\boldsymbol{B}\cong\boldsymbol{A}$;

③ 传递性:若 $\boldsymbol{A}\cong\boldsymbol{B}$,$\boldsymbol{B}\cong\boldsymbol{C}$,则 $\boldsymbol{A}\cong\boldsymbol{C}$.

事实上,我们在化矩阵为行阶梯形矩阵和行最简形矩阵的过程中,所得到的所有矩阵都是等价的.需要强调的是,在求解线性方程组的过程中,只能使用初等行变换对其增广矩阵进行化简,不能使用初等列变换.那么矩阵的初等列变换有何用途呢?

对例 1 和例 3 中的行最简形矩阵再施行初等列变换,可将其化为一种形式更简单的矩阵:

$$\boldsymbol{B}=\begin{pmatrix}1&0&0&5\\0&1&0&0\\0&0&1&3\end{pmatrix}\xrightarrow[c_4-3c_3]{c_4-5c_1}\begin{pmatrix}1&0&0&0\\0&1&0&0\\0&0&1&0\end{pmatrix}=\boldsymbol{F},$$

$$\boldsymbol{C}=\begin{bmatrix}1&0&7&19\\0&1&-1&-7\\0&0&0&0\\0&0&0&0\end{bmatrix}\xrightarrow[c_3+c_2]{c_3-7c_1}\begin{bmatrix}1&0&0&19\\0&1&0&-7\\0&0&0&0\\0&0&0&0\end{bmatrix}$$

$$\xrightarrow[c_4+7c_2]{c_4-19c_1}\begin{bmatrix}1&0&0&0\\0&1&0&0\\0&0&0&0\\0&0&0&0\end{bmatrix}=\boldsymbol{F}_1.$$

矩阵 $\boldsymbol{F}$ 和 $\boldsymbol{F}_1$ 有一个共同的特点:它们的左上角是一个单位矩阵,其余元素全是 0，称之为**标准形**. 不失一般性，对于任意的 $m\times n$ 矩阵 $\boldsymbol{A}$，总可以经过有限次初等变换把它化为标准形，即

$$\boldsymbol{A}\cong\boldsymbol{F}=\begin{pmatrix}\boldsymbol{E}_r & \boldsymbol{O}\\ \boldsymbol{O} & \boldsymbol{O}\end{pmatrix}_{m\times n}.$$

此标准形由 m,n,r 三个数完全确定，其中 r 是 $\boldsymbol{A}$ 的行阶梯形矩阵中非零行的行数. 所有与 $\boldsymbol{A}$ 等价的矩阵组成一个集合，称为**等价类**. 标准形 $\boldsymbol{F}$ 是这个等价类中最简单的矩阵.

例 4 将矩阵

$$\boldsymbol{A}=\begin{pmatrix}-2 & 6 & 2 & 6\\ 1 & -2 & -1 & 0\\ 2 & -4 & 0 & 2\end{pmatrix}$$

化为行阶梯形矩阵和行最简形矩阵.

解 $$\boldsymbol{A}\xrightarrow{r_1\leftrightarrow r_2}\begin{pmatrix}1 & -2 & -1 & 0\\ -2 & 6 & 2 & 6\\ 2 & -4 & 0 & 2\end{pmatrix}\xrightarrow[r_3-2r_1]{r_2+2r_1}\begin{pmatrix}1 & -2 & -1 & 0\\ 0 & 2 & 0 & 6\\ 0 & 0 & 2 & 2\end{pmatrix}=\boldsymbol{A}_1,$$

$\boldsymbol{A}_1$ 是行阶梯形矩阵.

$$\boldsymbol{A}_1\xrightarrow[\frac{1}{2}r_3]{\frac{1}{2}r_2}\begin{pmatrix}1 & -2 & -1 & 0\\ 0 & 1 & 0 & 3\\ 0 & 0 & 1 & 1\end{pmatrix}\xrightarrow{r_1+2r_2}\begin{pmatrix}1 & 0 & -1 & 6\\ 0 & 1 & 0 & 3\\ 0 & 0 & 1 & 1\end{pmatrix}$$

$$\xrightarrow{r_1+r_3}\begin{pmatrix}1 & 0 & 0 & 7\\ 0 & 1 & 0 & 3\\ 0 & 0 & 1 & 1\end{pmatrix}=\boldsymbol{A}_2,$$

$\boldsymbol{A}_2$ 是行最简形矩阵.

例 5 化矩阵 $\boldsymbol{A}$ 为标准形，其中

$$\boldsymbol{A}=\begin{pmatrix}2 & 1 & 2 & 3\\ 4 & 1 & 3 & 5\\ 2 & 0 & 1 & 2\end{pmatrix}.$$

解 $$\boldsymbol{A}\xrightarrow[r_3-r_1]{r_2-2r_1}\begin{pmatrix}2 & 1 & 2 & 3\\ 0 & -1 & -1 & -1\\ 0 & -1 & -1 & -1\end{pmatrix}\xrightarrow[r_3-r_2]{r_1+r_2}\begin{pmatrix}2 & 0 & 1 & 2\\ 0 & -1 & -1 & -1\\ 0 & 0 & 0 & 0\end{pmatrix}$$

$$\xrightarrow[-r_2]{\frac{1}{2}r_1}\begin{pmatrix}1 & 0 & \frac{1}{2} & 1\\ 0 & 1 & 1 & 1\\ 0 & 0 & 0 & 0\end{pmatrix}\xrightarrow[c_4-c_1]{c_3-\frac{1}{2}c_1}\begin{pmatrix}1 & 0 & 0 & 0\\ 0 & 1 & 1 & 1\\ 0 & 0 & 0 & 0\end{pmatrix}\xrightarrow[c_4-c_2]{c_3-c_2}\begin{pmatrix}1 & 0 & 0 & 0\\ 0 & 1 & 0 & 0\\ 0 & 0 & 0 & 0\end{pmatrix}.$$

例 6 化矩阵 $\boldsymbol{A}$ 为标准形,其中

$$\boldsymbol{A}=\begin{pmatrix}0&1&2\\1&1&4\\2&-1&0\end{pmatrix}.$$

解 $$\boldsymbol{A}\xrightarrow{r_1\leftrightarrow r_2}\begin{pmatrix}1&1&4\\0&1&2\\2&-1&0\end{pmatrix}\xrightarrow{r_3-2r_1}\begin{pmatrix}1&1&4\\0&1&2\\0&-3&-8\end{pmatrix}\xrightarrow[r_3+3r_2]{r_1-r_2}\begin{pmatrix}1&0&2\\0&1&2\\0&0&-2\end{pmatrix}$$

$$\xrightarrow[r_2+r_3]{r_1+r_3}\begin{pmatrix}1&0&0\\0&1&0\\0&0&-2\end{pmatrix}\xrightarrow{-\frac{1}{2}r_3}\begin{pmatrix}1&0&0\\0&1&0\\0&0&1\end{pmatrix}.$$

§3.2 初等矩阵

定义 1 由单位矩阵 $\boldsymbol{E}$ 经过一次初等变换所得到的矩阵称为初等矩阵.

三种初等变换对应三种初等矩阵.

(1) 把单位矩阵 $\boldsymbol{E}$ 中的第 i,j 行对调(或第 i,j 列对调),得初等矩阵

$$\boldsymbol{E}(i,j)=\begin{pmatrix}1&&&&&&&&&\\&\ddots&&&&&&&&\\&&1&&&&&&&\\&&&0&\cdots&\cdots&\cdots&1&&\\&&&\vdots&1&&&\vdots&&\\&&&\vdots&&\ddots&&\vdots&&\\&&&\vdots&&&1&\vdots&&\\&&&1&\cdots&\cdots&\cdots&0&&\\&&&&&&&&1&\\&&&&&&&&&\ddots&\\&&&&&&&&&&1\end{pmatrix}\begin{matrix}\\\\\\\leftarrow 第\ i\ 行\\\\\\\\\leftarrow 第\ j\ 行\\\\\\\\\end{matrix}.$$

用 m 阶初等矩阵 $\boldsymbol{E}_m(i,j)$ 左乘矩阵 $\boldsymbol{A}=(a_{ij})_{m\times n}$,得

$$
\boldsymbol{E}_m(i,j)\boldsymbol{A}=\begin{pmatrix} a_{11} & a_{12} & \cdots & a_{1n} \\ \vdots & \vdots & & \vdots \\ a_{j1} & a_{j2} & \cdots & a_{jn} \\ \vdots & \vdots & & \vdots \\ a_{i1} & a_{i2} & \cdots & a_{in} \\ \vdots & \vdots & & \vdots \\ a_{m1} & a_{m2} & \cdots & a_{mn} \end{pmatrix} \begin{matrix} \\ \\ \leftarrow \text{第 } i \text{ 行} \\ \\ \leftarrow \text{第 } j \text{ 行} \\ \\ \\ \end{matrix},
$$

其结果相当于对$\boldsymbol{A}$施行一次对调第i,j行的初等行变换. 同理,用n阶初等矩阵$\boldsymbol{E}_n(i,j)$右乘$\boldsymbol{A}$,其结果相当于对$\boldsymbol{A}$施行一次对调第i,j列的初等列变换.

(2) 用数$k\neq 0$乘以单位矩阵$\boldsymbol{E}$的第i行(或第i列),得初等矩阵

$$
\boldsymbol{E}(i(k))=\begin{pmatrix} 1 & & & & & & \\ & \ddots & & & & & \\ & & 1 & & & & \\ & & & k & & & \\ & & & & 1 & & \\ & & & & & \ddots & \\ & & & & & & 1 \end{pmatrix} \begin{matrix} \\ \\ \\ \leftarrow \text{第 } i \text{ 行}. \\ \\ \\ \\ \end{matrix}
$$

用m阶初等矩阵$\boldsymbol{E}_m(i(k))$左乘矩阵$\boldsymbol{A}=(a_{ij})_{m\times n}$,得

$$
\boldsymbol{E}_m(i(k))\boldsymbol{A}=\begin{pmatrix} a_{11} & a_{12} & \cdots & a_{1n} \\ \vdots & \vdots & & \vdots \\ a_{i-1,1} & a_{i-1,2} & \cdots & a_{i-1,n} \\ ka_{i1} & ka_{i2} & \cdots & ka_{in} \\ a_{i+1,1} & a_{i+1,2} & \cdots & a_{i+1,n} \\ \vdots & \vdots & & \vdots \\ a_{m1} & a_{m2} & \cdots & a_{mn} \end{pmatrix} \begin{matrix} \\ \\ \\ \leftarrow \text{第 } i \text{ 行}, \\ \\ \\ \\ \end{matrix}
$$

其结果相当于对$\boldsymbol{A}$施行一次用数k乘以$\boldsymbol{A}$的第i行的初等行变换. 同理,用n阶初等矩阵$\boldsymbol{E}_n(i(k))$右乘$\boldsymbol{A}$,其结果相当于对$\boldsymbol{A}$施行一次用数k乘以$\boldsymbol{A}$的第i列的初等列变换.

(3) 把单位矩阵$\boldsymbol{E}$的第j行的k倍加到第i行(或把单位矩阵$\boldsymbol{E}$的第i列的k倍加到第j列),得初等矩阵

$$
\boldsymbol{E}(ij(k))=\begin{pmatrix} 1 & & & & & & \\ & \ddots & & & & & \\ & & 1 & \cdots & k & & \\ & & & \ddots & \vdots & & \\ & & & & 1 & & \\ & & & & & \ddots & \\ & & & & & & 1 \end{pmatrix} \begin{matrix} \\ \\ \leftarrow \text{第 } i \text{ 行} \\ \\ \leftarrow \text{第 } j \text{ 行} \\ \\ \\ \end{matrix}.
$$

可以验证,用 m 阶初等矩阵 $\boldsymbol{E}_m(ij(k))$ 左乘矩阵 $\boldsymbol{A}=(a_{ij})_{m\times n}$,其结果相当于对 $\boldsymbol{A}$ 施行一次把 $\boldsymbol{A}$ 的第 j 行的 k 倍加到第 i 行的初等行变换. 同理,用 n 阶初等矩阵 $\boldsymbol{E}_n(ij(k))$ 右乘 $\boldsymbol{A}$,其结果相当于对 $\boldsymbol{A}$ 施行一次把 $\boldsymbol{A}$ 的第 i 列的 k 倍加到第 j 列的初等列变换.

归纳上面的讨论,可得以下定理.

定理 1 设 $\boldsymbol{A}$ 是一个 $m\times n$ 矩阵,对 $\boldsymbol{A}$ 施行一次初等行变换所得到的矩阵 $\boldsymbol{B}$,等于 $\boldsymbol{A}$ 左乘相应的 m 阶初等矩阵;对 $\boldsymbol{A}$ 施行一次初等列变换所得到的矩阵 $\boldsymbol{B}$,等于 $\boldsymbol{A}$ 右乘相应的 n 阶初等矩阵,即

$$A\xrightarrow{r_i\leftrightarrow r_j}\boldsymbol{B}\Leftrightarrow\boldsymbol{B}=\boldsymbol{E}_m(i,j)\boldsymbol{A},$$

$$A\xrightarrow{kr_i}\boldsymbol{B}\Leftrightarrow\boldsymbol{B}=\boldsymbol{E}_m(i(k))\boldsymbol{A},$$

$$A\xrightarrow{r_i+kr_j}\boldsymbol{B}\Leftrightarrow\boldsymbol{B}=\boldsymbol{E}_m(ij(k))\boldsymbol{A},$$

$$A\xrightarrow{c_i\leftrightarrow c_j}\boldsymbol{B}\Leftrightarrow\boldsymbol{B}=\boldsymbol{A}\boldsymbol{E}_n(i,j),$$

$$A\xrightarrow{kc_i}\boldsymbol{B}\Leftrightarrow\boldsymbol{B}=\boldsymbol{A}\boldsymbol{E}_n(i(k)),$$

$$A\xrightarrow{c_j+kc_i}\boldsymbol{B}\Leftrightarrow\boldsymbol{B}=\boldsymbol{A}\boldsymbol{E}_n(ij(k)).$$

说明 该定理的结论将矩阵间的等价关系变成了等量关系,这为利用初等变换求逆矩阵提供了理论基础.

由于初等矩阵是单位矩阵经过一次初等变换得到的,因此所有的初等矩阵的行列式不为 0,即初等矩阵均可逆,且其逆矩阵是同一类型的初等矩阵:

$$\boldsymbol{E}(i,j)^{-1}=\boldsymbol{E}(i,j),$$

$$\boldsymbol{E}(i(k))^{-1}=\boldsymbol{E}\left(i\left(\frac{1}{k}\right)\right),$$

$$\boldsymbol{E}(ij(k))^{-1}=\boldsymbol{E}(ij(-k)).$$

定理 2 方阵 $\boldsymbol{A}$ 可逆的充要条件是存在有限个初等矩阵 $\boldsymbol{P}_1$, $\boldsymbol{P}_2,\cdots,\boldsymbol{P}_l$,使得 $\boldsymbol{A}=\boldsymbol{P}_1\boldsymbol{P}_2\cdots\boldsymbol{P}_l$.

证 先证充分性. 设 $\boldsymbol{A}=\boldsymbol{P}_1\boldsymbol{P}_2\cdots\boldsymbol{P}_l$,因为初等矩阵可逆,所以 $|\boldsymbol{A}|=|\boldsymbol{P}_1||\boldsymbol{P}_2|\cdots|\boldsymbol{P}_l|\neq 0$,即 $\boldsymbol{A}$ 可逆.

再证必要性. 设方阵 $\boldsymbol{A}$ 可逆,它经过有限次初等变换可化为标准形 $\boldsymbol{F}=\begin{pmatrix}\boldsymbol{E}_r & \boldsymbol{O}\\ \boldsymbol{O} & \boldsymbol{O}\end{pmatrix}$. 由定理 1 知,存在初等矩阵 $\boldsymbol{Q}_1,\boldsymbol{Q}_2,\cdots,\boldsymbol{Q}_l$,使得

$$\boldsymbol{Q}_1\boldsymbol{Q}_2\cdots\boldsymbol{Q}_s\boldsymbol{A}\boldsymbol{Q}_{s+1}\cdots\boldsymbol{Q}_l=\boldsymbol{F}.$$

上式两边取行列式知

$$|\boldsymbol{F}|=|\boldsymbol{Q}_1||\boldsymbol{Q}_2|\cdots|\boldsymbol{Q}_s||\boldsymbol{A}||\boldsymbol{Q}_{s+1}|\cdots|\boldsymbol{Q}_l|.$$

由于初等矩阵 $\boldsymbol{Q}_1,\boldsymbol{Q}_2,\cdots,\boldsymbol{Q}_s,\boldsymbol{Q}_{s+1},\cdots,\boldsymbol{Q}_l$ 和 $\boldsymbol{A}$ 均可逆,因此 $|\boldsymbol{F}|\neq 0$,即 $\boldsymbol{F}$

中不含零行，也不含零列，$\boldsymbol{F}=\boldsymbol{E}$. 于是

$$\boldsymbol{A}=\boldsymbol{Q}_s^{-1}\boldsymbol{Q}_{s-1}^{-1}\cdots\boldsymbol{Q}_1^{-1}\boldsymbol{Q}_l^{-1}\cdots\boldsymbol{Q}_{s+1}^{-1}=\boldsymbol{P}_1\boldsymbol{P}_2\cdots\boldsymbol{P}_l,$$

此处 $\boldsymbol{P}_i(i=1,2,\cdots,l)$ 为初等矩阵.

定理 3 方阵 $\boldsymbol{A}$ 可逆的充要条件是 $\boldsymbol{A}\cong\boldsymbol{E}$.

定理 4 $\boldsymbol{A}\cong\boldsymbol{B}$ 的充要条件是存在可逆矩阵 $\boldsymbol{P},\boldsymbol{Q}$，使得 $\boldsymbol{B}=\boldsymbol{PAQ}$.

证 先证充分性. 因为 $\boldsymbol{P},\boldsymbol{Q}$ 均为可逆矩阵，由定理 2 知，$\boldsymbol{P}$ 和 $\boldsymbol{Q}$ 均可写成有限个初等矩阵的乘积，不妨假设 $\boldsymbol{P}=\boldsymbol{P}_1\boldsymbol{P}_2\cdots\boldsymbol{P}_s$，$\boldsymbol{Q}=\boldsymbol{Q}_1\boldsymbol{Q}_2\cdots\boldsymbol{Q}_l$，则

$$\boldsymbol{B}=\boldsymbol{PAQ}=\boldsymbol{P}_1\boldsymbol{P}_2\cdots\boldsymbol{P}_s\boldsymbol{A}\boldsymbol{Q}_1\boldsymbol{Q}_2\cdots\boldsymbol{Q}_l.$$

由定理 1 知，上式右边相当于对 $\boldsymbol{A}$ 施行了 s 次初等行变换和 l 次初等列变换，则由矩阵等价的定义知 $\boldsymbol{A}\cong\boldsymbol{B}$.

再证必要性. 由 $\boldsymbol{A}\cong\boldsymbol{B}$ 知，$\boldsymbol{A}$ 经过有限次初等变换可得到 $\boldsymbol{B}$，于是由定理 1 知，相当于对 $\boldsymbol{A}$ 左乘有限个初等矩阵 $\boldsymbol{P}_1,\boldsymbol{P}_2,\cdots,\boldsymbol{P}_s$ 和右乘有限个初等矩阵 $\boldsymbol{Q}_1,\boldsymbol{Q}_2,\cdots,\boldsymbol{Q}_l$，定义

$$\boldsymbol{P}=\boldsymbol{P}_1\boldsymbol{P}_2\cdots\boldsymbol{P}_s,\quad \boldsymbol{Q}=\boldsymbol{Q}_1\boldsymbol{Q}_2\cdots\boldsymbol{Q}_l,$$

显然 $\boldsymbol{P},\boldsymbol{Q}$ 均可逆，且 $\boldsymbol{B}=\boldsymbol{PAQ}$.

说明 由定理 2 知，若方阵 $\boldsymbol{A}$ 可逆，则 $\boldsymbol{A}=\boldsymbol{P}_1\boldsymbol{P}_2\cdots\boldsymbol{P}_l$，其中 $\boldsymbol{P}_i(i=1,2,\cdots,l)$ 均为初等矩阵，从而

$$\boldsymbol{A}^{-1}=(\boldsymbol{P}_1\boldsymbol{P}_2\cdots\boldsymbol{P}_l)^{-1}=\boldsymbol{P}_l^{-1}\cdots\boldsymbol{P}_2^{-1}\boldsymbol{P}_1^{-1}.$$

构造 $n\times 2n$ 矩阵 $(\boldsymbol{A}\,\vdots\,\boldsymbol{E})$，由分块矩阵的乘法知

$$\boldsymbol{P}_l^{-1}\cdots\boldsymbol{P}_2^{-1}\boldsymbol{P}_1^{-1}(\boldsymbol{A}\,\vdots\,\boldsymbol{E})=(\boldsymbol{P}_l^{-1}\cdots\boldsymbol{P}_2^{-1}\boldsymbol{P}_1^{-1}\boldsymbol{A}\,\vdots\,\boldsymbol{P}_l^{-1}\cdots\boldsymbol{P}_2^{-1}\boldsymbol{P}_1^{-1}\boldsymbol{E})=(\boldsymbol{E}\,\vdots\,\boldsymbol{A}^{-1}).$$

由此可知，对 $n\times 2n$ 矩阵 $(\boldsymbol{A}\,\vdots\,\boldsymbol{E})$ 施行 l 次初等行变换，将其化为行最简形矩阵，当原来的子块 $\boldsymbol{A}$ 变成单位矩阵 $\boldsymbol{E}$ 时，原来的子块 $\boldsymbol{E}$ 就变成了 $\boldsymbol{A}^{-1}$. 这为求逆矩阵提供了更为便捷的方法.

例 1 用矩阵的初等变换，求矩阵 $\boldsymbol{A}$ 的逆矩阵，其中

$$\boldsymbol{A}=\begin{pmatrix}3&3&3\\2&1&2\\1&5&3\end{pmatrix}.$$

解

$$(\boldsymbol{A}\,\vdots\,\boldsymbol{E})=\left(\begin{array}{ccc:ccc}3&3&3&1&0&0\\2&1&2&0&1&0\\1&5&3&0&0&1\end{array}\right)\xrightarrow[r_3-3r_1]{\substack{r_1\leftrightarrow r_3\\ r_2-2r_1}}\left(\begin{array}{ccc:ccc}1&5&3&0&0&1\\0&-9&-4&0&1&-2\\0&-12&-6&1&0&-3\end{array}\right)$$

$$\xrightarrow[r_2\leftrightarrow r_3]{-\frac{1}{12}r_3}\left(\begin{array}{ccc:ccc}1&5&3&0&0&1\\0&1&\frac{6}{12}&-\frac{1}{12}&0&\frac{3}{12}\\0&-9&-4&0&1&-2\end{array}\right)$$

$$
\xrightarrow[r_3+9r_2]{r_1-5r_2}\left(\begin{array}{ccc:ccc}1 & 0 & \frac{6}{12} & \frac{5}{12} & 0 & -\frac{3}{12}\\ 0 & 1 & \frac{6}{12} & -\frac{1}{12} & 0 & \frac{3}{12}\\ 0 & 0 & \frac{6}{12} & -\frac{9}{12} & 1 & \frac{3}{12}\end{array}\right)
$$

$$
\xrightarrow[r_2-r_3]{r_1-r_3}\left(\begin{array}{ccc:ccc}1 & 0 & 0 & \frac{14}{12} & -1 & -\frac{6}{12}\\ 0 & 1 & 0 & \frac{8}{12} & -1 & 0\\ 0 & 0 & \frac{6}{12} & -\frac{9}{12} & 1 & \frac{3}{12}\end{array}\right)
$$

$$
\xrightarrow{2r_3}\left(\begin{array}{ccc:ccc}1 & 0 & 0 & \frac{7}{6} & -1 & -\frac{1}{2}\\ 0 & 1 & 0 & \frac{2}{3} & -1 & 0\\ 0 & 0 & 1 & -\frac{3}{2} & 2 & \frac{1}{2}\end{array}\right)
$$

$$
=(\boldsymbol{E}\ \vdots\ \boldsymbol{A}^{-1}),
$$

故

$$
\boldsymbol{A}^{-1}=\frac{1}{6}\begin{pmatrix}7 & -6 & -3\\ 4 & -6 & 0\\ -9 & 12 & 3\end{pmatrix}.
$$

例 2 化可逆矩阵 $\boldsymbol{A}=\begin{pmatrix}3 & 9\\ -2 & -5\end{pmatrix}$ 为有限个初等矩阵的乘积.

解 $\boldsymbol{A}\xrightarrow{\frac{1}{3}r_1}\begin{pmatrix}1 & 3\\ -2 & -5\end{pmatrix}\xrightarrow{r_2+2r_1}\begin{pmatrix}1 & 3\\ 0 & 1\end{pmatrix}\xrightarrow{r_1-3r_2}\begin{pmatrix}1 & 0\\ 0 & 1\end{pmatrix}=\boldsymbol{E}.$

由 r_1-3r_2,得

$$
\boldsymbol{E}(12(-3))=\begin{pmatrix}1 & -3\\ 0 & 1\end{pmatrix};
$$

由 r_2+2r_1,得

$$
\boldsymbol{E}(21(2))=\begin{pmatrix}1 & 0\\ 2 & 1\end{pmatrix};
$$

由$\frac{1}{3}r_1$,得

$$
\boldsymbol{E}\left(1\left(\frac{1}{3}\right)\right)=\begin{pmatrix}\frac{1}{3} & 0\\ 0 & 1\end{pmatrix}.
$$

把上述初等矩阵左乘 $\boldsymbol{A}$,得

$$\boldsymbol{E}(12(-3))\boldsymbol{E}(21(2))\boldsymbol{E}\left(1\left(\frac{1}{3}\right)\right)\boldsymbol{A}=\boldsymbol{E},$$

于是

$$\boldsymbol{A}=\boldsymbol{E}\left(1\left(\frac{1}{3}\right)\right)^{-1}\boldsymbol{E}(21(2))^{-1}\boldsymbol{E}(12(-3))^{-1}\boldsymbol{E},$$

即

$$\begin{aligned}\begin{pmatrix}3&9\\-2&-5\end{pmatrix}&=\begin{pmatrix}\frac{1}{3}&0\\0&1\end{pmatrix}^{-1}\begin{pmatrix}1&0\\2&1\end{pmatrix}^{-1}\begin{pmatrix}1&-3\\0&1\end{pmatrix}^{-1}\begin{pmatrix}1&0\\0&1\end{pmatrix}\\&=\begin{pmatrix}3&0\\0&1\end{pmatrix}\begin{pmatrix}1&0\\-2&1\end{pmatrix}\begin{pmatrix}1&3\\0&1\end{pmatrix}.\end{aligned}$$

例 3 求解矩阵方程 $\boldsymbol{AX}=\boldsymbol{B}$,其中

$$\boldsymbol{A}=\begin{pmatrix}2&1&-3\\1&2&-2\\-1&3&2\end{pmatrix},\quad \boldsymbol{B}=\begin{pmatrix}1&-1\\2&0\\-2&5\end{pmatrix}.$$

解 由 $|\boldsymbol{A}|=5\neq 0$ 知,$\boldsymbol{A}$ 可逆. 在 $\boldsymbol{AX}=\boldsymbol{B}$ 两边左乘 $\boldsymbol{A}^{-1}$ 得 $\boldsymbol{X}=\boldsymbol{A}^{-1}\boldsymbol{B}$. 此时,有两种求法:一是先求 $\boldsymbol{A}^{-1}$,再乘以 $\boldsymbol{B}$;二是构造分块矩阵 $(\boldsymbol{A}\,\vdots\,\boldsymbol{B})$,对其施行初等行变换将其化为行最简形矩阵,当子块 $\boldsymbol{A}$ 变成 $\boldsymbol{E}$ 时,子块 $\boldsymbol{B}$ 就变成 $\boldsymbol{A}^{-1}\boldsymbol{B}$.

我们采用第二种方法来计算,可以省略矩阵的乘法运算,即

$$\begin{aligned}(\boldsymbol{A}\,\vdots\,\boldsymbol{B})&=\left(\begin{array}{ccc:cc}2&1&-3&1&-1\\1&2&-2&2&0\\-1&3&2&-2&5\end{array}\right)\xrightarrow[r_3+r_1]{\substack{r_1\leftrightarrow r_2\\ r_2-2r_1}}\left(\begin{array}{ccc:cc}1&2&-2&2&0\\0&-3&1&-3&-1\\0&5&0&0&5\end{array}\right)\\&\xrightarrow[r_3+3r_2]{\substack{r_2\leftrightarrow r_3\\ \frac{1}{5}r_2}}\left(\begin{array}{ccc:cc}1&2&-2&2&0\\0&1&0&0&1\\0&0&1&-3&2\end{array}\right)\xrightarrow{r_1+2r_3}\left(\begin{array}{ccc:cc}1&2&0&-4&4\\0&1&0&0&1\\0&0&1&-3&2\end{array}\right)\\&\xrightarrow{r_1-2r_2}\left(\begin{array}{ccc:cc}1&0&0&-4&2\\0&1&0&0&1\\0&0&1&-3&2\end{array}\right),\end{aligned}$$

于是

$$\boldsymbol{X}=\boldsymbol{A}^{-1}\boldsymbol{B}=\begin{pmatrix}-4&2\\0&1\\-3&2\end{pmatrix}.$$

说明 特别地,在求解线性方程组 $\boldsymbol{Ax}=\boldsymbol{b}$($\boldsymbol{A}$ 可逆)时,把系数矩阵 $\boldsymbol{A}$

和右边向量 $\boldsymbol{b}$ 构造成增广矩阵 $\overline{\boldsymbol{A}}=(\boldsymbol{A},\boldsymbol{b})$，通过初等行变换将其化为行最简形矩阵时，其最后一列就是解向量.

§3.3　矩阵的秩

微课视频

定义 1　在矩阵 $\boldsymbol{A}$ 中，取定 k 行和 k 列，这些行列交叉处的元素按原顺序组成一个 k 阶行列式，称为 $\boldsymbol{A}$ 的 k 阶子式，记为 D_k.

例如 $\boldsymbol{A}=\begin{pmatrix}-2 & 6 & 2 & 6\\ 1 & -2 & -1 & 0\\ 2 & -4 & 0 & 2\end{pmatrix}$，取 $\boldsymbol{A}$ 的第一、三行和第二、四列，它们相交处的元素构成的二阶子式为 $D_2=\begin{vmatrix}6 & 6\\ -4 & 2\end{vmatrix}$.

定义 2　若在矩阵 $\boldsymbol{A}$ 中不等于 0 的子式最高阶数为 r，则称 r 为矩阵 $\boldsymbol{A}$ 的秩，记为 $R(\boldsymbol{A})$，即 $R(\boldsymbol{A})=r$.

说明　① 规定 $R(\boldsymbol{O})=0$；

② 若 $R(\boldsymbol{A})=r$，则表明矩阵 $\boldsymbol{A}$ 至少有一个 r 阶子式不等于 0，而大于 r 阶的子式均等于 0(假设 D_{r+1} 存在). 若 $R(\boldsymbol{A})=r<n$，则 $\boldsymbol{A}$ 中 n 阶子式全为 0. 若 $R(\boldsymbol{A})=r\geqslant n$，则 $\boldsymbol{A}$ 中有 n 阶子式不为 0.

例 1　求矩阵 $\boldsymbol{A}=\begin{pmatrix}3 & 2 & 1 & 1\\ 1 & 2 & -3 & 2\\ 4 & 4 & -2 & 3\end{pmatrix}$ 的秩 $R(\boldsymbol{A})$.

解　按定义，先找一个不为 0 的子式，易见二阶子式 $\begin{vmatrix}3 & 2\\ 1 & 2\end{vmatrix}=4\neq 0$，然后计算四个三阶子式，结果全部为 0，故 $R(\boldsymbol{A})=2$.

下面讨论矩阵的秩的一些简单性质.

性质 1

① $0\leqslant R(\boldsymbol{A}_{m\times n})\leqslant \min\{m,n\}$，只有零矩阵的秩为 0，非零矩阵的秩大于 0；

② $R(\boldsymbol{A})=R(\boldsymbol{A}^{\mathrm{T}})$.

定理 1　矩阵 $\boldsymbol{A}$ 经初等变换后，其秩不变.

证　设 $R(\boldsymbol{A})=r$，则只需证明经初等变换后，不会使 $D_r\neq 0$ 及

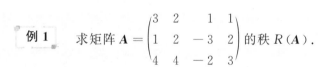

$D_{r+1}=0$ 改变.

因为 ① 对调两行（或列），只改变行列式的正负号；② 用 $k(k\neq 0)$ 乘以某一行（或列），行列式只扩大 k 倍；③ k 乘以某一行（或列）加到另一行（或列），行列式的值不变，所以经过三种初等变换后，至多改变 D_r 或 D_{r+1} 的数值，不会使它们是否等于 0 改变.

说明　定理 1 的等价命题是：若 $\boldsymbol{A}\cong\boldsymbol{B}$，则 $R(\boldsymbol{A})=R(\boldsymbol{B})$.

定理 2　矩阵 $\boldsymbol{A}$ 的秩等于其行阶梯形矩阵的阶梯个数（即行阶梯形矩阵非零行的行数）.

说明　① 当矩阵的行数与列数较大时，按定义求矩阵的秩很麻烦，定理 2 提供了求矩阵的秩的一种方便而有效的办法.

② 定理 1 说明初等列变换也不改变矩阵的秩，但为了防止初等行（或列）变换并用混乱，建议只采用初等行变换将矩阵化为行阶梯形矩阵，进而确定矩阵的秩.

例 2　求矩阵 $\boldsymbol{A}=\begin{pmatrix}-2&6&2&6\\1&-2&-1&0\\2&-4&0&2\end{pmatrix}$ 的秩.

解　化 $\boldsymbol{A}$ 为行阶梯形矩阵 $\boldsymbol{A}_1=\begin{pmatrix}1&-2&-1&0\\0&2&0&6\\0&0&2&2\end{pmatrix}$（详细过程见 §3.1 中例 4），则 $R(\boldsymbol{A})=R(\boldsymbol{A}_1)=3$.

定理 3　若 $\boldsymbol{P},\boldsymbol{Q}$ 均可逆，则 $R(\boldsymbol{PAQ})=R(\boldsymbol{A})$.

证　因 $\boldsymbol{P},\boldsymbol{Q}$ 均为可逆矩阵，故 $\boldsymbol{P},\boldsymbol{Q}$ 可用初等矩阵的乘积表示，即 $\boldsymbol{P}=\boldsymbol{P}_1\boldsymbol{P}_2\cdots\boldsymbol{P}_s$，$\boldsymbol{Q}=\boldsymbol{Q}_1\boldsymbol{Q}_2\cdots\boldsymbol{Q}_t$，其中 $\boldsymbol{P}_i(i=1,2,\cdots,s)$，$\boldsymbol{Q}_l(l=1,2,\cdots,t)$ 均为初等矩阵. 因此，

$$\boldsymbol{PAQ}=\boldsymbol{P}_1\boldsymbol{P}_2\cdots\boldsymbol{P}_s\boldsymbol{A}\boldsymbol{Q}_1\boldsymbol{Q}_2\cdots\boldsymbol{Q}_t,$$

即 $\boldsymbol{PAQ}$ 是 $\boldsymbol{A}$ 经 s 次初等行变换和 t 次初等列变换后得到的，由定理 1 知，$R(\boldsymbol{PAQ})=R(\boldsymbol{A})$.

下面再介绍几个常用的矩阵的秩的性质.

性质 2

① 若 $\boldsymbol{A}=(a_{ij})_{m\times n}$，$\boldsymbol{B}=(b_{ij})_{m\times n}$，则

$$R(\boldsymbol{A}\pm\boldsymbol{B})\leqslant R(\boldsymbol{A})+R(\boldsymbol{B});$$

② $R(\boldsymbol{AB})\leqslant\min\{R(\boldsymbol{A}),R(\boldsymbol{B})\}$；

③ 若 $\boldsymbol{A}=(a_{ij})_{m\times n}$,$\boldsymbol{B}=(b_{ij})_{n\times s}$,则

$$R(\boldsymbol{AB})\geqslant R(\boldsymbol{A})+R(\boldsymbol{B})-n;$$

④ 若 $\boldsymbol{A}=(a_{ij})_{m\times n}$,$\boldsymbol{B}=(b_{ij})_{n\times s}$,且 $\boldsymbol{AB}=\boldsymbol{O}$,则

$$R(\boldsymbol{A})+R(\boldsymbol{B})\leqslant n.$$

下面仅证明性质 ④.

证 ④ 因为 $\boldsymbol{AB}=\boldsymbol{O}$,所以 $R(\boldsymbol{AB})=0$. 又由 ③ 知

$$R(\boldsymbol{A})+R(\boldsymbol{B})-n\leqslant 0,$$

即 $R(\boldsymbol{A})+R(\boldsymbol{B})\leqslant n$.

定义 3 对任意一个 $m\times n$ 矩阵 $\boldsymbol{A}$,当 $R(\boldsymbol{A})=\min\{m,n\}$ 时,则称 $\boldsymbol{A}$ 为满秩矩阵;否则,称 $\boldsymbol{A}$ 为降秩矩阵.

定理 4 (1) 矩阵 $\boldsymbol{A}$ 可逆 $\Leftrightarrow|\boldsymbol{A}|\neq 0\Leftrightarrow\boldsymbol{A}$ 为满秩矩阵;

(2) 矩阵 $\boldsymbol{A}$ 不可逆 $\Leftrightarrow|\boldsymbol{A}|=0\Leftrightarrow\boldsymbol{A}$ 为降秩矩阵.

最后总结矩阵的秩的求法.

方法 1 子式法(即定义法). 此法就是利用矩阵的秩的定义,一般是从一阶行列式(即子式)开始,若所有一阶子式都为 0,则 $R(\boldsymbol{A})=0$. 若有一个一阶子式不为 0,就看包含此一阶子式的二阶子式. 若所有二阶子式都为 0,则 $R(\boldsymbol{A})=1$. 若有一个二阶子式不为 0,就看包含此二阶子式的三阶子式,如此继续下去,便能求得矩阵 $\boldsymbol{A}$ 的秩,具体见例 1.

方法 2 初等变换法. 此法就是利用初等行变换化矩阵 $\boldsymbol{A}$ 为行阶梯形矩阵,则非零行的行数即为 $\boldsymbol{A}$ 的秩,具体见例 2.

方法 3 性质法. 此法就是利用矩阵的秩的性质来求矩阵的秩.

例 3 设 $\boldsymbol{A}$ 为 n 阶方阵,证明:$R(\boldsymbol{A}+\boldsymbol{E})+R(\boldsymbol{A}-\boldsymbol{E})\geqslant n$.

证 因 $(\boldsymbol{A}+\boldsymbol{E})+(\boldsymbol{E}-\boldsymbol{A})=2\boldsymbol{E}$,由性质 2 的 ① 知

$$R(\boldsymbol{A}+\boldsymbol{E})+R(\boldsymbol{E}-\boldsymbol{A})\geqslant R(2\boldsymbol{E})=n.$$

又因为 $R(\boldsymbol{E}-\boldsymbol{A})=R(\boldsymbol{A}-\boldsymbol{E})$,所以

$$R(\boldsymbol{A}+\boldsymbol{E})+R(\boldsymbol{A}-\boldsymbol{E})\geqslant n.$$

§3.4 线性方程组的求解

微课视频

现在,我们着手研究如何利用矩阵的秩确定线性方程组的解的情况,以及如何利用矩阵的初等行变换求解线性方程组.

1. 一般概念

非齐次线性方程组的一般形式为

$$\begin{cases} a_{11}x_1+a_{12}x_2+\cdots+a_{1n}x_n=b_1, \\ a_{21}x_1+a_{22}x_2+\cdots+a_{2n}x_n=b_2, \\ \cdots\cdots \\ a_{m1}x_1+a_{m2}x_2+\cdots+a_{mn}x_n=b_m, \end{cases} \tag{3.2}$$

其中 $b_i(i=1,2,\cdots,m)$ 不全为 0. 记

$$\boldsymbol{A}=\begin{pmatrix} a_{11} & a_{12} & \cdots & a_{1n} \\ a_{21} & a_{22} & \cdots & a_{2n} \\ \vdots & \vdots & & \vdots \\ a_{m1} & a_{m2} & \cdots & a_{mn} \end{pmatrix}, \quad \boldsymbol{x}=\begin{pmatrix} x_1 \\ x_2 \\ \vdots \\ x_n \end{pmatrix}, \quad \boldsymbol{b}=\begin{pmatrix} b_1 \\ b_2 \\ \vdots \\ b_m \end{pmatrix},$$

则方程组(3.2) 的矩阵形式为

$$\boldsymbol{Ax}=\boldsymbol{b},$$

其增广矩阵为 $\overline{\boldsymbol{A}}=(\boldsymbol{A},\boldsymbol{b})$.

齐次线性方程组的一般形式为

$$\begin{cases} a_{11}x_1+a_{12}x_2+\cdots+a_{1n}x_n=0, \\ a_{21}x_1+a_{22}x_2+\cdots+a_{2n}x_n=0, \\ \cdots\cdots \\ a_{m1}x_1+a_{m2}x_2+\cdots+a_{mn}x_n=0, \end{cases} \tag{3.3}$$

其矩阵形式为

$$\boldsymbol{Ax}=\boldsymbol{0}.$$

定义 1 齐次线性方程组(3.3) 称为非齐次线性方程组(3.2) 的导出组.

2. 线性方程组解的讨论

1) 非齐次线性方程组

下面从矩阵的秩的角度对 §3.1 中的定理 1 进行重申.

定理 1 ① 非齐次线性方程组(3.2) 有唯一解的充要条件是

$$R(\boldsymbol{A})=R(\overline{\boldsymbol{A}})=n;$$

② 非齐次线性方程组(3.2) 有无穷多解的充要条件是

$$R(\boldsymbol{A})=R(\overline{\boldsymbol{A}})=r<n;$$

③ 非齐次线性方程组(3.2) 无解的充要条件是 $R(\boldsymbol{A})\neq R(\overline{\boldsymbol{A}})$.

证　只需证明该定理的充分性即可,必要性均为剩余两个充分性的逆否命题.

假设$R(\mathbf{A})=r$.由§3.1知,非齐次线性方程组(3.2)的增广矩阵$\overline{\mathbf{A}}$可化为如下行最简形矩阵:

$$\overline{\mathbf{A}} \to \begin{pmatrix} 1 & 0 & \cdots & 0 & c_{1,r+1} & c_{1,r+2} & \cdots & c_{1n} & d_1 \\ 0 & 1 & \cdots & 0 & c_{2,r+1} & c_{2,r+2} & \cdots & c_{2n} & d_2 \\ \vdots & \vdots & & \vdots & \vdots & \vdots & & \vdots & \vdots \\ 0 & 0 & \cdots & 1 & c_{r,r+1} & c_{r,r+2} & \cdots & c_{rn} & d_r \\ 0 & 0 & \cdots & 0 & 0 & 0 & \cdots & 0 & d_{r+1} \\ 0 & 0 & \cdots & 0 & 0 & 0 & \cdots & 0 & 0 \\ \vdots & \vdots & & \vdots & \vdots & \vdots & & \vdots & \vdots \\ 0 & 0 & \cdots & 0 & 0 & 0 & \cdots & 0 & 0 \end{pmatrix}.$$

① 若$R(\mathbf{A}) \neq R(\overline{\mathbf{A}})$,则$d_{r+1} \neq 0$,于是方程组(3.2)的同解方程组中第$r+1$个方程为矛盾方程,从而方程组(3.2)无解.

② 若$R(\mathbf{A})=R(\overline{\mathbf{A}})$,则$d_{r+1}=0$,方程组(3.2)有解.

a. 当$R(\mathbf{A})=R(\overline{\mathbf{A}})=n$时,

$$\overline{\mathbf{A}} \to \begin{pmatrix} 1 & 0 & \cdots & 0 & d_1 \\ 0 & 1 & \cdots & 0 & d_2 \\ \vdots & \vdots & & \vdots & \vdots \\ 0 & 0 & \cdots & 1 & d_n \\ 0 & 0 & \cdots & 0 & 0 \\ 0 & 0 & \cdots & 0 & 0 \\ \vdots & \vdots & & \vdots & \vdots \\ 0 & 0 & \cdots & 0 & 0 \end{pmatrix},$$

方程组(3.2)有唯一解$x_1=d_1, x_2=d_2, \cdots, x_n=d_n$.

b. 当$R(\mathbf{A})=R(\overline{\mathbf{A}})=r<n$时,

$$\overline{\mathbf{A}} \to \begin{pmatrix} 1 & 0 & \cdots & 0 & c_{1,r+1} & c_{1,r+2} & \cdots & c_{1n} & d_1 \\ 0 & 1 & \cdots & 0 & c_{2,r+1} & c_{2,r+2} & \cdots & c_{2n} & d_2 \\ \vdots & \vdots & & \vdots & \vdots & \vdots & & \vdots & \vdots \\ 0 & 0 & \cdots & 1 & c_{r,r+1} & c_{r,r+2} & \cdots & c_{rn} & d_r \\ 0 & 0 & \cdots & 0 & 0 & 0 & \cdots & 0 & 0 \\ 0 & 0 & \cdots & 0 & 0 & 0 & \cdots & 0 & 0 \\ \vdots & \vdots & & \vdots & \vdots & \vdots & & \vdots & \vdots \\ 0 & 0 & \cdots & 0 & 0 & 0 & \cdots & 0 & 0 \end{pmatrix},$$

方程组(3.2)的同解方程组为

$$\begin{cases} x_1 = d_1 - c_{1,r+1}x_{r+1} - c_{1,r+2}x_{r+2} - \cdots - c_{1n}x_n, \\ x_2 = d_2 - c_{2,r+1}x_{r+1} - c_{2,r+2}x_{r+2} - \cdots - c_{2n}x_n, \\ \qquad \cdots\cdots \\ x_r = d_r - c_{r,r+1}x_{r+1} - c_{r,r+2}x_{r+2} - \cdots - c_{rn}x_n, \end{cases}$$

其中 $x_{r+1},x_{r+2},\cdots,x_n$ 为自由未知数. 将 $n-r$ 个自由未知数分别赋值为 $k_1,k_2,\cdots,k_{n-r}$,并代入上述方程组,即可得到方程组(3.2)的通解. 由 $k_1,k_2,\cdots,k_{n-r}$ 的任意性知,方程组(3.2)有无穷多解.

说明 ① 设有方程组(3.2),当 $R(\boldsymbol{A})=R(\overline{\boldsymbol{A}})=n$ 时,方程组没有自由未知数,详见下面的例 1.

② 设有方程组(3.2),当 $R(\boldsymbol{A})=R(\overline{\boldsymbol{A}})=r<n$ 时,方程组有 $n-r$ 个自由未知数. 令这 $n-r$ 个自由未知数分别等于 $k_1,k_2,\cdots,k_{n-r}$,可得其解,$n-r$ 个参数可任意取值,故这时方程组有无穷多解,且方程组的任一解可表示为含 $n-r$ 个参数的解. 这个解即为方程组(3.2)的通解. 详见下面的例 2.

③ 设有方程组(3.2),当 $R(\boldsymbol{A})\neq R(\overline{\boldsymbol{A}})$ 时,方程组(3.2)无解. 详见下面的例 3.

例 1 求解线性方程组

$$\begin{cases}2x_1+2x_2+x_3=0,\\ x_1+2x_2+3x_3=1,\\ 3x_1+4x_2+3x_3=1.\end{cases}$$

解 $$\overline{\boldsymbol{A}}=(\boldsymbol{A},\boldsymbol{b})=\begin{pmatrix}2&2&1&0\\1&2&3&1\\3&4&3&1\end{pmatrix}\xrightarrow{r_1\leftrightarrow r_2}\begin{pmatrix}1&2&3&1\\2&2&1&0\\3&4&3&1\end{pmatrix}$$

$$\xrightarrow[r_3-3r_1]{r_2-2r_1}\begin{pmatrix}1&2&3&1\\0&-2&-5&-2\\0&-2&-6&-2\end{pmatrix}\xrightarrow[r_3+r_2]{-r_2}\begin{pmatrix}1&2&3&1\\0&2&5&2\\0&0&-1&0\end{pmatrix}\text{(行阶梯形矩阵)}$$

$$\xrightarrow[-r_3]{r_1-r_2}\begin{pmatrix}1&0&-2&-1\\0&2&5&2\\0&0&1&0\end{pmatrix}\xrightarrow{\frac{1}{2}r_2}\begin{bmatrix}1&0&-2&-1\\0&1&\dfrac{5}{2}&1\\0&0&1&0\end{bmatrix}$$

$$\xrightarrow[r_2-\frac{5}{2}r_3]{r_1+2r_3}\begin{pmatrix}1&0&0&-1\\0&1&0&1\\0&0&1&0\end{pmatrix}\text{(行最简形矩阵)}.$$

因为线性方程组经初等行变换后成为其同解方程组,所以得

$$x_1=-1,\quad x_2=1,\quad x_3=0.$$

说明 请注意这里的行阶梯形矩阵与行最简形矩阵.

例 2 求解线性方程组

$$\begin{cases}2x_1+3x_2+\ \ x_3=4,\\ \ \ x_1-2x_2+4x_3=-5,\\ 3x_1+8x_2-2x_3=13,\\ 4x_1-\ \ x_2+9x_3=-6.\end{cases}$$

解 $$\overline{\mathbf{A}}=\begin{pmatrix}2&3&1&4\\1&-2&4&-5\\3&8&-2&13\\4&-1&9&-6\end{pmatrix}\xrightarrow{r_1\leftrightarrow r_2}\begin{pmatrix}1&-2&4&-5\\2&3&1&4\\3&8&-2&13\\4&-1&9&-6\end{pmatrix}$$

$$\xrightarrow[r_4-4r_1]{\substack{r_2-2r_1\\ r_3-3r_1}}\begin{pmatrix}1&-2&4&-5\\0&7&-7&14\\0&14&-14&28\\0&7&-7&14\end{pmatrix}\xrightarrow[\frac{1}{7}r_2]{\substack{r_3-2r_2\\ r_4-r_2}}\begin{pmatrix}1&-2&4&-5\\0&1&-1&2\\0&0&0&0\\0&0&0&0\end{pmatrix}$$

$$\xrightarrow{r_1+2r_2}\begin{pmatrix}1&0&2&-1\\0&1&-1&2\\0&0&0&0\\0&0&0&0\end{pmatrix},$$

因为 $R(\mathbf{A})=R(\overline{\mathbf{A}})=2<3$,所以原方程组有无穷多解,其同解方程组为

$$\begin{cases}x_1+2x_3=-1,\\ x_2-x_3=2,\end{cases}\quad 即\quad \begin{cases}x_1=-1-2x_3,\\ x_2=2+x_3,\end{cases}$$

其中 x_3 为自由未知数.取 $x_3=k_1$,其中 k_1 为任意常数,故原方程组的通解为

$$\begin{cases}x_1=-1-2k_1,\\ x_2=2+k_1,\\ x_3=k_1,\end{cases}\quad 即\quad \begin{pmatrix}x_1\\x_2\\x_3\end{pmatrix}=k_1\begin{pmatrix}-2\\1\\1\end{pmatrix}+\begin{pmatrix}-1\\2\\0\end{pmatrix}\quad (k_1\in\mathbf{R}).$$

例 3 求解线性方程组

$$\begin{cases}4x_1+2x_2-\ \ x_3=2,\\ 3x_1-\ \ x_2+2x_3=10,\\ 11x_1+3x_2\qquad\ \ =8.\end{cases}$$

解 $$\overline{\mathbf{A}}=\begin{pmatrix}4&2&-1&2\\3&-1&2&10\\11&3&0&8\end{pmatrix}\xrightarrow{c_1\leftrightarrow c_3}\begin{pmatrix}\overset{x_3}{-1}&\overset{x_2}{2}&\overset{x_1}{4}&2\\2&-1&3&10\\0&3&11&8\end{pmatrix}$$

$$\xrightarrow{r_2+2r_1}\begin{pmatrix}-1&2&4&2\\0&3&11&14\\0&3&11&8\end{pmatrix}\xrightarrow{r_3-r_2}\begin{pmatrix}-1&2&4&2\\0&3&11&14\\0&0&0&-6\end{pmatrix},$$

因为 $R(\mathbf{A})=2$,$R(\overline{\mathbf{A}})=3$,所以原方程组无解.

为了下一章论述的需要,下面把定理 1 推广到矩阵方程.

推论 1 矩阵方程 $\boldsymbol{AX}=\boldsymbol{B}$ 有解的充要条件是 $R(\boldsymbol{A})=R(\boldsymbol{A},\boldsymbol{B})$.

证 假设 $\boldsymbol{A}$ 为 $m\times n$ 矩阵,$\boldsymbol{B}$ 为 $m\times l$ 矩阵,则 $\boldsymbol{X}$ 为 $n\times l$ 矩阵. 将 $\boldsymbol{X}$ 和 $\boldsymbol{B}$ 按列分块,记 $\boldsymbol{X}=(\boldsymbol{x}_1,\boldsymbol{x}_2,\cdots,\boldsymbol{x}_l)$,$\boldsymbol{B}=(\boldsymbol{b}_1,\boldsymbol{b}_2,\cdots,\boldsymbol{b}_l)$,则矩阵方程 $\boldsymbol{AX}=\boldsymbol{B}$ 等价于 l 个矩阵方程

$$\boldsymbol{Ax}_i=\boldsymbol{b}_i \quad (i=1,2,\cdots,l).$$

假设 $R(\boldsymbol{A})=r$,且 $\boldsymbol{A}$ 的行最简形矩阵为 $\widetilde{\boldsymbol{A}}$,则 $\widetilde{\boldsymbol{A}}$ 有 r 个非零行,且后 $m-r$ 行全为零行. 再设

$$(\boldsymbol{A},\boldsymbol{B})=(\boldsymbol{A},\boldsymbol{b}_1,\boldsymbol{b}_2,\cdots,\boldsymbol{b}_l)\xrightarrow{\text{初等行变换}}(\widetilde{\boldsymbol{A}},\widetilde{\boldsymbol{b}}_1,\widetilde{\boldsymbol{b}}_2,\cdots,\widetilde{\boldsymbol{b}}_l),$$

从而

$$(\boldsymbol{A},\boldsymbol{b}_i)\xrightarrow{\text{初等行变换}}(\widetilde{\boldsymbol{A}},\widetilde{\boldsymbol{b}}_i) \quad (i=1,2,\cdots,l).$$

由定理 1 知,

$$\begin{aligned}\boldsymbol{AX}=\boldsymbol{B}\text{ 有解}&\Leftrightarrow \boldsymbol{Ax}_i=\boldsymbol{b}_i\text{ 有解}(i=1,2,\cdots,l)\\&\Leftrightarrow R(\boldsymbol{A},\boldsymbol{b}_i)=R(\boldsymbol{A})=r(i=1,2,\cdots,l)\\&\Leftrightarrow \widetilde{\boldsymbol{b}_i}\text{ 的后 } m-r \text{ 个元素全为 } 0(i=1,2,\cdots,l)\\&\Leftrightarrow (\widetilde{\boldsymbol{b}_1},\widetilde{\boldsymbol{b}_2},\cdots,\widetilde{\boldsymbol{b}_l})\text{ 的后 } m-r \text{ 行全为零行}\\&\Leftrightarrow R(\boldsymbol{A},\boldsymbol{B})=R(\boldsymbol{A})=r.\end{aligned}$$

2) 齐次线性方程组

因 $x_1=0,x_2=0,\cdots,x_n=0$ 是方程组(3.3)的解,故方程组(3.3)恒有零解. 对齐次线性方程组(3.3),定理 1 可修改如下.

定理 2 齐次线性方程组(3.3)的解有如下情况:

① 只有零解的充要条件是 $R(\boldsymbol{A})=n$;

② 有非零解的充要条件是

$$R(\boldsymbol{A})=r<n.$$

例 4 问:a 取何值时,齐次线性方程组

$$\begin{cases}x_1+2x_2+x_3=0,\\2x_1+3x_2+(a+2)x_3=0,\\x_1+ax_2-2x_3=0\end{cases}$$

有非零解? 并求其通解.

解 $$\boldsymbol{A}=\begin{pmatrix}1&2&1\\2&3&a+2\\1&a&-2\end{pmatrix}\xrightarrow[r_3-r_1]{r_2-2r_1}\begin{pmatrix}1&2&1\\0&-1&a\\0&a-2&-3\end{pmatrix}$$

$$\xrightarrow{r_3+(a-2)r_2}\begin{pmatrix}1&2&1\\0&-1&a\\0&0&(a-3)(a+1)\end{pmatrix},$$

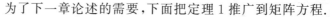

当 $a=3$ 或 $a=-1$ 时，$R(\boldsymbol{A})=2<3$，这时原方程组有非零解.

当 $a=3$ 时，

$$\boldsymbol{A}=\begin{pmatrix}1&2&1\\2&3&5\\1&3&-2\end{pmatrix}\to\begin{pmatrix}1&0&7\\0&1&-3\\0&0&0\end{pmatrix},$$

其同解方程组为

$$\begin{cases}x_1+7x_3=0,\\x_2-3x_3=0,\end{cases}\quad\text{即}\quad\begin{cases}x_1=-7x_3,\\x_2=3x_3,\end{cases}$$

其中 x_3 为自由未知数. 取 $x_3=k_1$，其中 k_1 为任意常数，故原方程组的通解为

$$\begin{cases}x_1=-7k_1,\\x_2=3k_1,\\x_3=k_1,\end{cases}\quad\text{即}\quad\begin{pmatrix}x_1\\x_2\\x_3\end{pmatrix}=k_1\begin{pmatrix}-7\\3\\1\end{pmatrix}\quad(k_1\in\mathbf{R}).$$

当 $a=-1$ 时，

$$\boldsymbol{A}=\begin{pmatrix}1&2&1\\2&3&1\\1&-1&-2\end{pmatrix}\to\begin{pmatrix}1&0&-1\\0&1&1\\0&0&0\end{pmatrix},$$

其同解方程组为

$$\begin{cases}x_1-x_3=0,\\x_2+x_3=0,\end{cases}\quad\text{即}\quad\begin{cases}x_1=x_3,\\x_2=-x_3,\end{cases}$$

其中 x_3 为自由未知数. 取 $x_3=k_1$，其中 k_1 为任意常数，故原方程组的通解为

$$\begin{cases}x_1=k_1,\\x_2=-k_1,\\x_3=k_1,\end{cases}\quad\text{即}\quad\begin{pmatrix}x_1\\x_2\\x_3\end{pmatrix}=k_1\begin{pmatrix}1\\-1\\1\end{pmatrix}\quad(k_1\in\mathbf{R}).$$

说明 例 4 也可利用克拉默法则判断解的情况，即要使原方程组有非零解，其系数行列式 $|\boldsymbol{A}|=0$，进而确定 a 的取值.

习 题 三

1. 用初等变换法求矩阵 $\boldsymbol{A}=\begin{pmatrix}1&2&3\\2&2&1\\3&4&3\end{pmatrix}$ 的逆矩阵 $\boldsymbol{A}^{-1}$.

2. 将矩阵 $\boldsymbol{A}=\begin{pmatrix}3 & 1 & 0 & 2\\ 1 & -1 & 2 & -1\\ 1 & 3 & -4 & 4\end{pmatrix}$ 化为行阶梯形矩阵和行最简形矩阵.

3. 将矩阵 $\boldsymbol{A}=\begin{pmatrix}1 & -3 & 7 & 2\\ 2 & 4 & -3 & -1\\ -3 & 7 & 2 & 3\end{pmatrix}$ 化为标准形 $\boldsymbol{D}$.

4. 将矩阵 $\boldsymbol{A}=\begin{pmatrix}1 & -1 & 2\\ 3 & 2 & 1\\ 1 & -2 & 0\end{pmatrix}$ 化为标准形 $\boldsymbol{D}$.

5. 在秩为 r 的矩阵中，有没有等于 0 的 $r-1$ 阶子式？有没有等于 0 的 r 阶子式？

6. 求下列矩阵的秩：

(1) $\boldsymbol{A}=\begin{pmatrix}3 & 1 & 0 & 2\\ 1 & -1 & 2 & -1\\ 1 & 3 & -4 & 4\end{pmatrix}$；　(2) $\boldsymbol{B}=\begin{pmatrix}2 & 1 & 8 & 3 & 7\\ 2 & -3 & 0 & 7 & -5\\ 3 & -2 & 5 & 8 & 0\\ 1 & 0 & 3 & 2 & 0\end{pmatrix}$.

7. 设矩阵 $\boldsymbol{A}=\begin{pmatrix}1 & -2 & 3k\\ -1 & 2k & -3\\ k & -2 & 3\end{pmatrix}$，问：$k$ 为何值时，可使(1) $R(\boldsymbol{A})=1$，(2) $R(\boldsymbol{A})=2$，(3) $R(\boldsymbol{A})=3$？

8. 设 $\boldsymbol{A}$，$\boldsymbol{B}$ 为同型矩阵，证明：$\boldsymbol{A}\cong\boldsymbol{B}$ 的充要条件为 $R(\boldsymbol{A})=R(\boldsymbol{B})$.

9. 求解下列非齐次线性方程组：

(1) $\begin{cases}3x_1-x_2+x_3=4,\\ x_1+3x_2-3x_3=-2,\\ -2x_1+3x_2-2x_3=-3;\end{cases}$　(2) $\begin{cases}x_1+4x_2-3x_3+2x_4=2,\\ 2x_1+x_2+x_3-3x_4=-3,\\ -3x_1-2x_2-x_3+4x_4=4.\end{cases}$

10. 求解下列齐次线性方程组：

(1) $\begin{cases}x_1+x_2+2x_3-x_4=0,\\ 2x_1+x_2+x_3-x_4=0,\\ 2x_1+2x_2+x_3+2x_4=0;\end{cases}$　(2) $\begin{cases}x_1-x_2+5x_3-x_4=0,\\ x_1+x_2-2x_3+3x_4=0,\\ 3x_1-x_2+8x_3+x_4=0,\\ x_1+3x_2-9x_3+7x_4=0.\end{cases}$

11. 问：λ 取何值时，下列方程组有非零解？

$$\begin{cases}2x_1-x_2+2x_3=\lambda x_1,\\ 5x_1-3x_2+3x_3=\lambda x_2,\\ -x_1-2x_3=\lambda x_3.\end{cases}$$

12. 判断下列方程组有无非零解：

$$\begin{cases} \quad\ \ x_2+x_3+\cdots+x_n=0, \\ x_1+\quad\ \ x_3+\cdots+x_n=0, \\ \qquad\cdots\cdots \\ x_1+x_2+\cdots+x_{n-1}\quad\ =0, \end{cases}$$

其中第 k 行方程缺 x_k.

本章小结

第四章　向　　量

本章先讨论 n 维向量的概念及运算，然后讨论向量的线性表示与线性相关性、向量组的极大无关组与等价向量组，最后讨论向量的内积、向量的正交性与正交矩阵等．

课程思政案例

知识结构

§4.1 向量及其运算

在解析几何中，我们把“既有大小又有方向的量”叫作向量，在三维空间中，可用三个有序实数来表示它的坐标，即(x,y,z). 这就是本章中的三维向量，我们将其进一步推广到n维向量，并讨论向量的运算.

1. 向量的概念

定义 1 由n个数$a_1,a_2,\cdots,a_n$所组成的有序数组

$$(a_1,a_2,\cdots,a_n)$$

称为n维向量，简称为向量，记为

$$\boldsymbol{\alpha}=(a_1,a_2,\cdots,a_n) \quad 或 \quad \boldsymbol{\alpha}=(a_1,a_2,\cdots,a_n)^{\mathrm{T}},$$

其中$a_i(i=1,2,\cdots,n)$称为向量$\boldsymbol{\alpha}$的第i个坐标（或分量）.

例如，$\boldsymbol{\alpha}=(1,2,3)$是一个三维向量，$\boldsymbol{\beta}=(a_1,a_2,\cdots,a_n,b)$是一个$n+1$维向量.

定义 2 分量$a_i(i=1,2,\cdots,n)$全为实数的向量称为实向量，分量全为复数的向量称为复向量.

本书除特别声明外，一般只讨论实向量.

定义 3 分量$a_i(i=1,2,\cdots,n)$全为0的向量称为零向量，记为$\mathbf{0}$，即

$$\mathbf{0}=(0,0,\cdots,0).$$

说明 此等式左边的“$\mathbf{0}$”表示向量，右边的“0”表示数.

定义 4 n维向量写成一行

$$\boldsymbol{\alpha}=(a_1,a_2,\cdots,a_n) \tag{4.1}$$

或一列

$$\boldsymbol{\alpha}=(a_1,a_2,\cdots,a_n)^{\mathrm{T}}=\begin{pmatrix}a_1\\a_2\\\vdots\\a_n\end{pmatrix}, \tag{4.2}$$

分别称为行向量或列向量.

说明 ① 因为向量的本质是有序数组，所以行向量和列向量只是写法不同. 在没有指明是行向量还是列向量时，默认为列向量.

② 事实上，行向量即为行矩阵，列向量即为列矩阵，因此行向量和列

向量都按矩阵的运算规则进行运算.

2. 向量的线性运算

下面介绍向量的线性运算,包括加法与数乘两种运算.

定义 5 设有两个向量 $\boldsymbol{\alpha}=(a_1,a_2,\cdots,a_n)$,$\boldsymbol{\beta}=(b_1,b_2,\cdots,b_n)$.若其对应分量均相等,即

$$a_i=b_i \quad (i=1,2,\cdots,n),$$

则称两个向量相等,记为 $\boldsymbol{\alpha}=\boldsymbol{\beta}$.

定义 6 两个 n 维向量 $\boldsymbol{\alpha}=(a_1,a_2,\cdots,a_n)$ 与 $\boldsymbol{\beta}=(b_1,b_2,\cdots,b_n)$ 对应的分量相加,称为向量 $\boldsymbol{\alpha}$ 与 $\boldsymbol{\beta}$ 的和,记为 $\boldsymbol{\alpha}+\boldsymbol{\beta}$,即

$$\boldsymbol{\alpha}+\boldsymbol{\beta}=(a_1+b_1,a_2+b_2,\cdots,a_n+b_n).$$

定义 7 n 维向量 $\boldsymbol{\alpha}=(a_1,a_2,\cdots,a_n)$ 的分量均变为其相反数后所得的向量,称为 $\boldsymbol{\alpha}$ 的负向量,记为 $-\boldsymbol{\alpha}$,即

$$-\boldsymbol{\alpha}=(-a_1,-a_2,\cdots,-a_n).$$

定义 8 两个 n 维向量 $\boldsymbol{\alpha}=(a_1,a_2,\cdots,a_n)$ 和 $\boldsymbol{\beta}=(b_1,b_2,\cdots,b_n)$ 对应的分量相减,称为向量 $\boldsymbol{\alpha}$ 与 $\boldsymbol{\beta}$ 的差,记为 $\boldsymbol{\alpha}-\boldsymbol{\beta}$,即

$$\boldsymbol{\alpha}-\boldsymbol{\beta}=(a_1-b_1,a_2-b_2,\cdots,a_n-b_n).$$

定义 9 n 维向量 $\boldsymbol{\alpha}=(a_1,a_2,\cdots,a_n)$ 的分量均乘以 k(k 为实数),称为数 k 与 $\boldsymbol{\alpha}$ 的乘积,记为 $k\boldsymbol{\alpha}$,即

$$k\boldsymbol{\alpha}=(ka_1,ka_2,\cdots,ka_n).$$

容易验证,向量的线性运算满足以下性质.

性质 1

① $\boldsymbol{\alpha}+\boldsymbol{\beta}=\boldsymbol{\beta}+\boldsymbol{\alpha}$;

② $(\boldsymbol{\alpha}+\boldsymbol{\beta})+\boldsymbol{\gamma}=\boldsymbol{\alpha}+(\boldsymbol{\beta}+\boldsymbol{\gamma})$;

③ $\boldsymbol{\alpha}+\mathbf{0}=\boldsymbol{\alpha}$;

④ $\boldsymbol{\alpha}+(-\boldsymbol{\alpha})=\mathbf{0}$;

⑤ $1\cdot\boldsymbol{\alpha}=\boldsymbol{\alpha}$;

⑥ $(k_1k_2)\boldsymbol{\alpha}=k_1(k_2\boldsymbol{\alpha})$ (k_1,k_2 均为实数);

⑦ $k(\boldsymbol{\alpha}+\boldsymbol{\beta})=k\boldsymbol{\alpha}+k\boldsymbol{\beta}$ (k 为实数);

⑧ $(k_1+k_2)\boldsymbol{\alpha}=k_1\boldsymbol{\alpha}+k_2\boldsymbol{\alpha}$ (k_1,k_2 均为实数).

例 1 解向量方程 $3(\boldsymbol{\alpha}_1+\boldsymbol{\alpha})-7(\boldsymbol{\alpha}_2+\boldsymbol{\alpha})+4\boldsymbol{\alpha}_3=\mathbf{0}$,其中

$$\boldsymbol{\alpha}_1=(1,2,3),\quad \boldsymbol{\alpha}_2=(2,3,4),\quad \boldsymbol{\alpha}_3=(3,4,5).$$

解　由向量方程得 $-4\boldsymbol{\alpha}=-(3\boldsymbol{\alpha}_1-7\boldsymbol{\alpha}_2+4\boldsymbol{\alpha}_3)$，即

$$\boldsymbol{\alpha}=\frac{3}{4}\boldsymbol{\alpha}_1-\frac{7}{4}\boldsymbol{\alpha}_2+\boldsymbol{\alpha}_3=\frac{1}{4}(1,1,1).$$

例 2　设有一组数 $\lambda_1,\lambda_2,\cdots,\lambda_n$ 和 n 个 n 维向量

$$\boldsymbol{e}_1=(1,0,\cdots,0),\quad \boldsymbol{e}_2=(0,1,\cdots,0),\quad \cdots,\quad \boldsymbol{e}_n=(0,0,\cdots,1),$$

证明：$\lambda_1\boldsymbol{e}_1+\lambda_2\boldsymbol{e}_2+\cdots+\lambda_n\boldsymbol{e}_n=(\lambda_1,\lambda_2,\cdots,\lambda_n)$.

证　$\lambda_1\boldsymbol{e}_1+\lambda_2\boldsymbol{e}_2+\cdots+\lambda_n\boldsymbol{e}_n$

$$=(\lambda_1,0,\cdots,0)+(0,\lambda_2,\cdots,0)+\cdots+(0,0,\cdots,\lambda_n)$$
$$=(\lambda_1,\lambda_2,\cdots,\lambda_n).$$

说明　n 维向量 $\boldsymbol{e}_1,\boldsymbol{e}_2,\cdots,\boldsymbol{e}_n$ 称为基本单位向量.

§4.2 向量的线性表示与线性相关性

1. 向量的线性表示

微课视频

1）单个向量的线性表示

定义 1　设给定 s 个向量 $\boldsymbol{\alpha}_1,\boldsymbol{\alpha}_2,\cdots,\boldsymbol{\alpha}_s$ 及 s 个实数 $k_1,k_2,\cdots,k_s$，称向量

$$k_1\boldsymbol{\alpha}_1+k_2\boldsymbol{\alpha}_2+\cdots+k_s\boldsymbol{\alpha}_s \tag{4.3}$$

为这 s 个向量的一个线性组合.

由若干个 n 维向量所组成的集合称为 n 维向量组，简称为向量组.

定义 2　设对某个已知向量 $\boldsymbol{\alpha}$，存在 s 个实数 $k_1,k_2,\cdots,k_s$，使得

$$\boldsymbol{\alpha}=k_1\boldsymbol{\alpha}_1+k_2\boldsymbol{\alpha}_2+\cdots+k_s\boldsymbol{\alpha}_s, \tag{4.4}$$

则称向量 $\boldsymbol{\alpha}$ 可由向量组 $\boldsymbol{\alpha}_1,\boldsymbol{\alpha}_2,\cdots,\boldsymbol{\alpha}_s$ 线性表示（或线性表出），或称向量 $\boldsymbol{\alpha}$ 是向量组 $\boldsymbol{\alpha}_1,\boldsymbol{\alpha}_2,\cdots,\boldsymbol{\alpha}_s$ 的线性组合.

例 1　已知向量组 $\boldsymbol{\alpha}_1=(2,1,0),\boldsymbol{\alpha}_2=(4,5,6),\boldsymbol{\alpha}_3=(1,2,3)$，因为 $\boldsymbol{\alpha}_1=\boldsymbol{\alpha}_2-2\boldsymbol{\alpha}_3$，所以称 $\boldsymbol{\alpha}_1$ 可由 $\boldsymbol{\alpha}_2,\boldsymbol{\alpha}_3$ 线性表示，也称 $\boldsymbol{\alpha}_1$ 是 $\boldsymbol{\alpha}_2,\boldsymbol{\alpha}_3$ 的线性组合.

例 2　已知向量 $\boldsymbol{\alpha}=(-3,2)$ 可由基本单位向量组 $\boldsymbol{e}_1=(1,0),\boldsymbol{e}_2=(0,1)$ 线性表示，则称 $\boldsymbol{\alpha}$ 是 $\boldsymbol{e}_1,\boldsymbol{e}_2$ 的线性组合.

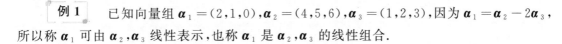

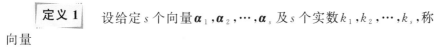

说明 若把 n 维向量组 $\boldsymbol{\alpha}_i=(a_{1i},a_{2i},\cdots,a_{ni})^{\mathrm{T}}(i=1,2,\cdots,m)$ 中每一个向量都看作矩阵的一个列,则可得到如下矩阵:

$$\boldsymbol{A}=(\boldsymbol{\alpha}_1,\boldsymbol{\alpha}_2,\cdots,\boldsymbol{\alpha}_m)=\begin{pmatrix} a_{11} & a_{12} & \cdots & a_{1m} \\ a_{21} & a_{22} & \cdots & a_{2m} \\ \vdots & \vdots & & \vdots \\ a_{n1} & a_{n2} & \cdots & a_{nm} \end{pmatrix}.$$

这是一个 $n\times m$ 矩阵.此时,称 $\boldsymbol{\alpha}_i=(a_{1i},a_{2i},\cdots,a_{ni})^{\mathrm{T}}(i=1,2,\cdots,m)$ 为矩阵 $\boldsymbol{A}$ 的列向量组.

自然地,也可以把 n 维向量组 $\boldsymbol{\alpha}_i=(a_{i1},a_{i2},\cdots,a_{in})(i=1,2,\cdots,m)$ 中每一个向量都看作矩阵的一个行,得到如下的一个 $m\times n$ 矩阵:

$$\boldsymbol{B}=\begin{pmatrix} \boldsymbol{\alpha}_1 \\ \boldsymbol{\alpha}_2 \\ \vdots \\ \boldsymbol{\alpha}_m \end{pmatrix}=\begin{pmatrix} a_{11} & a_{12} & \cdots & a_{1n} \\ a_{21} & a_{22} & \cdots & a_{2n} \\ \vdots & \vdots & & \vdots \\ a_{m1} & a_{m2} & \cdots & a_{mn} \end{pmatrix}.$$

此时,称 $\boldsymbol{\alpha}_i=(a_{i1},a_{i2},\cdots,a_{in})(i=1,2,\cdots,m)$ 为矩阵 $\boldsymbol{B}$ 的行向量组.

线性表示与线性方程组之间有如下关系:假设 $\boldsymbol{\alpha}_1,\boldsymbol{\alpha}_2,\cdots,\boldsymbol{\alpha}_s,\boldsymbol{\alpha}$ 均为 n 维列向量,构造矩阵 $\boldsymbol{A}_{n\times s}=(\boldsymbol{\alpha}_1,\boldsymbol{\alpha}_2,\cdots,\boldsymbol{\alpha}_s)$,定义列向量 $\boldsymbol{x}=\begin{pmatrix} k_1 \\ k_2 \\ \vdots \\ k_s \end{pmatrix}$,则(4.4)式可写成

$$\boldsymbol{\alpha}=(\boldsymbol{\alpha}_1,\boldsymbol{\alpha}_2,\cdots,\boldsymbol{\alpha}_s)\begin{pmatrix} k_1 \\ k_2 \\ \vdots \\ k_s \end{pmatrix}=\boldsymbol{Ax}.$$

因此,向量 $\boldsymbol{\alpha}$ 可由向量组 $\boldsymbol{\alpha}_1,\boldsymbol{\alpha}_2,\cdots,\boldsymbol{\alpha}_s$ 线性表示,即线性方程组 $\boldsymbol{Ax}=\boldsymbol{\alpha}$ 有解.

下面讨论单个向量线性表示的性质.

性质 1 向量 $\boldsymbol{\alpha}$ 可由向量组 $A:\boldsymbol{\alpha}_1,\boldsymbol{\alpha}_2,\cdots,\boldsymbol{\alpha}_m$ 线性表示的充要条件是:矩阵 $\boldsymbol{A}=(\boldsymbol{\alpha}_1,\boldsymbol{\alpha}_2,\cdots,\boldsymbol{\alpha}_m)$ 的秩等于矩阵 $\boldsymbol{B}=(\boldsymbol{\alpha}_1,\boldsymbol{\alpha}_2,\cdots,\boldsymbol{\alpha}_m,\boldsymbol{\alpha})$ 的秩,即

$$R(\boldsymbol{A})=R(\boldsymbol{A},\boldsymbol{\alpha})=R(\boldsymbol{B}).$$

证 由前面的说明知,$\boldsymbol{\alpha}$ 可由向量组 A 线性表示,即线性方程组 $\boldsymbol{Ax}=\boldsymbol{\alpha}$ 有解,则由第三章线性方程组有解的充要条件知,

$$R(\boldsymbol{A})=R(\boldsymbol{A},\boldsymbol{\alpha})=R(\boldsymbol{B}).$$

例 3 求向量 $\boldsymbol{\beta}=(0,2)$ 由向量组 $\boldsymbol{\alpha}_1=(1,1)$，$\boldsymbol{\alpha}_2=(1,-1)$ 的线性表示.

解 方法 1 设存在 k_1,k_2，使得 $k_1\boldsymbol{\alpha}_1+k_2\boldsymbol{\alpha}_2=\boldsymbol{\beta}$，即

$$\begin{cases}k_1+k_2=0,\\ k_1-k_2=2.\end{cases}$$

用高斯消元法解此方程组得 $k_1=1,k_2=-1$，即 $\boldsymbol{\beta}=\boldsymbol{\alpha}_1-\boldsymbol{\alpha}_2$.

方法 2 用克拉默法则求解方程组 $k_1\boldsymbol{\alpha}_1+k_2\boldsymbol{\alpha}_2=\boldsymbol{\beta}$，由于

$$D=\begin{vmatrix}1 & 1\\ 1 & -1\end{vmatrix}=-2\neq 0,\quad D_1=\begin{vmatrix}0 & 1\\ 2 & -1\end{vmatrix}=-2,\quad D_2=\begin{vmatrix}1 & 0\\ 1 & 2\end{vmatrix}=2,$$

故 $k_1=\dfrac{D_1}{D}=\dfrac{-2}{-2}=1,k_2=\dfrac{D_2}{D}=\dfrac{2}{-2}=-1$，因此 $\boldsymbol{\beta}=\boldsymbol{\alpha}_1-\boldsymbol{\alpha}_2$.

方法 3 用矩阵的初等变换法求解方程组 $k_1\boldsymbol{\alpha}_1+k_2\boldsymbol{\alpha}_2=\boldsymbol{\beta}$. 设 $\boldsymbol{A}=\begin{pmatrix}1 & 1\\ 1 & -1\end{pmatrix}$，$\boldsymbol{B}=(\boldsymbol{A},\boldsymbol{\beta})$，则

$$\boldsymbol{B}=(\boldsymbol{A},\boldsymbol{\beta})=\begin{pmatrix}1 & 1 & 0\\ 1 & -1 & 2\end{pmatrix}\xrightarrow{r_2-r_1}\begin{pmatrix}1 & 1 & 0\\ 0 & -2 & 2\end{pmatrix}$$

$$\xrightarrow{-\frac{1}{2}r_2}\begin{pmatrix}1 & 1 & 0\\ 0 & 1 & -1\end{pmatrix}\xrightarrow{r_1-r_2}\begin{pmatrix}1 & 0 & 1\\ 0 & 1 & -1\end{pmatrix}.$$

故 $\boldsymbol{\beta}=\boldsymbol{\alpha}_1-\boldsymbol{\alpha}_2$.

说明 ① 例 3 的求解过程很简单，有三种方法，将行列式、矩阵和向量均与线性方程组联系起来，建议读者融会贯通.

② 由方法 3 可见，向量 $\boldsymbol{\beta}$ 能由向量组 $\boldsymbol{\alpha}_1,\boldsymbol{\alpha}_2,\cdots,\boldsymbol{\alpha}_m$ 线性表示，写成矩阵形式 $\boldsymbol{B}=(\boldsymbol{\alpha}_1,\boldsymbol{\alpha}_2,\cdots,\boldsymbol{\alpha}_m,\boldsymbol{\beta})$，化 $\boldsymbol{B}$ 为行最简形矩阵，可得 $\boldsymbol{\beta}$ 由向量组 $\boldsymbol{\alpha}_1,\boldsymbol{\alpha}_2,\cdots,\boldsymbol{\alpha}_m$ 线性表示的表示式.

2）向量组的线性表示

定义 3 设有两个向量组 $A:\boldsymbol{\alpha}_1,\boldsymbol{\alpha}_2,\cdots,\boldsymbol{\alpha}_m$ 和 $B:\boldsymbol{\beta}_1,\boldsymbol{\beta}_2,\cdots,\boldsymbol{\beta}_s$. 若向量组 B 中的每一个向量均可由向量组 A 线性表示，则称向量组 B 可由向量组 A 线性表示.

下面介绍向量组线性表示的性质.

性质 2

① 若向量组 $B:\boldsymbol{\beta}_1,\boldsymbol{\beta}_2,\cdots,\boldsymbol{\beta}_s$ 可由向量组 $A:\boldsymbol{\alpha}_1,\boldsymbol{\alpha}_2,\cdots,\boldsymbol{\alpha}_m$ 线性表示，记矩阵 $\boldsymbol{A}=(\boldsymbol{\alpha}_1,\boldsymbol{\alpha}_2,\cdots,\boldsymbol{\alpha}_m)$，$\boldsymbol{B}=(\boldsymbol{\beta}_1,\boldsymbol{\beta}_2,\cdots,\boldsymbol{\beta}_s)$，则 $R(\boldsymbol{B})\leqslant R(\boldsymbol{A})$.

② 向量组 $B:\boldsymbol{\beta}_1,\boldsymbol{\beta}_2,\cdots,\boldsymbol{\beta}_s$ 可由向量组 $A:\boldsymbol{\alpha}_1,\boldsymbol{\alpha}_2,\cdots,\boldsymbol{\alpha}_m$ 线性表示的充要条件是矩阵 $\boldsymbol{A}=(\boldsymbol{\alpha}_1,\boldsymbol{\alpha}_2,\cdots,\boldsymbol{\alpha}_m)$ 的秩等于矩阵 $(\boldsymbol{A},\boldsymbol{B})=(\boldsymbol{\alpha}_1,\boldsymbol{\alpha}_2,\cdots,$

$\boldsymbol{\alpha}_m, \boldsymbol{\beta}_1, \boldsymbol{\beta}_2, \cdots, \boldsymbol{\beta}_s$）的秩，即 $R(\boldsymbol{A})=R(\boldsymbol{A},\boldsymbol{B})$.

这里仅证明性质①，性质②可由§3.4定理1的推论1直接推出.

证　①向量组 B 可由向量组 A 线性表示，即对每一个向量 $\boldsymbol{\beta}_j\ (j=1,2,\cdots,s)$，存在数 $k_{1j}, k_{2j}, \cdots, k_{mj}$，使得

$$\boldsymbol{\beta}_j = k_{1j}\boldsymbol{\alpha}_1 + k_{2j}\boldsymbol{\alpha}_2 + \cdots + k_{mj}\boldsymbol{\alpha}_m = (\boldsymbol{\alpha}_1, \boldsymbol{\alpha}_2, \cdots, \boldsymbol{\alpha}_m)\begin{pmatrix} k_{1j} \\ k_{2j} \\ \vdots \\ k_{mj} \end{pmatrix},$$

从而

$$(\boldsymbol{\beta}_1, \boldsymbol{\beta}_2, \cdots, \boldsymbol{\beta}_s) = (\boldsymbol{\alpha}_1, \boldsymbol{\alpha}_2, \cdots, \boldsymbol{\alpha}_m)\begin{pmatrix} k_{11} & k_{12} & \cdots & k_{1s} \\ k_{21} & k_{22} & \cdots & k_{2s} \\ \vdots & \vdots & & \vdots \\ k_{m1} & k_{m2} & \cdots & k_{ms} \end{pmatrix},$$

即 $\boldsymbol{B}=\boldsymbol{AK}$，其中 $\boldsymbol{K}=(k_{ij})_{m\times s}$ 称为这一线性表示的系数矩阵. 这说明 $\boldsymbol{K}$ 是矩阵方程 $\boldsymbol{AX}=\boldsymbol{B}$ 的解，由§3.4定理1的推论1知，$R(\boldsymbol{A})=R(\boldsymbol{A},\boldsymbol{B})$. 又因为 $R(\boldsymbol{B})\leqslant R(\boldsymbol{A},\boldsymbol{B})$，所以 $R(\boldsymbol{B})\leqslant R(\boldsymbol{A})$.

若向量组 A 与向量组 B 能互相线性表示，则称这两个向量组等价.

下面介绍等价向量组的一些简单性质.

性质 3

①等价向量组具有自反性、对称性和传递性.

②向量组 $A: \boldsymbol{\alpha}_1, \boldsymbol{\alpha}_2, \cdots, \boldsymbol{\alpha}_m$ 与向量组 $B: \boldsymbol{\beta}_1, \boldsymbol{\beta}_2, \cdots, \boldsymbol{\beta}_s$ 等价的充要条件是矩阵 $\boldsymbol{A}=(\boldsymbol{\alpha}_1, \boldsymbol{\alpha}_2, \cdots, \boldsymbol{\alpha}_m)$ 的秩等于矩阵 $\boldsymbol{B}=(\boldsymbol{\beta}_1, \boldsymbol{\beta}_2, \cdots, \boldsymbol{\beta}_s)$ 的秩，且等于矩阵 $(\boldsymbol{\alpha}_1, \boldsymbol{\alpha}_2, \cdots, \boldsymbol{\alpha}_m, \boldsymbol{\beta}_1, \boldsymbol{\beta}_2, \cdots, \boldsymbol{\beta}_s)$ 的秩，即

$$R(\boldsymbol{A})=R(\boldsymbol{B})=R(\boldsymbol{A},\boldsymbol{B}).$$

说明　性质3的②可由性质2的②直接推出.

例 4　判定两个向量组 $A: \boldsymbol{\alpha}_1=(1,2)^{\mathrm{T}}, \boldsymbol{\alpha}_2=(3,4)^{\mathrm{T}}$；$B: \boldsymbol{\beta}_1=(2,2)^{\mathrm{T}}, \boldsymbol{\beta}_2=(4,6)^{\mathrm{T}}$ 是否等价.

解　记矩阵 $\boldsymbol{A}=(\boldsymbol{\alpha}_1, \boldsymbol{\alpha}_2)$，$\boldsymbol{B}=(\boldsymbol{\beta}_1, \boldsymbol{\beta}_2)$，只需验证 $R(\boldsymbol{A})=R(\boldsymbol{B})=R(\boldsymbol{A},\boldsymbol{B})$ 是否成立. 将矩阵 $(\boldsymbol{A},\boldsymbol{B})$ 化为行阶梯形矩阵：

$$(\boldsymbol{A},\boldsymbol{B})=\begin{pmatrix} 1 & 3 & 2 & 4 \\ 2 & 4 & 2 & 6 \end{pmatrix} \xrightarrow{r_2-2r_1} \begin{pmatrix} 1 & 3 & 2 & 4 \\ 0 & -2 & -2 & -2 \end{pmatrix},$$

可见 $R(\boldsymbol{A})=R(\boldsymbol{A},\boldsymbol{B})=2$.

容易看出 $\boldsymbol{B}$ 中有不等于0的二阶子式，故 $R(\boldsymbol{B})=2$，从而

$$R(\boldsymbol{A})=R(\boldsymbol{B})=R(\boldsymbol{A},\boldsymbol{B}),$$

即向量组 A 与向量组 B 等价.

例 5 设

$$\begin{cases} \boldsymbol{\beta}_1 = \boldsymbol{\alpha}_2 + \boldsymbol{\alpha}_3 + \cdots + \boldsymbol{\alpha}_n, \\ \boldsymbol{\beta}_2 = \boldsymbol{\alpha}_1 + \boldsymbol{\alpha}_3 + \cdots + \boldsymbol{\alpha}_n, \\ \qquad \cdots\cdots \\ \boldsymbol{\beta}_n = \boldsymbol{\alpha}_1 + \boldsymbol{\alpha}_2 + \cdots + \boldsymbol{\alpha}_{n-1}, \end{cases}$$

证明:向量组 $\boldsymbol{\alpha}_1,\boldsymbol{\alpha}_2,\cdots,\boldsymbol{\alpha}_n$ 与向量组 $\boldsymbol{\beta}_1,\boldsymbol{\beta}_2,\cdots,\boldsymbol{\beta}_n$ 等价.

证 记矩阵 $\boldsymbol{A}=(\boldsymbol{\alpha}_1,\boldsymbol{\alpha}_2,\cdots,\boldsymbol{\alpha}_n)$,$\boldsymbol{B}=(\boldsymbol{\beta}_1,\boldsymbol{\beta}_2,\cdots,\boldsymbol{\beta}_n)$,则由已知条件知,向量组 $\boldsymbol{\beta}_1$,$\boldsymbol{\beta}_2,\cdots,\boldsymbol{\beta}_n$ 可由向量组 $\boldsymbol{\alpha}_1,\boldsymbol{\alpha}_2,\cdots,\boldsymbol{\alpha}_n$ 线性表示,且

$$\boldsymbol{B}=\boldsymbol{A}\begin{pmatrix} 0 & 1 & 1 & \cdots & 1 \\ 1 & 0 & 1 & \cdots & 1 \\ 1 & 1 & 0 & \cdots & 1 \\ \vdots & \vdots & \vdots & & \vdots \\ 1 & 1 & 1 & \cdots & 0 \end{pmatrix}=\boldsymbol{AK}.$$

由于 $|\boldsymbol{K}|=(-1)^{n-1}(n-1)\neq 0$,因此 $\boldsymbol{K}$ 可逆,从而 $\boldsymbol{A}=\boldsymbol{BK}^{-1}$,即向量组 $\boldsymbol{\alpha}_1,\boldsymbol{\alpha}_2,\cdots,\boldsymbol{\alpha}_n$ 也可由向量组 $\boldsymbol{\beta}_1,\boldsymbol{\beta}_2,\cdots,\boldsymbol{\beta}_n$ 线性表示.

综上可知,向量组 $\boldsymbol{\alpha}_1,\boldsymbol{\alpha}_2,\cdots,\boldsymbol{\alpha}_n$ 与向量组 $\boldsymbol{\beta}_1,\boldsymbol{\beta}_2,\cdots,\boldsymbol{\beta}_n$ 等价.

2. 向量组的线性相关性

1) 基本概念、基本结论

定义 4 对 n 维向量组 $\boldsymbol{\alpha}_1,\boldsymbol{\alpha}_2,\cdots,\boldsymbol{\alpha}_s$,若存在不全为 0 的常数 k_1,$k_2,\cdots,k_s$,使得

$$k_1\boldsymbol{\alpha}_1+k_2\boldsymbol{\alpha}_2+\cdots+k_s\boldsymbol{\alpha}_s=\boldsymbol{0}, \tag{4.5}$$

则称向量组 $\boldsymbol{\alpha}_1,\boldsymbol{\alpha}_2,\cdots,\boldsymbol{\alpha}_s$ 线性相关;否则,称该向量组线性无关(即当 $k_1=k_2=\cdots=k_s=0$ 时,$k_1\boldsymbol{\alpha}_1+k_2\boldsymbol{\alpha}_2+\cdots+k_s\boldsymbol{\alpha}_s=\boldsymbol{0}$ 才能成立,或者若 $k_1,k_2,\cdots,k_s$ 不全为 0,则 $k_1\boldsymbol{\alpha}_1+k_2\boldsymbol{\alpha}_2+\cdots+k_s\boldsymbol{\alpha}_s$ 必不为零向量).

例 6 判定下列向量组的线性相关性:

(1) $\boldsymbol{\alpha}_1=(1,1,-1)^{\mathrm{T}},\boldsymbol{\alpha}_2=(2,-1,1)^{\mathrm{T}},\boldsymbol{\alpha}_3=(4,1,-1)^{\mathrm{T}}$;

(2) $\boldsymbol{\beta}_1=\boldsymbol{\alpha}_1+\boldsymbol{\alpha}_2,\boldsymbol{\beta}_2=\boldsymbol{\alpha}_2+\boldsymbol{\alpha}_3,\boldsymbol{\beta}_3=\boldsymbol{\alpha}_1+\boldsymbol{\alpha}_3$,其中 $\boldsymbol{\alpha}_1,\boldsymbol{\alpha}_2,\boldsymbol{\alpha}_3$ 线性无关.

解 (1) 设存在常数 k_1,k_2,k_3,使得 $k_1\boldsymbol{\alpha}_1+k_2\boldsymbol{\alpha}_2+k_3\boldsymbol{\alpha}_3=\boldsymbol{0}$. 利用坐标相等得

$$\begin{cases} k_1+2k_2+4k_3=0,\\ k_1-k_2+k_3=0,\\ -k_1+k_2-k_3=0,\end{cases}$$

解此方程组得 $k_1=2k, k_2=k, k_3=-k$，取 $k=1$ 得 $k_1=2, k_2=1, k_3=-1$，可使得 $k_1\boldsymbol{\alpha}_1+k_2\boldsymbol{\alpha}_2+k_3\boldsymbol{\alpha}_3=\mathbf{0}$. 因 k_1,k_2,k_3 不全为 0，故 $\boldsymbol{\alpha}_1,\boldsymbol{\alpha}_2,\boldsymbol{\alpha}_3$ 线性相关.

(2) 设存在常数 k_1,k_2,k_3，使得 $k_1\boldsymbol{\beta}_1+k_2\boldsymbol{\beta}_2+k_3\boldsymbol{\beta}_3=\mathbf{0}$，即

$$k_1(\boldsymbol{\alpha}_1+\boldsymbol{\alpha}_2)+k_2(\boldsymbol{\alpha}_2+\boldsymbol{\alpha}_3)+k_3(\boldsymbol{\alpha}_1+\boldsymbol{\alpha}_3)=\mathbf{0},$$

亦即

$$(k_1+k_3)\boldsymbol{\alpha}_1+(k_1+k_2)\boldsymbol{\alpha}_2+(k_2+k_3)\boldsymbol{\alpha}_3=\mathbf{0}.$$

因为 $\boldsymbol{\alpha}_1,\boldsymbol{\alpha}_2,\boldsymbol{\alpha}_3$ 线性无关，所以

$$\begin{cases} k_1+k_3=0,\\ k_1+k_2=0,\\ k_2+k_3=0,\end{cases}$$

解得 $k_1=k_2=k_3=0$. 因 k_1,k_2,k_3 全为 0，故 $\boldsymbol{\beta}_1,\boldsymbol{\beta}_2,\boldsymbol{\beta}_3$ 线性无关.

说明 线性相关性与齐次线性方程组之间有如下关系：构造矩阵 $\boldsymbol{A}=(\boldsymbol{\alpha}_1,\boldsymbol{\alpha}_2,\cdots,\boldsymbol{\alpha}_s)$，定义列向量 $\boldsymbol{x}=\begin{pmatrix}k_1\\k_2\\\vdots\\k_s\end{pmatrix}$，则(4.5)式可写成

$$\mathbf{0}=(\boldsymbol{\alpha}_1,\boldsymbol{\alpha}_2,\cdots,\boldsymbol{\alpha}_s)\begin{pmatrix}k_1\\k_2\\\vdots\\k_s\end{pmatrix}=\boldsymbol{A}\boldsymbol{x}.$$

由此可知，向量组 $\boldsymbol{\alpha}_1,\boldsymbol{\alpha}_2,\cdots,\boldsymbol{\alpha}_s$ 线性相关，即齐次线性方程组 $\boldsymbol{A}\boldsymbol{x}=\mathbf{0}$ 有非零解；向量组 $\boldsymbol{\alpha}_1,\boldsymbol{\alpha}_2,\cdots,\boldsymbol{\alpha}_s$ 线性无关，即齐次线性方程组 $\boldsymbol{A}\boldsymbol{x}=\mathbf{0}$ 只有零解.

由线性相关性的定义可得如下的基本结论：

① 含零向量的向量组线性相关.

② 由单个向量 $\boldsymbol{\alpha}(\boldsymbol{\alpha}=\mathbf{0})$ 组成的向量组线性相关；由单个向量 $\boldsymbol{\alpha}(\boldsymbol{\alpha}\neq\mathbf{0})$ 组成的向量组线性无关.

③ 两个向量 $\boldsymbol{\alpha},\boldsymbol{\beta}$(均不为零向量)组成的向量组线性相关的充要条件是 $\boldsymbol{\alpha},\boldsymbol{\beta}$ 的坐标对应成比例.

④ 两个向量 $\boldsymbol{\alpha},\boldsymbol{\beta}$ 线性相关的几何意义是 $\boldsymbol{\alpha},\boldsymbol{\beta}$ 共线或平行；三个向量 $\boldsymbol{\alpha},\boldsymbol{\beta},\boldsymbol{\gamma}$ 线性相关的几何意义是 $\boldsymbol{\alpha},\boldsymbol{\beta},\boldsymbol{\gamma}$ 共面.

2）线性相关性的判定

线性相关性是向量组的一个重要性质，下面介绍与之有关的一些定理，可用于线性相关性的判定.

定理 1 向量组 $\boldsymbol{\alpha}_1,\boldsymbol{\alpha}_2,\cdots,\boldsymbol{\alpha}_n$ 线性相关的充要条件是至少存在一个向量 $\boldsymbol{\alpha}_i$ 可由其余向量线性表示.

证 先证必要性. 假设 $\boldsymbol{\alpha}_1,\boldsymbol{\alpha}_2,\cdots,\boldsymbol{\alpha}_n$ 线性相关，则存在不全为 0 的数 $k_1,k_2,\cdots,k_n$，使得

$$k_1\boldsymbol{\alpha}_1+k_2\boldsymbol{\alpha}_2+\cdots+k_n\boldsymbol{\alpha}_n=\mathbf{0}.$$

不妨假设 $k_1\neq 0$，则

$$\boldsymbol{\alpha}_1=-\frac{k_2}{k_1}\boldsymbol{\alpha}_2-\frac{k_3}{k_1}\boldsymbol{\alpha}_3-\cdots-\frac{k_n}{k_1}\boldsymbol{\alpha}_n,$$

即 $\boldsymbol{\alpha}_1$ 可由 $\boldsymbol{\alpha}_2,\boldsymbol{\alpha}_3,\cdots,\boldsymbol{\alpha}_n$ 线性表示.

再证充分性. 由于至少存在一个向量 $\boldsymbol{\alpha}_i$ 可由其余向量线性表示，因此不妨假设 $\boldsymbol{\alpha}_n$ 可由 $\boldsymbol{\alpha}_1,\boldsymbol{\alpha}_2,\cdots,\boldsymbol{\alpha}_{n-1}$ 线性表示，即存在数 $\lambda_1,\lambda_2,\cdots,\lambda_{n-1}$，使得

$$\boldsymbol{\alpha}_n=\lambda_1\boldsymbol{\alpha}_1+\lambda_2\boldsymbol{\alpha}_2+\cdots+\lambda_{n-1}\boldsymbol{\alpha}_{n-1},$$

亦即

$$\lambda_1\boldsymbol{\alpha}_1+\lambda_2\boldsymbol{\alpha}_2+\cdots+\lambda_{n-1}\boldsymbol{\alpha}_{n-1}-\boldsymbol{\alpha}_n=\mathbf{0}.$$

显然 $\lambda_1,\lambda_2,\cdots,\lambda_{n-1},-1$ 不全为 0，则 $\boldsymbol{\alpha}_1,\boldsymbol{\alpha}_2,\cdots,\boldsymbol{\alpha}_n$ 线性相关.

定理 2 向量组 $\boldsymbol{\alpha}_1,\boldsymbol{\alpha}_2,\cdots,\boldsymbol{\alpha}_m$ 线性相关的充要条件是该向量组所构成的矩阵 $\boldsymbol{A}=(\boldsymbol{\alpha}_1,\boldsymbol{\alpha}_2,\cdots,\boldsymbol{\alpha}_m)$ 的秩小于向量个数 m，即 $R(\boldsymbol{A})<m$；该向量组线性无关的充要条件是 $R(\boldsymbol{A})=m$.

证 向量组 $\boldsymbol{\alpha}_1,\boldsymbol{\alpha}_2,\cdots,\boldsymbol{\alpha}_m$ 线性相关，即齐次线性方程组 $\boldsymbol{Ax}=\mathbf{0}$ 有非零解，由齐次线性方程组有非零解的充要条件知，$R(\boldsymbol{A})<m$.

同理可得，向量组 $\boldsymbol{\alpha}_1,\boldsymbol{\alpha}_2,\cdots,\boldsymbol{\alpha}_m$ 线性无关，即齐次线性方程组 $\boldsymbol{Ax}=\mathbf{0}$ 只有零解，亦即 $R(\boldsymbol{A})=m$.

定理 3 当 $n=m$（向量的维数 n 等于向量的个数 m）时，其向量的坐标所组成矩阵 $\boldsymbol{A}=(\boldsymbol{\alpha}_1,\boldsymbol{\alpha}_2,\cdots,\boldsymbol{\alpha}_n)$ 的行列式 $|\boldsymbol{A}|=0$（一个向量的坐标排成一列）为向量组 $\boldsymbol{\alpha}_1,\boldsymbol{\alpha}_2,\cdots,\boldsymbol{\alpha}_n$ 线性相关的充要条件；$|\boldsymbol{A}|\neq 0$ 为向量组 $\boldsymbol{\alpha}_1,\boldsymbol{\alpha}_2,\cdots,\boldsymbol{\alpha}_n$ 线性无关的充要条件.

定理 4 m 个 n 维向量组成的向量组，当维数 n 小于个数 m 时向量组线性相关.

证 假设 $\boldsymbol{\alpha}_1,\boldsymbol{\alpha}_2,\cdots,\boldsymbol{\alpha}_m$ 为 n 维向量组，构造矩阵 $\boldsymbol{A}_{n\times m}=(\boldsymbol{\alpha}_1,\boldsymbol{\alpha}_2,\cdots,\boldsymbol{\alpha}_m)$，显然 $R(\boldsymbol{A})\leqslant n$. 已知 $n<m$，因此 $R(\boldsymbol{A})<m$，由定理 2 知，$\boldsymbol{\alpha}_1,\boldsymbol{\alpha}_2,\cdots,\boldsymbol{\alpha}_m$ 线性相关.

定理 5 若向量组 A：$\boldsymbol{\alpha}_1,\boldsymbol{\alpha}_2,\cdots,\boldsymbol{\alpha}_n$ 线性无关，则向量组 B：$\boldsymbol{\alpha}_1,\boldsymbol{\alpha}_2,\cdots,\boldsymbol{\alpha}_n,\boldsymbol{\beta}$ 线性相关的充要条件是向量 $\boldsymbol{\beta}$ 可由向量组 A 唯一线性表示.

证　因向量组 A 线性无关,记矩阵 $\boldsymbol{A}=(\boldsymbol{\alpha}_1,\boldsymbol{\alpha}_2,\cdots,\boldsymbol{\alpha}_n)$,$\boldsymbol{B}=(\boldsymbol{\alpha}_1,\boldsymbol{\alpha}_2,\cdots,\boldsymbol{\alpha}_n,\boldsymbol{\beta})$,由定理 2 知,

$$R(\boldsymbol{A})=n.$$

又因为

$$R(\boldsymbol{B})=R(\boldsymbol{\alpha}_1,\boldsymbol{\alpha}_2,\cdots,\boldsymbol{\alpha}_n,\boldsymbol{\beta})\geqslant R(\boldsymbol{\alpha}_1,\boldsymbol{\alpha}_2,\cdots,\boldsymbol{\alpha}_n)=R(\boldsymbol{A})=n,$$

所以向量组 $\boldsymbol{\alpha}_1,\boldsymbol{\alpha}_2,\cdots,\boldsymbol{\alpha}_n,\boldsymbol{\beta}$ 线性相关,即 $n=R(\boldsymbol{A})\leqslant R(\boldsymbol{B})<n+1$,等价于 $R(\boldsymbol{A})=R(\boldsymbol{B})=n$,亦即非齐次线性方程组 $\boldsymbol{Ax}=\boldsymbol{\beta}$ 有唯一解,则 $\boldsymbol{\beta}$ 可由向量组 A 唯一线性表示.

定理 6　若向量组 A:$\boldsymbol{\alpha}_1,\boldsymbol{\alpha}_2,\cdots,\boldsymbol{\alpha}_n$ 线性无关,且$(\boldsymbol{\beta}_1,\boldsymbol{\beta}_2,\cdots,\boldsymbol{\beta}_n)=(\boldsymbol{\alpha}_1,\boldsymbol{\alpha}_2,\cdots,\boldsymbol{\alpha}_n)\boldsymbol{M}$,$|\boldsymbol{M}|\neq 0$,则向量组 B:$\boldsymbol{\beta}_1,\boldsymbol{\beta}_2,\cdots,\boldsymbol{\beta}_n$ 也线性无关.

证　由 $|\boldsymbol{M}|\neq 0$ 知,$\boldsymbol{M}$ 可逆. 又因为$(\boldsymbol{\beta}_1,\boldsymbol{\beta}_2,\cdots,\boldsymbol{\beta}_n)=(\boldsymbol{\alpha}_1,\boldsymbol{\alpha}_2,\cdots,\boldsymbol{\alpha}_n)\boldsymbol{M}$,所以

$$R(\boldsymbol{\beta}_1,\boldsymbol{\beta}_2,\cdots,\boldsymbol{\beta}_n)=R(\boldsymbol{\alpha}_1,\boldsymbol{\alpha}_2,\cdots,\boldsymbol{\alpha}_n).$$

已知 $\boldsymbol{\alpha}_1,\boldsymbol{\alpha}_2,\cdots,\boldsymbol{\alpha}_n$ 线性无关,则 $R(\boldsymbol{\alpha}_1,\boldsymbol{\alpha}_2,\cdots,\boldsymbol{\alpha}_n)=n$,即 $R(\boldsymbol{\beta}_1,\boldsymbol{\beta}_2,\cdots,\boldsymbol{\beta}_n)=n$,由定理 2 知,$\boldsymbol{\beta}_1,\boldsymbol{\beta}_2,\cdots,\boldsymbol{\beta}_n$ 也线性无关.

定理 7　设向量组 A:$\boldsymbol{\alpha}_1,\boldsymbol{\alpha}_2,\cdots,\boldsymbol{\alpha}_m$ 线性相关,则向量组 B:$\boldsymbol{\alpha}_1,\boldsymbol{\alpha}_2,\cdots,\boldsymbol{\alpha}_m,\boldsymbol{\alpha}_{m+1},\cdots,\boldsymbol{\alpha}_n$ 也线性相关(即"增加"向量的个数不改变线性相关);反之,若向量组 B 线性无关,则向量组 A 也线性无关(即"减少"向量的个数不改变线性无关).

下面仅证明定理 7 的前半段.

证　因为 $\boldsymbol{\alpha}_1,\boldsymbol{\alpha}_2,\cdots,\boldsymbol{\alpha}_m$ 线性相关,所以存在不全为 0 的常数 $k_1,k_2,\cdots,k_m$,使得 $k_1\boldsymbol{\alpha}_1+k_2\boldsymbol{\alpha}_2+\cdots+k_m\boldsymbol{\alpha}_m=\boldsymbol{0}$,从而

$$k_1\boldsymbol{\alpha}_1+k_2\boldsymbol{\alpha}_2+\cdots+k_m\boldsymbol{\alpha}_m+0\boldsymbol{\alpha}_{m+1}+\cdots+0\boldsymbol{\alpha}_n=\boldsymbol{0}.$$

因为 $k_1,k_2,\cdots,k_m,0,\cdots,0$ 这 n 个数不全为 0,所以 $\boldsymbol{\alpha}_1,\boldsymbol{\alpha}_2,\cdots,\boldsymbol{\alpha}_m,\boldsymbol{\alpha}_{m+1},\cdots,\boldsymbol{\alpha}_n$ 线性相关.

定理 8　设向量 $\boldsymbol{\alpha}_j=(a_{1j},a_{2j},\cdots,a_{rj})^{\mathrm{T}}$,$\boldsymbol{\beta}_j=(a_{1j},a_{2j},\cdots,a_{rj},a_{r+1,j})^{\mathrm{T}}(j=1,2,\cdots,m)$. 若向量组 A:$\boldsymbol{\alpha}_1,\boldsymbol{\alpha}_2,\cdots,\boldsymbol{\alpha}_m$ 线性无关,则向量组 B:$\boldsymbol{\beta}_1,\boldsymbol{\beta}_2,\cdots,\boldsymbol{\beta}_m$ 也线性无关(即"加长"向量组不改变线性无关);反之,若向量组 B 线性相关,则向量组 A 也线性相关(即"截短"向量组不改变线性相关).

例 7　设向量组 $\boldsymbol{\alpha}_1=(1,4,3)^{\mathrm{T}}$,$\boldsymbol{\alpha}_2=(2,a,-1)^{\mathrm{T}}$,$\boldsymbol{\alpha}_3=(-2,3,1)^{\mathrm{T}}$ 线性相关,求 a 的值.

解　由定理 3 得

$$|\boldsymbol{A}|=\begin{vmatrix}1 & 2 & -2\\ 4 & a & 3\\ 3 & -1 & 1\end{vmatrix}\xlongequal{c_2+c_3}\begin{vmatrix}1 & 0 & -2\\ 4 & a+3 & 3\\ 3 & 0 & 1\end{vmatrix}$$

$$=(a+3)\begin{vmatrix}1 & -2\\ 3 & 1\end{vmatrix}=7(a+3)=0,$$

故 $a=-3$.

例 8 设向量组 $\boldsymbol{\alpha}_1,\boldsymbol{\alpha}_2,\boldsymbol{\alpha}_3$ 线性无关,证明:$\boldsymbol{\alpha}_1+2\boldsymbol{\alpha}_2,\boldsymbol{\alpha}_2+2\boldsymbol{\alpha}_3,\boldsymbol{\alpha}_1+2\boldsymbol{\alpha}_3$ 线性无关.

证 由题可得

$$(\boldsymbol{\alpha}_1+2\boldsymbol{\alpha}_2,\boldsymbol{\alpha}_2+2\boldsymbol{\alpha}_3,\boldsymbol{\alpha}_1+2\boldsymbol{\alpha}_3)=(\boldsymbol{\alpha}_1,\boldsymbol{\alpha}_2,\boldsymbol{\alpha}_3)\begin{pmatrix}1 & 0 & 1\\ 2 & 1 & 0\\ 0 & 2 & 2\end{pmatrix}.$$

因为

$$\begin{vmatrix}1 & 0 & 1\\ 2 & 1 & 0\\ 0 & 2 & 2\end{vmatrix}\xlongequal{r_2-2r_1}\begin{vmatrix}1 & 0 & 1\\ 0 & 1 & -2\\ 0 & 2 & 2\end{vmatrix}=1\begin{vmatrix}1 & -2\\ 2 & 2\end{vmatrix}=6\neq 0,$$

所以由定理 6 知,$\boldsymbol{\alpha}_1+2\boldsymbol{\alpha}_2,\boldsymbol{\alpha}_2+2\boldsymbol{\alpha}_3,\boldsymbol{\alpha}_1+2\boldsymbol{\alpha}_3$ 线性无关.

例 9 设向量组 $A:\boldsymbol{\alpha}_1=(-2,6,2,0)^{\mathrm{T}},\boldsymbol{\alpha}_2=(1,-2,-1,0)^{\mathrm{T}},\boldsymbol{\alpha}_3=(-2,-4,0,2)^{\mathrm{T}}$,判断向量组 A 是否线性相关.

解 因为

$$\boldsymbol{A}=\begin{pmatrix}-2 & 1 & -2\\ 6 & -2 & -4\\ 2 & -1 & 0\\ 0 & 0 & 2\end{pmatrix}\xrightarrow[r_3+r_1]{r_2+3r_1}\begin{pmatrix}-2 & 1 & -2\\ 0 & 1 & -10\\ 0 & 0 & -2\\ 0 & 0 & 2\end{pmatrix},$$

$R(\boldsymbol{A})=3$,所以由定理 2 知向量组 A 线性无关.

例 10 证明:向量组 $A:\boldsymbol{\alpha}_1=(1,a,a^2)^{\mathrm{T}},\boldsymbol{\alpha}_2=(1,b,b^2)^{\mathrm{T}},\boldsymbol{\alpha}_3=(1,c,c^2)^{\mathrm{T}}$ 线性无关 $(a\neq b\neq c)$.

证 由范德蒙德行列式可知,

$$\begin{vmatrix}1 & 1 & 1\\ a & b & c\\ a^2 & b^2 & c^2\end{vmatrix}=(b-a)(c-a)(c-b)\neq 0\quad(a\neq b\neq c),$$

故由定理 3 可知向量组 A 线性无关.

例 11 设向量组 $A:\boldsymbol{\alpha}_1=(1,2,3)^{\mathrm{T}},\boldsymbol{\alpha}_2=(4,5,6)^{\mathrm{T}},\boldsymbol{\alpha}_3=(7,8,9)^{\mathrm{T}},\boldsymbol{\alpha}_4=(10,11,12)^{\mathrm{T}}$,判断向量组 A 是否线性相关.

解 因为向量组 A 中向量的个数 $m=4$ 大于向量的维数 $n=3$,所以由定理 4 知向量组 A 线性相关.

例 12 证明：向量组 $B:\boldsymbol{\beta}_1=(1,a,a^2,a^3)^T,\boldsymbol{\beta}_2=(1,b,b^2,b^3)^T,\boldsymbol{\beta}_3=(1,c,c^2,c^3)^T$ 线性无关($a\neq b\neq c$).

证　由例10可知向量组 $A:\boldsymbol{\alpha}_1=(1,a,a^2)^T,\boldsymbol{\alpha}_2=(1,b,b^2)^T,\boldsymbol{\alpha}_3=(1,c,c^2)^T$ 线性无关，而向量组 B 是由向量组 A 添加一个分量（即坐标）所得的向量组，故由定理8可知向量组 B 线性无关.

§4.3 向量组的秩和极大无关组

前两节的讨论只考虑向量组中含有限个向量，若向量组中含无限多个向量，它们之间是否存在某种线性关系？这就为后续章节研究当线性方程组有无穷多解时，如何描述其解的结构做准备.

定义 1 在向量组 A 中，如果存在 r 个向量 $\boldsymbol{\alpha}_1,\boldsymbol{\alpha}_2,\cdots,\boldsymbol{\alpha}_r$，满足：

(1) 向量组 $A_0:\boldsymbol{\alpha}_1,\boldsymbol{\alpha}_2,\cdots,\boldsymbol{\alpha}_r$ 线性无关；

(2) 向量组 A 中的任意向量都可由向量组 A_0 线性表示，

则称向量组 A_0 是向量组 A 的一个极大线性无关组，简称为极大无关组.极大无关组所含向量个数 r 称为向量组 A 的秩，记为 $R(A)=r$.

说明 若向量组只含零向量，则不存在极大无关组，规定它的秩为0.若向量组 A 线性无关，则 A 本身就是它的极大无关组.任何向量组都与它自身的极大无关组等价.

例 1 证明：n 维基本单位向量组 $E:\boldsymbol{e}_1,\boldsymbol{e}_2,\cdots,\boldsymbol{e}_n$ 是全体 n 维向量组的极大无关组.

证　因为向量组 E 线性无关且它可线性表示任一 n 维向量，所以向量组 E 是全体 n 维向量组的极大无关组.

为了便于求极大无关组和向量组的秩，我们先来介绍一些结论（即定理）.

定理 1 矩阵 $\boldsymbol{A}=(\boldsymbol{\alpha}_1,\boldsymbol{\alpha}_2,\cdots,\boldsymbol{\alpha}_s)$ 的秩就是向量组 $\boldsymbol{\alpha}_1,\boldsymbol{\alpha}_2,\cdots,\boldsymbol{\alpha}_s$ 的秩.

定理 2 若矩阵 $\boldsymbol{A}$ 经过有限次初等行(列)变换化为矩阵 $\boldsymbol{B}$,则 $\boldsymbol{A}$ 中任意 k 个列(行)向量与 $\boldsymbol{B}$ 中对应的 k 个列(行)向量具有相同的线性关系.

下面仅证明定理 1.

证 设矩阵 $\boldsymbol{A}$ 的秩为 $r(r<s)$,则必有一个 r 列的矩阵的秩为 r,不妨设 $R(\boldsymbol{\alpha}_1,\boldsymbol{\alpha}_2,\cdots,\boldsymbol{\alpha}_r)=r$. 因矩阵的列数增加,矩阵的秩可能变大,故

$$r=R(\boldsymbol{\alpha}_1,\boldsymbol{\alpha}_2,\cdots,\boldsymbol{\alpha}_s)\geqslant R(\boldsymbol{\alpha}_1,\boldsymbol{\alpha}_2,\cdots,\boldsymbol{\alpha}_r)=r,$$

从而 $R(\boldsymbol{\alpha}_1,\boldsymbol{\alpha}_2,\cdots,\boldsymbol{\alpha}_s)=R(\boldsymbol{\alpha}_1,\boldsymbol{\alpha}_2,\cdots,\boldsymbol{\alpha}_r)=r$,即 $\boldsymbol{A}$ 中任意 $r+1$ 个列向量线性相关,$\boldsymbol{\alpha}_1,\boldsymbol{\alpha}_2,\cdots,\boldsymbol{\alpha}_r$ 是向量组 $\boldsymbol{\alpha}_1,\boldsymbol{\alpha}_2,\cdots,\boldsymbol{\alpha}_s$ 的极大无关组. 于是 r 是向量组 $\boldsymbol{\alpha}_1,\boldsymbol{\alpha}_2,\cdots,\boldsymbol{\alpha}_s$ 的秩.

说明 ① 矩阵的秩等于列向量组的秩. 同理可知矩阵的秩等于行向量组的秩.

② 求向量组 $\boldsymbol{\alpha}_1,\boldsymbol{\alpha}_2,\cdots,\boldsymbol{\alpha}_s$ 的秩,即求矩阵 $\boldsymbol{A}=(\boldsymbol{\alpha}_1,\boldsymbol{\alpha}_2,\cdots,\boldsymbol{\alpha}_s)$ 的秩. 由此来确定极大无关组,比按定义去求要方便些.

极大无关组的判定与求法:

方法 1 线性相关法.

若非零向量组 A:$\boldsymbol{\alpha}_1,\boldsymbol{\alpha}_2,\cdots,\boldsymbol{\alpha}_n$ 线性无关,则 A 的极大无关组就是 $\boldsymbol{\alpha}_1,\boldsymbol{\alpha}_2,\cdots,\boldsymbol{\alpha}_n$;若非零向量组 A 线性相关,则 A 中必有极大无关组.

方法 2 逐个判别法(亦称录选法).

其步骤如下:设给定一个非零向量组 A:$\boldsymbol{\alpha}_1,\boldsymbol{\alpha}_2,\cdots,\boldsymbol{\alpha}_n$.

第一步,设 $\boldsymbol{\alpha}_1\neq\mathbf{0}$,则 $\boldsymbol{\alpha}_1$ 线性无关,保留 $\boldsymbol{\alpha}_1$;

第二步,加入 $\boldsymbol{\alpha}_2$,若 $\boldsymbol{\alpha}_1,\boldsymbol{\alpha}_2$ 线性相关,去掉 $\boldsymbol{\alpha}_2$,若 $\boldsymbol{\alpha}_1,\boldsymbol{\alpha}_2$ 线性无关,保留 $\boldsymbol{\alpha}_1,\boldsymbol{\alpha}_2$;

第三步,依次进行下去,最后求出的向量组就是所求的极大无关组.

例 2 设向量组 A:$\boldsymbol{\alpha}_1=(1,2,-1)^{\mathrm{T}}$,$\boldsymbol{\alpha}_2=(2,-3,1)^{\mathrm{T}}$,$\boldsymbol{\alpha}_3=(4,1,-1)^{\mathrm{T}}$,求 A 的极大无关组.

解 因 $\boldsymbol{\alpha}_1\neq\mathbf{0}$,故保留 $\boldsymbol{\alpha}_1$;取 $\boldsymbol{\alpha}_2$,因 $\boldsymbol{\alpha}_1,\boldsymbol{\alpha}_2$ 线性无关(两个向量的坐标不成比例),保留 $\boldsymbol{\alpha}_1,\boldsymbol{\alpha}_2$;再取 $\boldsymbol{\alpha}_3$,因 $\boldsymbol{\alpha}_1,\boldsymbol{\alpha}_2,\boldsymbol{\alpha}_3$ 线性相关($\boldsymbol{\alpha}_3=2\boldsymbol{\alpha}_1+\boldsymbol{\alpha}_2$),故极大无关组为 $\boldsymbol{\alpha}_1,\boldsymbol{\alpha}_2$,即

$$R(\boldsymbol{\alpha}_1,\boldsymbol{\alpha}_2,\boldsymbol{\alpha}_3)=2.$$

说明 同理可得 $\boldsymbol{\alpha}_1,\boldsymbol{\alpha}_3$ 或 $\boldsymbol{\alpha}_2,\boldsymbol{\alpha}_3$ 也是向量组 A 的极大无关组,由此可见向量组的极大无关组不是唯一的,但极大无关组中所含向量的个数(即向量组的秩)是唯一的.

方法 3 初等变换法.

具体做法描述如下:将向量组构成矩阵 $\boldsymbol{A}$,一个向量的坐标排成一列,经初等行变换化 $\boldsymbol{A}$ 为行阶梯形矩阵,每一行的第一个不为 0 的数所在的列对应的列向量就构成极大无关组.再将行阶梯形矩阵化为行最简形矩阵,可得其余向量用此极大无关组线性表示的表示式.

例 3 求向量组 $A:\boldsymbol{\alpha}_1=(1,2,-1,1)^{\mathrm{T}},\boldsymbol{\alpha}_2=(2,-3,1,-2)^{\mathrm{T}},\boldsymbol{\alpha}_3=(4,1,-1,0)^{\mathrm{T}}$ 的极大无关组,并把其余向量用极大无关组线性表示.

解 记矩阵 $\boldsymbol{A}=(\boldsymbol{\alpha}_1,\boldsymbol{\alpha}_2,\boldsymbol{\alpha}_3)$,因为

$$\boldsymbol{A}=\begin{pmatrix}1&2&4\\2&-3&1\\-1&1&-1\\1&-2&0\end{pmatrix}\xrightarrow[r_4-r_1]{\substack{r_2-2r_1\\r_3+r_1}}\begin{pmatrix}1&2&4\\0&-7&-7\\0&3&3\\0&-4&-4\end{pmatrix}\xrightarrow[r_4+4r_2]{\substack{-\frac{1}{7}r_2\\r_3-3r_2}}\begin{pmatrix}1&2&4\\0&1&1\\0&0&0\\0&0&0\end{pmatrix}$$

$$=\boldsymbol{B}(\text{行阶梯形矩阵})\xrightarrow{r_1-2r_2}\begin{pmatrix}1&0&2\\0&1&1\\0&0&0\\0&0&0\end{pmatrix}$$

$$=\boldsymbol{F}(\text{行最简形矩阵}).$$

由矩阵 $\boldsymbol{B}$ 可知 $R(\boldsymbol{A})=R(\boldsymbol{B})=2$,即 $R(\boldsymbol{\alpha}_1,\boldsymbol{\alpha}_2,\boldsymbol{\alpha}_3)=2$,$\boldsymbol{\alpha}_1,\boldsymbol{\alpha}_2$ 或 $\boldsymbol{\alpha}_1,\boldsymbol{\alpha}_3$ 均为 A 的极大无关组.记 $\boldsymbol{F}=(\boldsymbol{f}_1,\boldsymbol{f}_2,\boldsymbol{f}_3)$,由矩阵 $\boldsymbol{F}$ 可知 $\boldsymbol{f}_3=2\boldsymbol{f}_1+\boldsymbol{f}_2$,并有 $\boldsymbol{\alpha}_3=2\boldsymbol{\alpha}_1+\boldsymbol{\alpha}_2$.

下面讨论向量组的秩的一些简单性质.因为向量组的秩就是其构成的矩阵的秩,所以这些性质均可由矩阵的秩的性质推出.

性质 1

① $0\leqslant R(\boldsymbol{\alpha}_1,\boldsymbol{\alpha}_2,\cdots,\boldsymbol{\alpha}_s)=r\leqslant s$,当 $\boldsymbol{\alpha}_1=\boldsymbol{\alpha}_2=\cdots=\boldsymbol{\alpha}_s=\boldsymbol{0}$ 时,$r=0$;当 $\boldsymbol{\alpha}_1,\boldsymbol{\alpha}_2,\cdots,\boldsymbol{\alpha}_s$ 线性无关时,$r=s$.

② 若 $R(\boldsymbol{\alpha}_1,\boldsymbol{\alpha}_2,\cdots,\boldsymbol{\alpha}_s)=r$,则向量组中含有 r 个向量的线性无关向量组一定是极大无关组,含有多于 r 个向量的向量组一定线性相关.

③ $R(\boldsymbol{\alpha}_1,\boldsymbol{\alpha}_2,\cdots,\boldsymbol{\alpha}_s)=s$ 的充要条件是向量组 $\boldsymbol{\alpha}_1,\boldsymbol{\alpha}_2,\cdots,\boldsymbol{\alpha}_s$ 线性无关;$R(\boldsymbol{\alpha}_1,\boldsymbol{\alpha}_2,\cdots,\boldsymbol{\alpha}_s)<s$ 的充要条件是向量组 $\boldsymbol{\alpha}_1,\boldsymbol{\alpha}_2,\cdots,\boldsymbol{\alpha}_s$ 线性相关.

④ $R(\boldsymbol{\alpha}_1,\boldsymbol{\alpha}_2,\cdots,\boldsymbol{\alpha}_s,\boldsymbol{\beta})=R(\boldsymbol{\alpha}_1,\boldsymbol{\alpha}_2,\cdots,\boldsymbol{\alpha}_s)$ 的充要条件是向量 $\boldsymbol{\beta}$ 可由向量组 $\boldsymbol{\alpha}_1,\boldsymbol{\alpha}_2,\cdots,\boldsymbol{\alpha}_s$ 线性表示;向量组 $B:\boldsymbol{\beta}_1,\boldsymbol{\beta}_2,\cdots,\boldsymbol{\beta}_t$ 可由向量组 $A:\boldsymbol{\alpha}_1,\boldsymbol{\alpha}_2,\cdots,\boldsymbol{\alpha}_s$ 线性表示的充要条件是 $R(\boldsymbol{\alpha}_1,\boldsymbol{\alpha}_2,\cdots,\boldsymbol{\alpha}_s)=R(\boldsymbol{\alpha}_1,\boldsymbol{\alpha}_2,\cdots,\boldsymbol{\alpha}_s,\boldsymbol{\beta}_1,\boldsymbol{\beta}_2,\cdots,\boldsymbol{\beta}_t)$.

⑤ 向量组 $B:\boldsymbol{\beta}_1,\boldsymbol{\beta}_2,\cdots,\boldsymbol{\beta}_t$ 可由向量组 $A:\boldsymbol{\alpha}_1,\boldsymbol{\alpha}_2,\cdots,\boldsymbol{\alpha}_s$ 线性表示,则

$$R(\boldsymbol{\beta}_1,\boldsymbol{\beta}_2,\cdots,\boldsymbol{\beta}_t)\leqslant R(\boldsymbol{\alpha}_1,\boldsymbol{\alpha}_2,\cdots,\boldsymbol{\alpha}_s).$$

⑥ 向量组 $A:\boldsymbol{\alpha}_1,\boldsymbol{\alpha}_2,\cdots,\boldsymbol{\alpha}_s$ 与向量组 $B:\boldsymbol{\beta}_1,\boldsymbol{\beta}_2,\cdots,\boldsymbol{\beta}_t$ 等价的充要条件是 $R(\boldsymbol{\alpha}_1,\boldsymbol{\alpha}_2,\cdots,\boldsymbol{\alpha}_s)=R(\boldsymbol{\beta}_1,\boldsymbol{\beta}_2,\cdots,\boldsymbol{\beta}_t)=R(\boldsymbol{\alpha}_1,\boldsymbol{\alpha}_2,\cdots,\boldsymbol{\alpha}_s,\boldsymbol{\beta}_1,\boldsymbol{\beta}_2,\cdots,\boldsymbol{\beta}_t)$.

§4.4 向量的内积

定义 1 设 $\mathbf{R}^n$ 是全体 n 维向量的集合.若集合 $\mathbf{R}^n$ 非空,且对于向量的加法和数乘运算封闭,则称 $\mathbf{R}^n$ 为 n 维向量空间.

所谓对于向量的加法和数乘运算封闭,是指集合中任意元素之和以及数乘的结果仍属于该集合.

当 $n>3$ 时,$\mathbf{R}^n$ 没有几何直观可言,然而可借助 $\mathbf{R}^3$ 的数量积引进 $\mathbf{R}^n$ 的内积的概念,通过与 $\mathbf{R}^3$ 类比,对有关算式做些"几何解释",从而发展一些"几何概念".

定义 2 对 $\mathbf{R}^n$ 的向量 $\boldsymbol{\alpha}=(a_1,a_2,\cdots,a_n)^{\mathrm{T}}$ 和 $\boldsymbol{\beta}=(b_1,b_2,\cdots,b_n)^{\mathrm{T}}$,称数 $\sum_{i=1}^{n}a_ib_i$ 为 $\boldsymbol{\alpha},\boldsymbol{\beta}$ 的内积,记为 $[\boldsymbol{\alpha},\boldsymbol{\beta}]$,即

$$[\boldsymbol{\alpha},\boldsymbol{\beta}]=\sum_{i=1}^{n}a_ib_i=a_1b_1+a_2b_2+\cdots+a_nb_n=\boldsymbol{\alpha}^{\mathrm{T}}\boldsymbol{\beta}. \tag{4.6}$$

说明 称带有(4.6)式的内积定义的向量空间 $\mathbf{R}^n$ 为内积空间或欧几里得(Euclid)空间.

内积具有以下简单性质(其中 $\boldsymbol{\alpha},\boldsymbol{\beta},\boldsymbol{\gamma}$ 为 n 维向量,k 为实数).

性质 1

① $[\boldsymbol{\alpha},\boldsymbol{\beta}]=[\boldsymbol{\beta},\boldsymbol{\alpha}]$;

② $[k\boldsymbol{\alpha},\boldsymbol{\beta}]=k[\boldsymbol{\alpha},\boldsymbol{\beta}]$;

③ $[\boldsymbol{\alpha}+\boldsymbol{\beta},\boldsymbol{\gamma}]=[\boldsymbol{\alpha},\boldsymbol{\gamma}]+[\boldsymbol{\beta},\boldsymbol{\gamma}]$;

④ 当 $\boldsymbol{\alpha}=\mathbf{0}$ 时,$[\boldsymbol{\alpha},\boldsymbol{\alpha}]=0$;当 $\boldsymbol{\alpha}\neq\mathbf{0}$ 时,$[\boldsymbol{\alpha},\boldsymbol{\alpha}]>0$;

⑤ $[\boldsymbol{\alpha},\boldsymbol{\beta}]^2\leqslant[\boldsymbol{\alpha},\boldsymbol{\alpha}][\boldsymbol{\beta},\boldsymbol{\beta}]$(施瓦茨(Schwarz)不等式).

说明 仿照 $\mathbf{R}^3$,利用向量的内积来定义 n 维向量的长度和夹角.

定义 3 对 $\mathbf{R}^n$ 的向量 $\boldsymbol{\alpha}$,令

$$\|\boldsymbol{\alpha}\|=\sqrt{[\boldsymbol{\alpha},\boldsymbol{\alpha}]}=\sqrt{a_1^2+a_2^2+\cdots+a_n^2}, \tag{4.7}$$

称 $\|\boldsymbol{\alpha}\|$ 为 n 维向量 $\boldsymbol{\alpha}$ 的长度(或范数).

向量的长度具有以下简单性质(其中 $\boldsymbol{\alpha},\boldsymbol{\beta}$ 为 n 维向量,k 为实数).

性质 2

① 当 $\boldsymbol{\alpha}=\mathbf{0}$ 时,$\|\boldsymbol{\alpha}\|=0$;当 $\boldsymbol{\alpha}\neq\mathbf{0}$ 时,$\|\boldsymbol{\alpha}\|>0$;

② $\|k\boldsymbol{\alpha}\|=|k|\,\|\boldsymbol{\alpha}\|$;

③ $\|\boldsymbol{\alpha}+\boldsymbol{\beta}\|\leqslant\|\boldsymbol{\alpha}\|+\|\boldsymbol{\beta}\|$.

定义 4 对 $\mathbf{R}^n$ 的向量 $\boldsymbol{\alpha}$，当 $\|\boldsymbol{\alpha}\|=1$ 时，称 $\boldsymbol{\alpha}$ 为单位向量.

定义 5 对 $\mathbf{R}^n$ 的向量 $\boldsymbol{\alpha},\boldsymbol{\beta}$，当 $\|\boldsymbol{\alpha}\|\neq 0$，$\|\boldsymbol{\beta}\|\neq 0$ 时，称

$$\theta=\arccos\frac{[\boldsymbol{\alpha},\boldsymbol{\beta}]}{\|\boldsymbol{\alpha}\|\,\|\boldsymbol{\beta}\|} \tag{4.8}$$

为 n 维向量 $\boldsymbol{\alpha},\boldsymbol{\beta}$ 的夹角.

说明 由内积的性质 1 中的⑤得 $\left|\frac{[\boldsymbol{\alpha},\boldsymbol{\beta}]}{\|\boldsymbol{\alpha}\|\,\|\boldsymbol{\beta}\|}\right|\leqslant 1$，这正好说明定义 5 的(4.8)式是合理的.

定义 6 若 $[\boldsymbol{\alpha},\boldsymbol{\beta}]=0$，即

$$a_1b_1+a_2b_2+\cdots+a_nb_n=\sum_{i=1}^{n}a_ib_i=0, \tag{4.9}$$

则称向量 $\boldsymbol{\alpha}$ 与 $\boldsymbol{\beta}$ 正交，记为 $\boldsymbol{\alpha}\perp\boldsymbol{\beta}$.

说明 当 $\boldsymbol{\alpha}=\mathbf{0}$ 时，向量 $\boldsymbol{\alpha}$ 与任何向量均正交.

定义 7 一组两两正交的非零向量组，称为正交向量组. 特别地，若正交向量组中每个向量的长度均为 1，则称其为标准正交向量组.

下面介绍正交向量组的性质.

定理 1 若 n 维向量组 $\boldsymbol{\alpha}_1,\boldsymbol{\alpha}_2,\cdots,\boldsymbol{\alpha}_r$ 是正交向量组，则向量组 $\boldsymbol{\alpha}_1,\boldsymbol{\alpha}_2,\cdots,\boldsymbol{\alpha}_r$ 线性无关.

证 设有常数 $k_1,k_2,\cdots,k_r$，使得

$$k_1\boldsymbol{\alpha}_1+k_2\boldsymbol{\alpha}_2+\cdots+k_r\boldsymbol{\alpha}_r=\mathbf{0}, \tag{4.10}$$

以 $\boldsymbol{\alpha}_i^{\mathrm{T}}(i=1,2,\cdots,r)$ 左乘(4.10)式两边得

$$k_i\boldsymbol{\alpha}_i^{\mathrm{T}}\boldsymbol{\alpha}_i=0.$$

因 $\boldsymbol{\alpha}_i\neq\mathbf{0}$，故 $\boldsymbol{\alpha}_i^{\mathrm{T}}\boldsymbol{\alpha}_i=\|\boldsymbol{\alpha}_i\|^2\neq 0$，这时有 $k_i=0(i=1,2,\cdots,r)$，于是 n 维向量组 $\boldsymbol{\alpha}_1,\boldsymbol{\alpha}_2,\cdots,\boldsymbol{\alpha}_r$ 线性无关.

定理 1 的逆命题不成立. 那么，若已知一个线性无关向量组，如何构造一个与之等价的正交向量组呢？接下来介绍的格拉姆-施密特(Gram-Schmidt) 正交化方法，不仅可以将一个线性无关向量组构造成一个与之等价的正交向量组，还可以将其化为一个标准正交向量组.

格拉姆-施密特正交化方法 设 $\boldsymbol{\alpha}_1,\boldsymbol{\alpha}_2,\cdots,\boldsymbol{\alpha}_r$ 线性无关. 若令

$$\boldsymbol{\beta}_1=\boldsymbol{\alpha}_1,$$

$$\boldsymbol{\beta}_2=\boldsymbol{\alpha}_2-\frac{[\boldsymbol{\beta}_1,\boldsymbol{\alpha}_2]}{[\boldsymbol{\beta}_1,\boldsymbol{\beta}_1]}\boldsymbol{\beta}_1,$$

……

$$\boldsymbol{\beta}_r=\boldsymbol{\alpha}_r-\frac{[\boldsymbol{\beta}_1,\boldsymbol{\alpha}_r]}{[\boldsymbol{\beta}_1,\boldsymbol{\beta}_1]}\boldsymbol{\beta}_1-\cdots-\frac{[\boldsymbol{\beta}_{r-1},\boldsymbol{\alpha}_r]}{[\boldsymbol{\beta}_{r-1},\boldsymbol{\beta}_{r-1}]}\boldsymbol{\beta}_{r-1}, \tag{4.11}$$

用数学归纳法可证 $\boldsymbol{\beta}_1,\boldsymbol{\beta}_2,\cdots,\boldsymbol{\beta}_r$ 两两正交，且 $\boldsymbol{\beta}_1,\boldsymbol{\beta}_2,\cdots,\boldsymbol{\beta}_r$ 与 $\boldsymbol{\alpha}_1,\boldsymbol{\alpha}_2,\cdots,\boldsymbol{\alpha}_r$ 是等价向量组.

再把它们单位化(即规范化)，令

$$\boldsymbol{e}_1=\frac{\boldsymbol{\beta}_1}{\|\boldsymbol{\beta}_1\|},\quad \boldsymbol{e}_2=\frac{\boldsymbol{\beta}_2}{\|\boldsymbol{\beta}_2\|},\quad \cdots,\quad \boldsymbol{e}_r=\frac{\boldsymbol{\beta}_r}{\|\boldsymbol{\beta}_r\|}.$$

说明 定理1与格拉姆-施密特正交化方法揭示了向量组的正交性与线性相关性两个概念间的关系，这在几何上是非常明显的. 以 $\mathbf{R}^3$ 为例，$\boldsymbol{\alpha},\boldsymbol{\beta},\boldsymbol{\gamma}$ 两两正交，则三者必不共面，即线性无关，反之不成立.

例 1 设向量组 $A:\boldsymbol{\alpha}_1=(1,1,1,1)^{\mathrm{T}},\boldsymbol{\alpha}_2=(1,2,2,1)^{\mathrm{T}},\boldsymbol{\alpha}_3=(2,3,1,6)^{\mathrm{T}}$，将向量组 A 用格拉姆-施密特正交化方法化为一个标准正交向量组.

解 令

$$\boldsymbol{\beta}_1=\boldsymbol{\alpha}_1=\begin{pmatrix}1\\1\\1\\1\end{pmatrix},$$

$$\boldsymbol{\beta}_2=\boldsymbol{\alpha}_2-\frac{[\boldsymbol{\beta}_1,\boldsymbol{\alpha}_2]}{[\boldsymbol{\beta}_1,\boldsymbol{\beta}_1]}\boldsymbol{\beta}_1=\begin{pmatrix}1\\2\\2\\1\end{pmatrix}-\frac{6}{4}\begin{pmatrix}1\\1\\1\\1\end{pmatrix}=\frac{1}{2}\begin{pmatrix}-1\\1\\1\\-1\end{pmatrix},$$

$$\boldsymbol{\beta}_3=\boldsymbol{\alpha}_3-\frac{[\boldsymbol{\beta}_1,\boldsymbol{\alpha}_3]}{[\boldsymbol{\beta}_1,\boldsymbol{\beta}_1]}\boldsymbol{\beta}_1-\frac{[\boldsymbol{\beta}_2,\boldsymbol{\alpha}_3]}{[\boldsymbol{\beta}_2,\boldsymbol{\beta}_2]}\boldsymbol{\beta}_2=\begin{pmatrix}2\\3\\1\\6\end{pmatrix}-\frac{12}{4}\begin{pmatrix}1\\1\\1\\1\end{pmatrix}-\frac{-2}{1}\times\frac{1}{2}\begin{pmatrix}-1\\1\\1\\-1\end{pmatrix}=\begin{pmatrix}-2\\1\\-1\\2\end{pmatrix}.$$

把它们规范化得

$$\boldsymbol{e}_1=\frac{\boldsymbol{\beta}_1}{\|\boldsymbol{\beta}_1\|}=\frac{1}{2}\begin{pmatrix}1\\1\\1\\1\end{pmatrix},\quad \boldsymbol{e}_2=\frac{\boldsymbol{\beta}_2}{\|\boldsymbol{\beta}_2\|}=\frac{1}{2}\begin{pmatrix}-1\\1\\1\\-1\end{pmatrix},\quad \boldsymbol{e}_3=\frac{\boldsymbol{\beta}_3}{\|\boldsymbol{\beta}_3\|}=\frac{\sqrt{10}}{10}\begin{pmatrix}-2\\1\\-1\\2\end{pmatrix}.$$

定义 8 若 n 阶方阵 $\boldsymbol{A}$ 满足

$$\boldsymbol{A}^{\mathrm{T}}\boldsymbol{A}=\boldsymbol{E},\tag{4.12}$$

则称 $\boldsymbol{A}$ 为正交矩阵.

若 $\boldsymbol{A}$ 用其列向量组表示，则

$$\begin{pmatrix}\boldsymbol{\alpha}_1^{\mathrm{T}}\\\boldsymbol{\alpha}_2^{\mathrm{T}}\\\vdots\\\boldsymbol{\alpha}_n^{\mathrm{T}}\end{pmatrix}(\boldsymbol{\alpha}_1,\boldsymbol{\alpha}_2,\cdots,\boldsymbol{\alpha}_n)=\boldsymbol{E},$$

即

$$[\boldsymbol{\alpha}_i,\boldsymbol{\alpha}_j]=\boldsymbol{\alpha}_i^{\mathrm{T}}\boldsymbol{\alpha}_j=\delta_{ij}\quad(i,j=1,2,\cdots,n).$$

说明 ① 上式说明 $\boldsymbol{A}$ 为正交矩阵的充要条件是 $\boldsymbol{A}$ 的列向量组是一个标准正交向量组.

② 由 $\boldsymbol{A}^{\mathrm{T}}\boldsymbol{A}=\boldsymbol{E}$ 知 $\boldsymbol{A}\boldsymbol{A}^{\mathrm{T}}=\boldsymbol{E}$,故上述结论对 $\boldsymbol{A}$ 的行向量组亦成立,即 $\boldsymbol{A}$ 为正交矩阵的充要条件是 $\boldsymbol{A}$ 的行向量组也是一个标准正交向量组.

下面介绍正交矩阵的一些性质.

性质 3

① $\boldsymbol{A}$ 为正交矩阵的充要条件是 $\boldsymbol{A}^{-1}=\boldsymbol{A}^{\mathrm{T}}$;

② 若 $\boldsymbol{A}$ 为正交矩阵,则 $|\boldsymbol{A}|$ 等于 1 或 -1;

③ 若 $\boldsymbol{A},\boldsymbol{B}$ 均为正交矩阵,则 $\boldsymbol{AB}$ 为正交矩阵;

④ 若 $\boldsymbol{A}$ 为正交矩阵,则 $\boldsymbol{A}^{\mathrm{T}},\boldsymbol{A}^{-1},\boldsymbol{A}^k$($k$ 为整数),$\boldsymbol{A}^*$,$-\boldsymbol{A}$ 为正交矩阵;

⑤ 若 $\boldsymbol{A}$ 为正交矩阵,则 $(\boldsymbol{A}^*)^{-1}=(\boldsymbol{A}^{-1})^*$.

下面仅证明性质 ④ 中"$\boldsymbol{A}^*$ 为正交矩阵",其他留给读者完成.

证 因 $\boldsymbol{A}$ 为正交矩阵,故 $|\boldsymbol{A}|^2=1$,$\boldsymbol{A}^{\mathrm{T}}=\boldsymbol{A}^{-1}$. 又 $\boldsymbol{A}^*=|\boldsymbol{A}|\boldsymbol{A}^{-1}=|\boldsymbol{A}|\boldsymbol{A}^{\mathrm{T}}$,从而

$$(\boldsymbol{A}^*)^{\mathrm{T}}\boldsymbol{A}^*=(|\boldsymbol{A}|\boldsymbol{A}^{\mathrm{T}})^{\mathrm{T}}(|\boldsymbol{A}|\boldsymbol{A}^{\mathrm{T}})=|\boldsymbol{A}|^2\boldsymbol{A}\boldsymbol{A}^{\mathrm{T}}=\boldsymbol{E},$$

因此 $\boldsymbol{A}^*$ 为正交矩阵.

例 2 证明:

$$\boldsymbol{A}=\begin{pmatrix}\frac{1}{2}&-\frac{1}{2}&\frac{1}{2}&-\frac{1}{2}\\\frac{1}{2}&-\frac{1}{2}&-\frac{1}{2}&\frac{1}{2}\\\frac{\sqrt{2}}{2}&\frac{\sqrt{2}}{2}&0&0\\0&0&\frac{\sqrt{2}}{2}&\frac{\sqrt{2}}{2}\end{pmatrix}$$

是正交矩阵,并求 $\boldsymbol{A}^{-1}$.

证 $\boldsymbol{A}$ 是四阶方阵,很容易看出其所有行向量的长度均为 1,且每两个不同行向量的内积为 0,即 $\boldsymbol{A}$ 的行向量组是一个标准正交向量组,故 $\boldsymbol{A}$ 为正交矩阵. 于是

$$
A^{-1}=A^{T}=\begin{pmatrix} \frac{1}{2} & \frac{1}{2} & \frac{\sqrt{2}}{2} & 0 \\ -\frac{1}{2} & -\frac{1}{2} & \frac{\sqrt{2}}{2} & 0 \\ \frac{1}{2} & -\frac{1}{2} & 0 & \frac{\sqrt{2}}{2} \\ -\frac{1}{2} & \frac{1}{2} & 0 & \frac{\sqrt{2}}{2} \end{pmatrix}.
$$

定义 9 若 $\boldsymbol{P}$ 为正交矩阵,则称线性变换 $\boldsymbol{y}=\boldsymbol{P}\boldsymbol{x}$ 为正交变换.

这里叙述正交变换的简单性质.

设 $\boldsymbol{y}=\boldsymbol{P}\boldsymbol{x}$ 为正交变换,则

$$
\begin{aligned}
\|\boldsymbol{y}\| &= \sqrt{\boldsymbol{y}^{T}\boldsymbol{y}}=\sqrt{(\boldsymbol{P}\boldsymbol{x})^{T}(\boldsymbol{P}\boldsymbol{x})}=\sqrt{\boldsymbol{x}^{T}\boldsymbol{P}^{T}\boldsymbol{P}\boldsymbol{x}} \\
&= \sqrt{\boldsymbol{x}^{T}\boldsymbol{x}}=\|\boldsymbol{x}\|.
\end{aligned}
$$

说明 $\|\boldsymbol{y}\|=\|\boldsymbol{x}\|$ 表明经正交变换,线段的长度保持不变,这正是正交变换的优点.

习题四

1. 已知向量 $\boldsymbol{\alpha}_1=(1,2,3)$,$\boldsymbol{\alpha}_2=(3,-2,1)$,$\boldsymbol{\alpha}_3=(2,-3,1)$,求 $2\boldsymbol{\alpha}_1+3\boldsymbol{\alpha}_2-5\boldsymbol{\alpha}_3$.

2. 解向量方程 $2(\boldsymbol{\alpha}_1+\boldsymbol{x})+3(\boldsymbol{\alpha}_2+\boldsymbol{x})+5(\boldsymbol{\alpha}_3+\boldsymbol{x})=\boldsymbol{0}$,其中 $\boldsymbol{\alpha}_1=(1,1,1)$,$\boldsymbol{\alpha}_2=(1,-4,3)$,$\boldsymbol{\alpha}_3=(-2,1,-3)$.

3. 求向量 $\boldsymbol{\beta}=(1,2,1)$ 由向量组 $\boldsymbol{\alpha}_1=(1,1,1)$,$\boldsymbol{\alpha}_2=(1,1,-1)$,$\boldsymbol{\alpha}_3=(1,-1,-1)$ 线性表示的表示式.

4. 已知向量 $\boldsymbol{\alpha}_1=(1,4,2)^{T}$,$\boldsymbol{\alpha}_2=(2,7,3)^{T}$,$\boldsymbol{\alpha}_3=(0,1,a)^{T}$,$\boldsymbol{\beta}=(3,10,4)^{T}$,问:$a$ 为何值时,$\boldsymbol{\beta}$ 可由 $\boldsymbol{\alpha}_1,\boldsymbol{\alpha}_2,\boldsymbol{\alpha}_3$ 唯一线性表示?并写出表示式.

5. 设向量组 $\boldsymbol{\alpha}_1=(1,1,a)^{T}$,$\boldsymbol{\alpha}_2=(1,a,1)^{T}$,$\boldsymbol{\alpha}_3=(1,1,1)^{T}$ 可由向量组 $\boldsymbol{\beta}_1=(1,1,a)^{T}$,$\boldsymbol{\beta}_2=(-2,1,4)^{T}$,$\boldsymbol{\beta}_3=(-2,1,1)^{T}$ 线性表示,但向量组 $\boldsymbol{\beta}_1,\boldsymbol{\beta}_2,\boldsymbol{\beta}_3$ 不可由向量组 $\boldsymbol{\alpha}_1,\boldsymbol{\alpha}_2,\boldsymbol{\alpha}_3$ 线性表示.

(1) 求 a 的值;

(2) 将向量组 $\boldsymbol{\alpha}_1,\boldsymbol{\alpha}_2,\boldsymbol{\alpha}_3$ 用向量组 $\boldsymbol{\beta}_1,\boldsymbol{\beta}_2,\boldsymbol{\beta}_3$ 线性表示.

6. 判定下列向量组的线性相关性：

(1) $\boldsymbol{\alpha}_1=(2,4,6),\boldsymbol{\alpha}_2=(3,6,9),\boldsymbol{\alpha}_3=(3,5,8)$；

(2) $\boldsymbol{\alpha}_1=(1,2,-1),\boldsymbol{\alpha}_2=(2,-3,1),\boldsymbol{\alpha}_3=(4,1,-1)$；

(3) $\boldsymbol{\alpha}_1=(1,2,3),\boldsymbol{\alpha}_2=(-1,2,2),\boldsymbol{\alpha}_3=(2,-1,1)$；

(4) $\boldsymbol{\alpha}_1=(1,2,3,4),\boldsymbol{\alpha}_2=(-1,2,2,3),\boldsymbol{\alpha}_3=(2,-1,1,1)$；

(5) $\boldsymbol{\alpha}_1=(1,2),\boldsymbol{\alpha}_2=(3,4),\boldsymbol{\alpha}_3=(5,6)$.

7. 设向量组 $A:\boldsymbol{\alpha}_1=(1,4,3)^{\mathrm{T}},\boldsymbol{\alpha}_2=(2,a,1)^{\mathrm{T}},\boldsymbol{\alpha}_3=(-2,3,1)^{\mathrm{T}}$ 线性相关，求 a 的值.

8. 举例说明下列命题是错误的：

(1) 若向量组 $\boldsymbol{\alpha}_1,\boldsymbol{\alpha}_2,\cdots,\boldsymbol{\alpha}_m$ 是线性相关的，则 $\boldsymbol{\alpha}_1$ 可由 $\boldsymbol{\alpha}_2,\boldsymbol{\alpha}_3,\cdots,\boldsymbol{\alpha}_m$ 线性表示；

(2) 若有不全为 0 的数 $k_1,k_2,\cdots,k_m$，使得

$$k_1\boldsymbol{\alpha}_1+k_2\boldsymbol{\alpha}_2+\cdots+k_m\boldsymbol{\alpha}_m+k_1\boldsymbol{\beta}_1+k_2\boldsymbol{\beta}_2+\cdots+k_m\boldsymbol{\beta}_m=\mathbf{0}$$

成立，则 $\boldsymbol{\alpha}_1,\boldsymbol{\alpha}_2,\cdots,\boldsymbol{\alpha}_m$ 线性相关，$\boldsymbol{\beta}_1,\boldsymbol{\beta}_2,\cdots,\boldsymbol{\beta}_m$ 也线性相关；

(3) 若只有当 $k_1,k_2,\cdots,k_m$ 全为 0 时，等式

$$k_1\boldsymbol{\alpha}_1+k_2\boldsymbol{\alpha}_2+\cdots+k_m\boldsymbol{\alpha}_m+k_1\boldsymbol{\beta}_1+k_2\boldsymbol{\beta}_2+\cdots+k_m\boldsymbol{\beta}_m=\mathbf{0}$$

才能成立，则 $\boldsymbol{\alpha}_1,\boldsymbol{\alpha}_2,\cdots,\boldsymbol{\alpha}_m$ 线性无关，$\boldsymbol{\beta}_1,\boldsymbol{\beta}_2,\cdots,\boldsymbol{\beta}_m$ 也线性无关.

9. 证明：若向量组 $\boldsymbol{\alpha}_1,\boldsymbol{\alpha}_2,\cdots,\boldsymbol{\alpha}_s$ 线性无关，而向量组 $\boldsymbol{\alpha}_1,\boldsymbol{\alpha}_2,\cdots,\boldsymbol{\alpha}_s,\boldsymbol{\beta}$ 线性相关，则 $\boldsymbol{\beta}$ 可由向量组 $\boldsymbol{\alpha}_1,\boldsymbol{\alpha}_2,\cdots,\boldsymbol{\alpha}_s$ 线性表示.

10. 证明：设向量 $\boldsymbol{\beta}$ 可由向量组 $\boldsymbol{\alpha}_1,\boldsymbol{\alpha}_2,\cdots,\boldsymbol{\alpha}_s$ 线性表示，若向量组 $\boldsymbol{\alpha}_1,\boldsymbol{\alpha}_2,\cdots,\boldsymbol{\alpha}_s$ 线性无关，则此表示式是唯一的.

11. 设 $\boldsymbol{\alpha}_1,\boldsymbol{\alpha}_2,\cdots,\boldsymbol{\alpha}_n$ 是一个 n 维向量组，证明：向量组 $\boldsymbol{\alpha}_1,\boldsymbol{\alpha}_2,\cdots,\boldsymbol{\alpha}_n$ 线性无关的充要条件是任一 n 维向量都可由它线性表示.

12. 试用逐个判别法求：

(1) 向量组 $A:\boldsymbol{\alpha}_1=(1,2,-1)^{\mathrm{T}},\boldsymbol{\alpha}_2=(2,-3,1)^{\mathrm{T}},\boldsymbol{\alpha}_3=(4,1,-1)^{\mathrm{T}}$ 的极大无关组；

(2) 向量组 $\boldsymbol{\alpha}_1,\boldsymbol{\alpha}_2,\boldsymbol{\alpha}_3$ 的秩 $R(\boldsymbol{\alpha}_1,\boldsymbol{\alpha}_2,\boldsymbol{\alpha}_3)$.

13. 试用初等变换法，

(1) 求向量组 $\boldsymbol{\alpha}_1=(1,4,1,0)^{\mathrm{T}},\boldsymbol{\alpha}_2=(2,1,-1,-3)^{\mathrm{T}},\boldsymbol{\alpha}_3=(1,0,-3,-1)^{\mathrm{T}},\boldsymbol{\alpha}_4=(0,2,-6,3)^{\mathrm{T}}$ 的一个极大无关组；

(2) 求向量组 $\boldsymbol{\alpha}_1,\boldsymbol{\alpha}_2,\boldsymbol{\alpha}_3,\boldsymbol{\alpha}_4$ 的秩 $R(\boldsymbol{\alpha}_1,\boldsymbol{\alpha}_2,\boldsymbol{\alpha}_3,\boldsymbol{\alpha}_4)$；

(3) 将(1)中其余向量用极大无关组线性表示.

14. 设向量组 $\boldsymbol{\alpha}_1=(1,-1,2,4),\boldsymbol{\alpha}_2=(0,3,1,2),\boldsymbol{\alpha}_3=(1,-1,2,0),\boldsymbol{\alpha}_4=(2,1,5,6)$，

(1) 说明 $\boldsymbol{\alpha}_1,\boldsymbol{\alpha}_3$ 线性无关；

(2) 求包含 $\boldsymbol{\alpha}_1,\boldsymbol{\alpha}_3$ 的极大无关组；

(3) 将其余向量用极大无关组线性表示.

15. 判定向量组 $\boldsymbol{\alpha}_1=(2,0,-1),\boldsymbol{\alpha}_2=(3,-2,1)$ 与向量组 $\boldsymbol{\beta}_1=(-5,6,-5),\boldsymbol{\beta}_2=(4,-4,3)$ 是否等价，若等价，给出线性表示式.

16. 在 $\mathbf{R}^3$ 中有两个向量 $\boldsymbol{\alpha}=(1,2,2)$，$\boldsymbol{\beta}=(-2,-3,5)$，求：(1) $[\boldsymbol{\alpha},\boldsymbol{\beta}]$；(2) 夹角 θ.

17. 在 $\mathbf{R}^3$ 中有两个向量 $\boldsymbol{\alpha}=(2,4,4)$，$\boldsymbol{\beta}=(-4,-6,8)$，求：(1) $[\boldsymbol{\alpha},\boldsymbol{\beta}]$；(2) 夹角 θ.

18. 用格拉姆-施密特正交化方法将线性无关向量组 $\boldsymbol{\alpha}_1=(1,1,1)$，$\boldsymbol{\alpha}_2=(1,0,1)$，$\boldsymbol{\alpha}_3=(1,-1,0)$ 化为一个标准正交向量组.

19. 用格拉姆-施密特正交化方法将线性无关向量组 $\boldsymbol{\alpha}_1=(1,0,1)^{\mathrm{T}}$，$\boldsymbol{\alpha}_2=(0,1,-1)^{\mathrm{T}}$，$\boldsymbol{\alpha}_3=(1,0,4)^{\mathrm{T}}$ 化为一个标准正交向量组.

20. 判定下列矩阵是否为正交矩阵，若是，求其逆矩阵：

(1) $\boldsymbol{A}=\begin{pmatrix}1&-1&1\\-1&1&-1\\1&-1&1\end{pmatrix}$；　　(2) $\boldsymbol{B}=\dfrac{1}{9}\begin{pmatrix}1&-8&-4\\-8&1&-4\\-4&-4&7\end{pmatrix}$.

21. 设 $\boldsymbol{x}$ 为 n 维列向量，$\boldsymbol{x}^{\mathrm{T}}\boldsymbol{x}=1$，$\boldsymbol{M}=\boldsymbol{E}-2\boldsymbol{x}\boldsymbol{x}^{\mathrm{T}}$，证明：$\boldsymbol{M}$ 是对称正交矩阵.

22. 设 $\boldsymbol{A}$，$\boldsymbol{B}$ 都是 n 阶正交矩阵，证明：$\boldsymbol{AB}$ 是正交矩阵.

本章小结

第五章　线性方程组

线性方程组的理论是整个线性代数的中心．本章主要讨论线性方程组解的结构、非齐次线性方程组与齐次线性方程组之间的关系，以及线性方程组的应用．

课程思政案例

知识结构

§5.1 线性方程组解的结构

微课视频

在§3.4中,已对非齐次线性方程组

$$\begin{cases}a_{11}x_1+a_{12}x_2+\cdots+a_{1n}x_n=b_1,\\a_{21}x_1+a_{22}x_2+\cdots+a_{2n}x_n=b_2,\\\cdots\cdots\\a_{m1}x_1+a_{m2}x_2+\cdots+a_{mn}x_n=b_m,\end{cases}\tag{5.1}$$

即 $\boldsymbol{Ax}=\boldsymbol{b}$ 有解(唯一解、无穷多解)、无解的充要条件进行了初步的讨论,且对齐次线性方程组

$$\begin{cases}a_{11}x_1+a_{12}x_2+\cdots+a_{1n}x_n=0,\\a_{21}x_1+a_{22}x_2+\cdots+a_{2n}x_n=0,\\\cdots\cdots\\a_{m1}x_1+a_{m2}x_2+\cdots+a_{mn}x_n=0,\end{cases}\tag{5.2}$$

即 $\boldsymbol{Ax}=\boldsymbol{0}$ 有零解、非零解有了初步的认识.这一节则讨论具体的线性方程组解的结构.

1. 齐次线性方程组 $\boldsymbol{Ax}=\boldsymbol{0}$ 解的结构

首先给出齐次线性方程组解向量的概念及性质.

定义1 若 $x_1=\xi_{11},x_2=\xi_{21},\cdots,x_n=\xi_{n1}$ 为方程组(5.2)的解,则称

$$\boldsymbol{x}=\boldsymbol{\xi}=\begin{pmatrix}\xi_{11}\\\xi_{21}\\\vdots\\\xi_{n1}\end{pmatrix}$$

为方程组(5.2)的解向量.

下面讨论 $\boldsymbol{Ax}=\boldsymbol{0}$ 的解向量的性质.

性质1

① 若 $\boldsymbol{x}=\boldsymbol{\xi}_1,\boldsymbol{x}=\boldsymbol{\xi}_2$ 是方程组(5.2)的解,则 $\boldsymbol{x}=\boldsymbol{\xi}_1+\boldsymbol{\xi}_2$ 也是方程组(5.2)的解.

证 只需证明 $\boldsymbol{x}=\boldsymbol{\xi}_1+\boldsymbol{\xi}_2$ 满足方程组(5.2),显然

$$\boldsymbol{A}(\boldsymbol{\xi}_1+\boldsymbol{\xi}_2)=\boldsymbol{A\xi}_1+\boldsymbol{A\xi}_2=\boldsymbol{0}+\boldsymbol{0}=\boldsymbol{0}.$$

② 若 $\boldsymbol{x}=\boldsymbol{\xi}_1$ 是方程组(5.2)的解，k_1 为任意实数，则 $\boldsymbol{x}=k_1\boldsymbol{\xi}_1$ 也是方程组(5.2)的解.

证 只需证明 $\boldsymbol{x}=k_1\boldsymbol{\xi}_1$ 满足方程组(5.2)，显然

$$\boldsymbol{A}(k_1\boldsymbol{\xi}_1)=k_1(\boldsymbol{A}\boldsymbol{\xi}_1)=k_1\boldsymbol{0}=\boldsymbol{0}.$$

定义 2 设 S 表示方程组(5.2)全体解向量所组成的集合. 若集合 S 中的解向量对于向量的加法与数乘两种运算封闭，则集合 S 构成向量空间，并称为方程组(5.2)的**解空间**.

说明 方程组(5.2)有非零解，则方程组(5.2)就有无穷多解，这无穷多解构成 n 维向量组. 若能求出这个向量组的极大无关组，就能用极大无关组的线性组合来表示方程组(5.2)的全部解.

定义 3 若 $\boldsymbol{\xi}_1,\boldsymbol{\xi}_2,\cdots,\boldsymbol{\xi}_{n-r}$ 是方程组(5.2)解空间的极大无关组，则称 $\boldsymbol{\xi}_1,\boldsymbol{\xi}_2,\cdots,\boldsymbol{\xi}_{n-r}$ 是方程组(5.2)的**基础解系**.

定理 1 若方程组(5.2)的秩 $R(\boldsymbol{A})=r<n$，则方程组(5.2)的基础解系必存在，且每个基础解系中恰有 $n-r$ 个解.

证 因 $R(\boldsymbol{A})=r<n$，故对方程组(5.2)的系数矩阵 $\boldsymbol{A}$ 施行初等行变换，不失一般性，可化为如下形式：

$$\begin{pmatrix} 1 & 0 & \cdots & 0 & k_{1,r+1} & k_{1,r+2} & \cdots & k_{1n} \\ 0 & 1 & \cdots & 0 & k_{2,r+1} & k_{2,r+2} & \cdots & k_{2n} \\ \vdots & \vdots & & \vdots & \vdots & \vdots & & \vdots \\ 0 & 0 & \cdots & 1 & k_{r,r+1} & k_{r,r+2} & \cdots & k_{rn} \\ 0 & 0 & \cdots & 0 & 0 & 0 & \cdots & 0 \\ \vdots & \vdots & & \vdots & \vdots & \vdots & & \vdots \\ 0 & 0 & \cdots & 0 & 0 & 0 & \cdots & 0 \end{pmatrix}.$$

这时，方程组(5.2)与下面的方程组同解：

$$\begin{cases} x_1=-k_{1,r+1}x_{r+1}-k_{1,r+2}x_{r+2}-\cdots-k_{1n}x_n, \\ x_2=-k_{2,r+1}x_{r+1}-k_{2,r+2}x_{r+2}-\cdots-k_{2n}x_n, \\ \cdots\cdots \\ x_r=-k_{r,r+1}x_{r+1}-k_{r,r+2}x_{r+2}-\cdots-k_{rn}x_n, \end{cases}$$

这里 $x_{r+1},x_{r+2},\cdots,x_n$ 为自由未知数，共有 $n-r$ 个.

若取 $n-r$ 个自由未知数分别为

$$\begin{pmatrix}1\\0\\\vdots\\0\end{pmatrix},\quad \begin{pmatrix}0\\1\\\vdots\\0\end{pmatrix},\quad \cdots,\quad \begin{pmatrix}0\\0\\\vdots\\1\end{pmatrix},$$

可得方程组(5.2)的 $n-r$ 个解

$$\boldsymbol{\xi}_1=\begin{pmatrix}-k_{1,r+1}\\-k_{2,r+1}\\\vdots\\-k_{r,r+1}\\1\\0\\\vdots\\0\end{pmatrix},\quad \boldsymbol{\xi}_2=\begin{pmatrix}-k_{1,r+2}\\-k_{2,r+2}\\\vdots\\-k_{r,r+2}\\0\\1\\\vdots\\0\end{pmatrix},\quad \cdots,\quad \boldsymbol{\xi}_{n-r}=\begin{pmatrix}-k_{1n}\\-k_{2n}\\\vdots\\-k_{rn}\\0\\0\\\vdots\\1\end{pmatrix}.$$

现来证明 $\boldsymbol{\xi}_1,\boldsymbol{\xi}_2,\cdots,\boldsymbol{\xi}_{n-r}$ 是方程组(5.2)的基础解系.

先证 $\boldsymbol{\xi}_1,\boldsymbol{\xi}_2,\cdots,\boldsymbol{\xi}_{n-r}$ 线性无关.设 $\boldsymbol{K}=(\boldsymbol{\xi}_1,\boldsymbol{\xi}_2,\cdots,\boldsymbol{\xi}_{n-r})_{n\times(n-r)}$,因为有 $n-r$ 阶子式

$$\begin{vmatrix}1&0&\cdots&0\\0&1&\cdots&0\\\vdots&\vdots&&\vdots\\0&0&\cdots&1\end{vmatrix}=1\neq 0,$$

所以 $R(\boldsymbol{K})=n-r$,由"加长"向量组不改变线性无关得 $\boldsymbol{\xi}_1,\boldsymbol{\xi}_2,\cdots,\boldsymbol{\xi}_{n-r}$ 线性无关.

再证方程组(5.2)的任一解 $\boldsymbol{\xi}=(d_1,d_2,\cdots,d_n)^{\mathrm{T}}$ 可由 $\boldsymbol{\xi}_1,\boldsymbol{\xi}_2,\cdots,\boldsymbol{\xi}_{n-r}$ 线性表示.因为

$$\begin{cases}d_1=-k_{1,r+1}d_{r+1}-k_{1,r+2}d_{r+2}-\cdots-k_{1n}d_n,\\d_2=-k_{2,r+1}d_{r+1}-k_{2,r+2}d_{r+2}-\cdots-k_{2n}d_n,\\\cdots\cdots\\d_r=-k_{r,r+1}d_{r+1}-k_{r,r+2}d_{r+2}-\cdots-k_{rn}d_n,\end{cases}$$

所以

$$\boldsymbol{\xi}=\begin{pmatrix}-k_{1,r+1}d_{r+1} & -k_{1,r+2}d_{r+2} & \cdots & -k_{1n}d_n\\-k_{2,r+1}d_{r+1} & -k_{2,r+2}d_{r+2} & \cdots & -k_{2n}d_n\\\vdots&\vdots&&\vdots\\-k_{r,r+1}d_{r+1} & -k_{r,r+2}d_{r+2} & \cdots & -k_{rn}d_n\\d_{r+1}&0&\cdots&0\\&d_{r+2}&&\vdots\\&&\ddots&0\\&&&d_n\end{pmatrix},$$

即 $\boldsymbol{\xi}$ 可由 $\boldsymbol{\xi}_1,\boldsymbol{\xi}_2,\cdots,\boldsymbol{\xi}_{n-r}$ 线性表示.

综上,$\boldsymbol{\xi}_1,\boldsymbol{\xi}_2,\cdots,\boldsymbol{\xi}_{n-r}$ 是方程组(5.2)的基础解系.

说明 ① 若方程组(5.2)只有零解,则没有基础解系;若方程组(5.2)有非零解,则存在基础解系.

② 此定理的证明过程给出了求方程组(5.2)基础解系的方法.

③ $Ax=0$ 基础解系中解向量的个数为
$$s=n-r=n-R(A).$$
下面介绍利用矩阵的初等变换法求基础解系的方法.

例 1 求线性方程组 $\begin{cases} x_1+2x_2-x_3+x_4=0, \\ 2x_1-3x_2+x_3-2x_4=0, \\ 4x_1+x_2-x_3=0 \end{cases}$ 的基础解系和通解.

解 将方程组的系数矩阵 A 化为行最简形矩阵,即
$$A=\begin{pmatrix} 1 & 2 & -1 & 1 \\ 2 & -3 & 1 & -2 \\ 4 & 1 & -1 & 0 \end{pmatrix} \xrightarrow[r_3-4r_1]{r_2-2r_1} \begin{pmatrix} 1 & 2 & -1 & 1 \\ 0 & -7 & 3 & -4 \\ 0 & -7 & 3 & -4 \end{pmatrix}$$
$$\xrightarrow[-\frac{1}{7}r_2]{r_3-r_2} \begin{pmatrix} 1 & 2 & -1 & 1 \\ 0 & 1 & -\frac{3}{7} & \frac{4}{7} \\ 0 & 0 & 0 & 0 \end{pmatrix} \xrightarrow{r_1-2r_2} \begin{pmatrix} 1 & 0 & -\frac{1}{7} & -\frac{1}{7} \\ 0 & 1 & -\frac{3}{7} & \frac{4}{7} \\ 0 & 0 & 0 & 0 \end{pmatrix},$$
这时 $R(A)=2<4$,故 $Ax=0$ 有非零解.

由最后的行最简形矩阵得原方程组的同解方程组为
$$\begin{cases} x_1=\frac{1}{7}x_3+\frac{1}{7}x_4, \\ x_2=\frac{3}{7}x_3-\frac{4}{7}x_4. \end{cases}$$
取 $\begin{pmatrix} x_3 \\ x_4 \end{pmatrix}=\begin{pmatrix} 7 \\ 0 \end{pmatrix}$ 和 $\begin{pmatrix} 0 \\ 7 \end{pmatrix}$,得 $\begin{pmatrix} x_1 \\ x_2 \end{pmatrix}=\begin{pmatrix} 1 \\ 3 \end{pmatrix}$ 和 $\begin{pmatrix} 1 \\ -4 \end{pmatrix}$,故基础解系为
$$\boldsymbol{\xi}_1=(1,3,7,0)^{\mathrm{T}}, \quad \boldsymbol{\xi}_2=(1,-4,0,7)^{\mathrm{T}}.$$
原方程组的通解为 $x=k_1\boldsymbol{\xi}_1+k_2\boldsymbol{\xi}_2$,其中 k_1,k_2 为任意实数.

因 x_3,x_4 为自由未知数,故也可取 $\begin{pmatrix} x_3 \\ x_4 \end{pmatrix}=\begin{pmatrix} 1 \\ 0 \end{pmatrix}$ 和 $\begin{pmatrix} 0 \\ 1 \end{pmatrix}$,这时 $\begin{pmatrix} x_1 \\ x_2 \end{pmatrix}=\begin{pmatrix} \frac{1}{7} \\ \frac{3}{7} \end{pmatrix}$ 和 $\begin{pmatrix} \frac{1}{7} \\ -\frac{4}{7} \end{pmatrix}$,可得另一基础解系 $\boldsymbol{\xi}_1=\left(\frac{1}{7},\frac{3}{7},1,0\right)^{\mathrm{T}}$,$\boldsymbol{\xi}_2=\left(\frac{1}{7},-\frac{4}{7},0,1\right)^{\mathrm{T}}$. 由此可见,线性方程组的基础解系不是唯一的.

说明 利用初等变换法求齐次线性方程组 $Ax=0$ 的基础解系和通解的步骤,现归纳如下:

第一步,对系数矩阵 A 施行初等行变换,化为行阶梯形矩阵,再化为行最简形矩阵.

第二步，在行阶梯形矩阵中确定 $R(\boldsymbol{A})=r$，判断方程组(5.2)是否有非零解.

第三步，在行最简形矩阵中得同解方程组，确定自由未知数，其个数为 $s=n-r$，其中 n 为方程组未知数的个数，$r=R(\boldsymbol{A})$ 为系数矩阵的秩.

第四步，在同解方程组中，分别令一个自由未知数不为 0(如取 1 或其他整数)，其余自由未知数为 0，便可得所要求的基础解系 $\boldsymbol{\xi}_1,\boldsymbol{\xi}_2,\cdots,\boldsymbol{\xi}_{n-r}$.

第五步，由基础解系得通解为 $\boldsymbol{x}=k_1\boldsymbol{\xi}_1+k_2\boldsymbol{\xi}_2+\cdots+k_{n-r}\boldsymbol{\xi}_{n-r}$，其中 $k_1,k_2,\cdots,k_{n-r}$ 为任意实数.

例 2 设 $\boldsymbol{A}$ 为 n 阶方阵，且 $R(\boldsymbol{A})=n-1$，$\boldsymbol{\xi}_1,\boldsymbol{\xi}_2$ 是 $\boldsymbol{Ax}=\boldsymbol{0}$ 的两个不同的解向量，求 $\boldsymbol{Ax}=\boldsymbol{0}$ 的通解.

解 因为 $s=n-R(\boldsymbol{A})=n-(n-1)=1$，所以 $\boldsymbol{Ax}=\boldsymbol{0}$ 的基础解系只含一个解向量，且基础解系中的向量应是线性无关的，这就要求是非零向量. 而 $\boldsymbol{\xi}_1,\boldsymbol{\xi}_2$ 是 $\boldsymbol{Ax}=\boldsymbol{0}$ 的两个不同的解向量，故 $\boldsymbol{\xi}_1-\boldsymbol{\xi}_2\neq\boldsymbol{0}$. 因为 $\boldsymbol{\xi}_1-\boldsymbol{\xi}_2$ 是 $\boldsymbol{Ax}=\boldsymbol{0}$ 的解向量，所以 $\boldsymbol{\xi}_1-\boldsymbol{\xi}_2$ 是 $\boldsymbol{Ax}=\boldsymbol{0}$ 的基础解系，从而 $\boldsymbol{Ax}=\boldsymbol{0}$ 的通解为 $k(\boldsymbol{\xi}_1-\boldsymbol{\xi}_2)$，其中 k 为任意实数.

例 3 设矩阵 $\boldsymbol{A}=\begin{pmatrix}2&-2&1&3\\9&-5&2&8\end{pmatrix}$，求一个 4×2 矩阵 $\boldsymbol{B}$，使得 $\boldsymbol{AB}=\boldsymbol{O}$，且 $R(\boldsymbol{B})=2$.

解
$$\boldsymbol{A}\xrightarrow{r_2-4r_1}\begin{pmatrix}2&-2&1&3\\1&3&-2&-4\end{pmatrix}\xrightarrow[r_2-2r_1]{r_1\leftrightarrow r_2}\begin{pmatrix}1&3&-2&-4\\0&-8&5&11\end{pmatrix}$$
$$\xrightarrow[r_1-3r_2]{-\frac{1}{8}r_2}\begin{pmatrix}1&0&-\frac{1}{8}&\frac{1}{8}\\0&1&-\frac{5}{8}&-\frac{11}{8}\end{pmatrix},$$

故 $\boldsymbol{Ax}=\boldsymbol{0}$ 有同解方程组
$$\begin{cases}x_1=\frac{1}{8}x_3-\frac{1}{8}x_4,\\x_2=\frac{5}{8}x_3+\frac{11}{8}x_4.\end{cases}$$

取 $\begin{pmatrix}x_3\\x_4\end{pmatrix}=\begin{pmatrix}8\\0\end{pmatrix}$ 和 $\begin{pmatrix}0\\8\end{pmatrix}$，得 $\begin{pmatrix}x_1\\x_2\end{pmatrix}=\begin{pmatrix}1\\5\end{pmatrix}$ 和 $\begin{pmatrix}-1\\11\end{pmatrix}$，故 $\boldsymbol{Ax}=\boldsymbol{0}$ 的基础解系为
$$\boldsymbol{\xi}_1=(1,5,8,0)^{\mathrm{T}},\quad \boldsymbol{\xi}_2=(-1,11,0,8)^{\mathrm{T}}.$$

由此得 $\boldsymbol{B}=\begin{pmatrix}1&-1\\5&11\\8&0\\0&8\end{pmatrix}$，可使 $\boldsymbol{AB}=\boldsymbol{O}$，且 $R(\boldsymbol{B})=2$.

说明　例 3 是利用如下结果：若 $\boldsymbol{AB}=\boldsymbol{O}$，则 $\boldsymbol{B}$ 的列向量为 $\boldsymbol{Ax}=\boldsymbol{0}$ 的解向量.

例 4　求一个齐次线性方程组 $\boldsymbol{Ax}=\boldsymbol{0}$，使得 $\boldsymbol{Ax}=\boldsymbol{0}$ 的基础解系为

$$\boldsymbol{\xi}_1=(0,1,2,3)^{\mathrm{T}},\quad \boldsymbol{\xi}_2=(3,2,1,0)^{\mathrm{T}}.$$

解　由 $\boldsymbol{Ax}=\boldsymbol{0}$ 的基础解系很容易写出 $\boldsymbol{Ax}=\boldsymbol{0}$ 的通解为

$$\boldsymbol{x}=\begin{pmatrix}x_1\\x_2\\x_3\\x_4\end{pmatrix}=k_1\begin{pmatrix}0\\1\\2\\3\end{pmatrix}+k_2\begin{pmatrix}3\\2\\1\\0\end{pmatrix}=\begin{pmatrix}3k_2\\k_1+2k_2\\2k_1+k_2\\3k_1\end{pmatrix}.$$

利用第三、第四个方程解出 k_1,k_2，即 $\begin{cases}2k_1+k_2=x_3,\\3k_1=x_4,\end{cases}$ 解得

$$k_1=\frac{1}{3}x_4,\quad k_2=x_3-\frac{2}{3}x_4.$$

再将 k_1,k_2 代入第一、第二个方程，得

$$\begin{cases}x_1=3\left(x_3-\dfrac{2}{3}x_4\right)=3x_3-2x_4,\\x_2=\dfrac{1}{3}x_4+2\left(x_3-\dfrac{2}{3}x_4\right)=2x_3-x_4,\end{cases}$$

即

$$\begin{cases}x_1\quad\quad-3x_3+2x_4=0,\\\quad\quad x_2-2x_3+x_4=0.\end{cases}$$

这就是所求的一个齐次线性方程组 $\boldsymbol{Ax}=\boldsymbol{0}$.

说明　由 $\boldsymbol{Ax}=\boldsymbol{0}$ 的基础解系知，基础解系中解向量的个数为 $s=n-R(\boldsymbol{A})=2$，而 $n=4$，故 $R(\boldsymbol{A})=n-s=4-2=2$.

2. 非齐次线性方程组 $\boldsymbol{Ax}=\boldsymbol{b}$ 解的结构

定义 4　方程组(5.1)的解称为方程组(5.1)的解向量.

下面讨论非齐次线性方程组 $\boldsymbol{Ax}=\boldsymbol{b}$ 的解向量的性质.

性质 2

① 若 $\boldsymbol{x}=\boldsymbol{\eta}_1,\boldsymbol{x}=\boldsymbol{\eta}_2$ 是方程组(5.1)的解，则 $\boldsymbol{x}=\boldsymbol{\eta}_1-\boldsymbol{\eta}_2$ 为对应齐次线性方程组 $\boldsymbol{Ax}=\boldsymbol{0}$ 的解.

证　只需证明 $\boldsymbol{x}=\boldsymbol{\eta}_1-\boldsymbol{\eta}_2$ 满足 $\boldsymbol{Ax}=\boldsymbol{0}$，显然

$$\boldsymbol{A}(\boldsymbol{\eta}_1-\boldsymbol{\eta}_2)=\boldsymbol{A\eta}_1-\boldsymbol{A\eta}_2=\boldsymbol{b}-\boldsymbol{b}=\boldsymbol{0}.$$

② 若 $\boldsymbol{x}=\boldsymbol{\eta}^*$ 是方程组(5.1)的解，$\boldsymbol{x}=\boldsymbol{y}$ 是对应齐次线性方程组 $\boldsymbol{Ax}=\boldsymbol{0}$ 的解，则 $\boldsymbol{x}=\boldsymbol{\eta}^*+\boldsymbol{y}$ 是方程组(5.1)的解.

证 只需证明 $\boldsymbol{x}=\boldsymbol{\eta}^*+\boldsymbol{y}$ 满足 $\boldsymbol{Ax}=\boldsymbol{b}$，显然

$$\boldsymbol{A}(\boldsymbol{\eta}^*+\boldsymbol{y})=\boldsymbol{A\eta}^*+\boldsymbol{Ay}=\boldsymbol{b}+\boldsymbol{0}=\boldsymbol{b}.$$

说明 ① 由性质2中的②知，若方程组(5.1)对应齐次线性方程组的通解为

$$\boldsymbol{y}=k_1\boldsymbol{\xi}_1+k_2\boldsymbol{\xi}_2+\cdots+k_{n-r}\boldsymbol{\xi}_{n-r},$$

则方程组(5.1)的通解为

$$\boldsymbol{x}=\boldsymbol{\eta}^*+\boldsymbol{y}=\boldsymbol{\eta}^*+k_1\boldsymbol{\xi}_1+k_2\boldsymbol{\xi}_2+\cdots+k_{n-r}\boldsymbol{\xi}_{n-r},$$

其中 $k_1,k_2,\cdots,k_{n-r}$ 为任意实数.

② 由 $\boldsymbol{Ax}=\boldsymbol{b}$ 的解向量的性质可知，若 $\boldsymbol{x}=\boldsymbol{\eta}_1,\boldsymbol{x}=\boldsymbol{\eta}_2$ 是方程组(5.1)的解，但 $\boldsymbol{x}=\boldsymbol{\eta}_1+\boldsymbol{\eta}_2$ 不是方程组(5.1)的解，则对向量的加法运算不封闭，故方程组(5.1)的解空间不构成向量空间.

下面讨论非齐次线性方程组的通解的求法.

例5 求非齐次线性方程组 $\begin{cases}x_1+x_2-3x_3-x_4=1,\\3x_1-x_2-3x_3+4x_4=4,\\x_1+5x_2-9x_3-8x_4=0\end{cases}$ 的通解.

解 将方程组的增广矩阵 $\overline{\boldsymbol{A}}$ 化为行最简形矩阵，即

$$\overline{\boldsymbol{A}}=\begin{pmatrix}1&1&-3&-1&1\\3&-1&-3&4&4\\1&5&-9&-8&0\end{pmatrix}\xrightarrow[r_3-r_1]{r_2-3r_1}\begin{pmatrix}1&1&-3&-1&1\\0&-4&6&7&1\\0&4&-6&-7&-1\end{pmatrix}$$

$$\xrightarrow{r_3+r_2}\begin{pmatrix}1&1&-3&-1&1\\0&-4&6&7&1\\0&0&0&0&0\end{pmatrix}\xrightarrow{-\frac{1}{4}r_2}\begin{pmatrix}1&1&-3&-1&1\\0&1&-\frac{3}{2}&-\frac{7}{4}&-\frac{1}{4}\\0&0&0&0&0\end{pmatrix}$$

$$\xrightarrow{r_1-r_2}\begin{pmatrix}1&0&-\frac{3}{2}&\frac{3}{4}&\frac{5}{4}\\0&1&-\frac{3}{2}&-\frac{7}{4}&-\frac{1}{4}\\0&0&0&0&0\end{pmatrix}.$$

由于 $R(\overline{\boldsymbol{A}})=R(\boldsymbol{A})=2<4$，因此原方程组有无穷多解，且对应齐次线性方程组的基础解系含 $4-2=2$ 个解向量. 由最后的行最简形矩阵得对应齐次线性方程组的同解方程组为

$$\begin{cases}x_1=\frac{3}{2}x_3-\frac{3}{4}x_4,\\x_2=\frac{3}{2}x_3+\frac{7}{4}x_4,\end{cases}$$

其中 x_3,x_4 为自由未知数. 取 $\begin{pmatrix}x_3\\x_4\end{pmatrix}=\begin{pmatrix}1\\0\end{pmatrix}$ 和 $\begin{pmatrix}0\\1\end{pmatrix}$, 得 $\begin{pmatrix}x_1\\x_2\end{pmatrix}=\begin{pmatrix}\frac{3}{2}\\\frac{3}{2}\end{pmatrix}$ 和 $\begin{pmatrix}-\frac{3}{4}\\\frac{7}{4}\end{pmatrix}$. 由此可得, 对应齐次线性方程组的基础解系为

$$\boldsymbol{\xi}_1=\begin{pmatrix}\frac{3}{2}\\\frac{3}{2}\\1\\0\end{pmatrix},\quad \boldsymbol{\xi}_2=\begin{pmatrix}-\frac{3}{4}\\\frac{7}{4}\\0\\1\end{pmatrix}.$$

而原方程组的同解方程组为

$$\begin{cases}x_1=\frac{3}{2}x_3-\frac{3}{4}x_4+\frac{5}{4},\\x_2=\frac{3}{2}x_3+\frac{7}{4}x_4-\frac{1}{4},\end{cases}$$

则原方程组的一个特解为 $\boldsymbol{\eta}^*=\begin{pmatrix}\frac{5}{4}\\-\frac{1}{4}\\0\\0\end{pmatrix}$, 从而原方程组的通解为

$$\boldsymbol{x}=\boldsymbol{\eta}^*+k_1\boldsymbol{\xi}_1+k_2\boldsymbol{\xi}_2,$$

其中 k_1,k_2 为任意实数.

例 6 求非齐次线性方程组 $\begin{cases}-2x_1+x_2+x_3=-2,\\x_1-2x_2+x_3=\lambda,\\x_1+x_2-2x_3=\lambda^2\end{cases}$ 的通解.

解 对方程组的增广矩阵 $\overline{\boldsymbol{A}}$ 施行初等行变换, 即

$$\overline{\boldsymbol{A}}=\begin{pmatrix}-2&1&1&-2\\1&-2&1&\lambda\\1&1&-2&\lambda^2\end{pmatrix}\xrightarrow{r_1\leftrightarrow r_2}\begin{pmatrix}1&-2&1&\lambda\\-2&1&1&-2\\1&1&-2&\lambda^2\end{pmatrix}$$

$$\xrightarrow[r_3-r_1]{r_2+2r_1}\begin{pmatrix}1&-2&1&\lambda\\0&-3&3&-2+2\lambda\\0&3&-3&\lambda^2-\lambda\end{pmatrix}\xrightarrow{r_3+r_2}\begin{pmatrix}1&-2&1&\lambda\\0&-3&3&2(\lambda-1)\\0&0&0&(\lambda+2)(\lambda-1)\end{pmatrix}.$$

由此可见:

① 当 $\lambda\neq1,\lambda\neq-2$ 时, 因为 $R(\boldsymbol{A})=2,R(\overline{\boldsymbol{A}})=3$, 所以原方程组无解.

② 当 $\lambda=1$ 时,

$$\overline{\mathbf{A}} \to \begin{pmatrix} 1 & -2 & 1 & 1 \\ 0 & -3 & 3 & 0 \\ 0 & 0 & 0 & 0 \end{pmatrix} \xrightarrow{-\frac{1}{3}r_2} \begin{pmatrix} 1 & -2 & 1 & 1 \\ 0 & 1 & -1 & 0 \\ 0 & 0 & 0 & 0 \end{pmatrix}$$

$$\xrightarrow{r_1+2r_2} \begin{pmatrix} 1 & 0 & -1 & 1 \\ 0 & 1 & -1 & 0 \\ 0 & 0 & 0 & 0 \end{pmatrix},$$

故原方程组的同解方程组为$\begin{cases} x_1 = 1 + x_3, \\ x_2 = x_3, \end{cases}$从而原方程组的通解为

$$\begin{pmatrix} x_1 \\ x_2 \\ x_3 \end{pmatrix} = \begin{pmatrix} 1 \\ 0 \\ 0 \end{pmatrix} + k \begin{pmatrix} 1 \\ 1 \\ 1 \end{pmatrix},$$

其中 k 为任意实数.

③ 当 $\lambda = -2$ 时,

$$\overline{\mathbf{A}} \to \begin{pmatrix} 1 & -2 & 1 & -2 \\ 0 & -3 & 3 & -6 \\ 0 & 0 & 0 & 0 \end{pmatrix} \xrightarrow{-\frac{1}{3}r_2} \begin{pmatrix} 1 & -2 & 1 & -2 \\ 0 & 1 & -1 & 2 \\ 0 & 0 & 0 & 0 \end{pmatrix}$$

$$\xrightarrow{r_1+2r_2} \begin{pmatrix} 1 & 0 & -1 & 2 \\ 0 & 1 & -1 & 2 \\ 0 & 0 & 0 & 0 \end{pmatrix},$$

故原方程组的同解方程组为$\begin{cases} x_1 = 2 + x_3, \\ x_2 = 2 + x_3, \end{cases}$从而原方程组的通解为

$$\begin{pmatrix} x_1 \\ x_2 \\ x_3 \end{pmatrix} = \begin{pmatrix} 2 \\ 2 \\ 0 \end{pmatrix} + k \begin{pmatrix} 1 \\ 1 \\ 1 \end{pmatrix},$$

其中 k 为任意实数.

例 7 求非齐次线性方程组$\begin{cases} \lambda x_1 + x_2 + x_3 = 1, \\ x_1 + \lambda x_2 + x_3 = \lambda, \\ x_1 + x_2 + \lambda x_3 = \lambda^2 \end{cases}$的通解.

解 对方程组的增广矩阵 $\overline{\mathbf{A}}$ 施行初等行变换,即

$$\overline{\mathbf{A}} = \begin{pmatrix} \lambda & 1 & 1 & 1 \\ 1 & \lambda & 1 & \lambda \\ 1 & 1 & \lambda & \lambda^2 \end{pmatrix} \xrightarrow{r_1 \leftrightarrow r_2} \begin{pmatrix} 1 & \lambda & 1 & \lambda \\ \lambda & 1 & 1 & 1 \\ 1 & 1 & \lambda & \lambda^2 \end{pmatrix}$$

$$\xrightarrow[r_3 - r_1]{r_2 - \lambda r_1} \begin{pmatrix} 1 & \lambda & 1 & \lambda \\ 0 & 1-\lambda^2 & 1-\lambda & 1-\lambda^2 \\ 0 & 1-\lambda & \lambda-1 & \lambda^2-\lambda \end{pmatrix} \xrightarrow[\frac{r_2}{1-\lambda}, \frac{r_3}{1-\lambda}]{\text{当}\lambda \neq 1\text{时}} \begin{pmatrix} 1 & \lambda & 1 & \lambda \\ 0 & 1+\lambda & 1 & 1+\lambda \\ 0 & 1 & -1 & -\lambda \end{pmatrix}$$

$$\xrightarrow[\frac{1}{1+\lambda}r_2]{\text{当}\lambda\neq-1\text{时}}\begin{pmatrix}1&\lambda&1&\lambda\\0&1&\frac{1}{\lambda+1}&1\\0&1&-1&-\lambda\end{pmatrix}\xrightarrow[r_3-r_2]{r_1-\lambda r_2}\begin{pmatrix}1&0&\frac{1}{\lambda+1}&0\\0&1&\frac{1}{\lambda+1}&1\\0&0&\frac{-(\lambda+2)}{\lambda+1}&-(\lambda+1)\end{pmatrix}$$

$$\xrightarrow[-\frac{\lambda+1}{\lambda+2}r_3]{\text{当}\lambda\neq-2\text{时}}\begin{pmatrix}1&0&\frac{1}{\lambda+1}&0\\0&1&\frac{1}{\lambda+1}&1\\0&0&1&\frac{(\lambda+1)^2}{\lambda+2}\end{pmatrix}\xrightarrow[r_2-\frac{1}{\lambda+1}r_3]{r_1-\frac{1}{\lambda+1}r_3}\begin{pmatrix}1&0&0&\frac{-(\lambda+1)}{\lambda+2}\\0&1&0&\frac{1}{\lambda+2}\\0&0&1&\frac{(\lambda+1)^2}{\lambda+2}\end{pmatrix}.$$

由此可见:

① 当 $\lambda\neq\pm1,\lambda\neq-2$ 时,原方程组有唯一解

$$x_1=-\frac{\lambda+1}{\lambda+2},\quad x_2=\frac{1}{\lambda+2},\quad x_3=\frac{(\lambda+1)^2}{\lambda+2}.$$

② 当 $\lambda=-1$ 时,

$$\overline{\mathbf{A}}=\begin{pmatrix}-1&1&1&1\\1&-1&1&-1\\1&1&-1&1\end{pmatrix}\xrightarrow[r_3+r_1]{r_2+r_1}\begin{pmatrix}-1&1&1&1\\0&0&2&0\\0&2&0&2\end{pmatrix}\xrightarrow{r_2\leftrightarrow r_3}\begin{pmatrix}-1&1&1&1\\0&2&0&2\\0&0&2&0\end{pmatrix}$$

$$\xrightarrow[\frac{1}{2}r_3]{-r_1,\frac{1}{2}r_2}\begin{pmatrix}1&-1&-1&-1\\0&1&0&1\\0&0&1&0\end{pmatrix}\xrightarrow[r_1+r_3]{r_1+r_2}\begin{pmatrix}1&0&0&0\\0&1&0&1\\0&0&1&0\end{pmatrix},$$

原方程组有唯一解 $x_1=0,x_2=1,x_3=0$.

此唯一解与 ① 的结果合并在一起可知,当 $\lambda\neq1,\lambda\neq-2$ 时,原方程组有唯一解

$$x_1=-\frac{\lambda+1}{\lambda+2},\quad x_2=\frac{1}{\lambda+2},\quad x_3=\frac{(\lambda+1)^2}{\lambda+2}.$$

③ 当 $\lambda=1$ 时,

$$\overline{\mathbf{A}}=\begin{pmatrix}1&1&1&1\\1&1&1&1\\1&1&1&1\end{pmatrix}\xrightarrow[r_3-r_1]{r_2-r_1}\begin{pmatrix}1&1&1&1\\0&0&0&0\\0&0&0&0\end{pmatrix},$$

故原方程组的同解方程组为 $x_1=1-x_2-x_3$,从而原方程组的通解为

$$\begin{pmatrix}x_1\\x_2\\x_3\end{pmatrix}=\begin{pmatrix}1\\0\\0\end{pmatrix}+k_1\begin{pmatrix}-1\\1\\0\end{pmatrix}+k_2\begin{pmatrix}-1\\0\\1\end{pmatrix},$$

其中 k_1,k_2 为任意实数.

④ 当 $\lambda=-2$ 时,

$$\overline{\mathbf{A}}=\begin{pmatrix}-2&1&1&1\\1&-2&1&-2\\1&1&-2&4\end{pmatrix}\xrightarrow{r_3+r_1+r_2}\begin{pmatrix}-2&1&1&1\\1&-2&1&-2\\0&0&0&3\end{pmatrix},$$

由于 $R(\mathbf{A})=2, R(\overline{\mathbf{A}})=3$，因此原方程组无解.

说明 利用初等变换法求非齐次线性方程组 $\mathbf{A}\boldsymbol{x}=\boldsymbol{b}$ 的通解的步骤，现归纳如下：

第一步，把增广矩阵 $\overline{\mathbf{A}}$ 化为行阶梯形矩阵，由此得出 $R(\mathbf{A})$ 与 $R(\overline{\mathbf{A}})$，若 $R(\mathbf{A})\neq R(\overline{\mathbf{A}})$，则 $\mathbf{A}\boldsymbol{x}=\boldsymbol{b}$ 无解.

第二步，若 $R(\mathbf{A})=R(\overline{\mathbf{A}})$，进一步化 $\overline{\mathbf{A}}$ 为行最简形矩阵，设 $R(\mathbf{A})=R(\overline{\mathbf{A}})=n$，即可写出 $\mathbf{A}\boldsymbol{x}=\boldsymbol{b}$ 的唯一解.

第三步，若 $R(\mathbf{A})=R(\overline{\mathbf{A}})=r<n$，$\mathbf{A}\boldsymbol{x}=\boldsymbol{b}$ 有无穷多解，首先求出其对应齐次线性方程组 $\mathbf{A}\boldsymbol{x}=\mathbf{0}$ 的基础解系 $\boldsymbol{\xi}_1,\boldsymbol{\xi}_2,\cdots,\boldsymbol{\xi}_{n-r}$，再求出 $\mathbf{A}\boldsymbol{x}=\boldsymbol{b}$ 的一个特解 $\boldsymbol{\eta}^*$，则 $\mathbf{A}\boldsymbol{x}=\boldsymbol{b}$ 的通解为

$$\boldsymbol{x}=k_1\boldsymbol{\xi}_1+k_2\boldsymbol{\xi}_2+\cdots+k_{n-r}\boldsymbol{\xi}_{n-r}+\boldsymbol{\eta}^*,$$

其中 $k_1,k_2,\cdots,k_{n-r}$ 为任意实数.

下面再举几例，以巩固对非齐次线性方程组的解法的理解.

例 8 设 $\boldsymbol{\eta}^*$ 是 $\mathbf{A}\boldsymbol{x}=\boldsymbol{b}$ 的一个解，$\boldsymbol{\xi}_1,\boldsymbol{\xi}_2,\cdots,\boldsymbol{\xi}_{n-r}$ 是对应的 $\mathbf{A}\boldsymbol{x}=\mathbf{0}$ 的基础解系，证明：

(1) $\boldsymbol{\eta}^*,\boldsymbol{\xi}_1,\boldsymbol{\xi}_2,\cdots,\boldsymbol{\xi}_{n-r}$ 线性无关；

(2) $\boldsymbol{\eta}^*,\boldsymbol{\eta}^*+\boldsymbol{\xi}_1,\boldsymbol{\eta}^*+\boldsymbol{\xi}_2,\cdots,\boldsymbol{\eta}^*+\boldsymbol{\xi}_{n-r}$ 线性无关.

证 (1) 用反证法证明. 假设 $\boldsymbol{\eta}^*,\boldsymbol{\xi}_1,\boldsymbol{\xi}_2,\cdots,\boldsymbol{\xi}_{n-r}$ 线性相关.

因 $\boldsymbol{\xi}_1,\boldsymbol{\xi}_2,\cdots,\boldsymbol{\xi}_{n-r}$ 是 $\mathbf{A}\boldsymbol{x}=\mathbf{0}$ 的基础解系，故 $\boldsymbol{\xi}_1,\boldsymbol{\xi}_2,\cdots,\boldsymbol{\xi}_{n-r}$ 线性无关. 而 $\boldsymbol{\eta}^*,\boldsymbol{\xi}_1,\boldsymbol{\xi}_2,\cdots,\boldsymbol{\xi}_{n-r}$ 线性相关，则存在数 $k_1,k_2,\cdots,k_{n-r}$，使得

$$\boldsymbol{\eta}^*=k_1\boldsymbol{\xi}_1+k_2\boldsymbol{\xi}_2+\cdots+k_{n-r}\boldsymbol{\xi}_{n-r},$$

从而

$$\mathbf{A}\boldsymbol{\eta}^*=\mathbf{A}(k_1\boldsymbol{\xi}_1+k_2\boldsymbol{\xi}_2+\cdots+k_{n-r}\boldsymbol{\xi}_{n-r})=k_1\mathbf{A}\boldsymbol{\xi}_1+k_2\mathbf{A}\boldsymbol{\xi}_2+\cdots+k_{n-r}\mathbf{A}\boldsymbol{\xi}_{n-r}=\mathbf{0}.$$

这与 $\mathbf{A}\boldsymbol{\eta}^*=\boldsymbol{b}$ 矛盾，故假设不成立，即 $\boldsymbol{\eta}^*,\boldsymbol{\xi}_1,\boldsymbol{\xi}_2,\cdots,\boldsymbol{\xi}_{n-r}$ 线性无关.

(2) 用等价向量组. 设有两向量组 $R:\boldsymbol{\eta}^*,\boldsymbol{\xi}_1,\boldsymbol{\xi}_2,\cdots,\boldsymbol{\xi}_{n-r}$；$S:\boldsymbol{\eta}^*,\boldsymbol{\eta}^*+\boldsymbol{\xi}_1,\boldsymbol{\eta}^*+\boldsymbol{\xi}_2,\cdots,\boldsymbol{\eta}^*+\boldsymbol{\xi}_{n-r}$，向量组 R,S 可以互相线性表示，则向量组 R,S 等价，其秩相等. 而 R 的秩为 $n-r+1$，故 S 的秩为 $n-r+1$，从而向量组 S 线性无关.

例 9 设 $\boldsymbol{A}\boldsymbol{x}=\boldsymbol{b}$ 的系数矩阵 $\boldsymbol{A}$ 的秩为 r，$\boldsymbol{\eta}_1,\boldsymbol{\eta}_2,\cdots,\boldsymbol{\eta}_{n-r+1}$ 是 $\boldsymbol{A}\boldsymbol{x}=\boldsymbol{b}$ 的 $n-r+1$ 个线性无关的解(由例 8 可知 $\boldsymbol{A}\boldsymbol{x}=\boldsymbol{b}$ 确有 $n-r+1$ 个线性无关解)，证明：$\boldsymbol{A}\boldsymbol{x}=\boldsymbol{b}$ 的任一解可表示为

$$\boldsymbol{x}=k_1\boldsymbol{\eta}_1+k_2\boldsymbol{\eta}_2+\cdots+k_{n-r+1}\boldsymbol{\eta}_{n-r+1},$$

其中 $k_1+k_2+\cdots+k_{n-r+1}=1$.

证 由题设 $R(\boldsymbol{A})=r$ 得 $\boldsymbol{A}\boldsymbol{x}=\boldsymbol{0}$ 的基础解系含有 $n-r$ 个向量. 设 $\boldsymbol{\xi}_1,\boldsymbol{\xi}_2,\cdots,\boldsymbol{\xi}_{n-r}$ 为 $\boldsymbol{A}\boldsymbol{x}=\boldsymbol{0}$ 的基础解系，又设 $\boldsymbol{\eta}$ 是 $\boldsymbol{A}\boldsymbol{x}=\boldsymbol{b}$ 的解，则由例 8 知 $\boldsymbol{\eta},\boldsymbol{\eta}+\boldsymbol{\xi}_1,\boldsymbol{\eta}+\boldsymbol{\xi}_2,\cdots,\boldsymbol{\eta}+\boldsymbol{\xi}_{n-r}$ 都是 $\boldsymbol{A}\boldsymbol{x}=\boldsymbol{b}$ 的解，且线性无关.

令 $\boldsymbol{\eta}_1=\boldsymbol{\eta},\boldsymbol{\eta}_2=\boldsymbol{\eta}+\boldsymbol{\xi}_1,\cdots,\boldsymbol{\eta}_{n-r+1}=\boldsymbol{\eta}+\boldsymbol{\xi}_{n-r}$. 设 $\boldsymbol{\beta}$ 是 $\boldsymbol{A}\boldsymbol{x}=\boldsymbol{b}$ 的任一解，则 $\boldsymbol{\beta}-\boldsymbol{\eta}$ 是 $\boldsymbol{A}\boldsymbol{x}=\boldsymbol{0}$ 的解，且 $\boldsymbol{\beta}-\boldsymbol{\eta}$ 可由 $\boldsymbol{\xi}_1,\boldsymbol{\xi}_2,\cdots,\boldsymbol{\xi}_{n-r}$ 线性表示，即

$$\boldsymbol{\beta}-\boldsymbol{\eta}=k_2\boldsymbol{\xi}_1+k_3\boldsymbol{\xi}_2+\cdots+k_{n-r+1}\boldsymbol{\xi}_{n-r}.$$

于是

$$\begin{aligned}\boldsymbol{\beta}&=\boldsymbol{\eta}+k_2\boldsymbol{\xi}_1+\cdots+k_{n-r+1}\boldsymbol{\xi}_{n-r}=\boldsymbol{\eta}_1+k_2(\boldsymbol{\eta}_2-\boldsymbol{\eta})+\cdots+k_{n-r+1}(\boldsymbol{\eta}_{n-r+1}-\boldsymbol{\eta})\\&=\boldsymbol{\eta}_1(1-k_2-\cdots-k_{n-r+1})+k_2\boldsymbol{\eta}_2+\cdots+k_{n-r+1}\boldsymbol{\eta}_{n-r+1}\\&=k_1\boldsymbol{\eta}_1+k_2\boldsymbol{\eta}_2+\cdots+k_{n-r+1}\boldsymbol{\eta}_{n-r+1}(\text{因为 } k_1+k_2+\cdots+k_{n-r+1}=1).\end{aligned}$$

例 10 已知向量 $\boldsymbol{\alpha}_1=(1,0,2,3),\boldsymbol{\alpha}_2=(1,1,3,5),\boldsymbol{\alpha}_3=(1,-1,a+2,1),\boldsymbol{\alpha}_4=(1,2,4,a+8)$ 及 $\boldsymbol{\beta}=(1,1,b+3,5)$，证明：

(1) 当 $a=-1,b\neq 0$ 时，$\boldsymbol{\beta}$ 不可由 $\boldsymbol{\alpha}_1,\boldsymbol{\alpha}_2,\boldsymbol{\alpha}_3,\boldsymbol{\alpha}_4$ 线性表示；

(2) 当 $a\neq -1$ 时，$\boldsymbol{\beta}$ 可由 $\boldsymbol{\alpha}_1,\boldsymbol{\alpha}_2,\boldsymbol{\alpha}_3,\boldsymbol{\alpha}_4$ 唯一地线性表示，并写出该表示式.

证 (1) 设 $\boldsymbol{\beta}=k_1\boldsymbol{\alpha}_1+k_2\boldsymbol{\alpha}_2+k_3\boldsymbol{\alpha}_3+k_4\boldsymbol{\alpha}_4$，则由同名坐标相等得

$$\begin{cases}k_1+k_2+k_3+k_4=1,\\ k_2-k_3+2k_4=1,\\ 2k_1+3k_2+(a+2)k_3+4k_4=b+3,\\ 3k_1+5k_2+k_3+(a+8)k_4=5.\end{cases}$$

对方程组的增广矩阵 $\overline{\boldsymbol{A}}$ 施行初等行变换，即

$$\overline{\boldsymbol{A}}=\begin{pmatrix}1&1&1&1&1\\0&1&-1&2&1\\2&3&a+2&4&b+3\\3&5&1&a+8&5\end{pmatrix}\xrightarrow[r_4-3r_1]{r_3-2r_1}\begin{pmatrix}1&1&1&1&1\\0&1&-1&2&1\\0&1&a&2&b+1\\0&2&-2&a+5&2\end{pmatrix}$$

$$\xrightarrow[r_4-2r_2]{r_3-r_2}\begin{pmatrix}1&1&1&1&1\\0&1&-1&2&1\\0&0&a+1&0&b\\0&0&0&a+1&0\end{pmatrix}=\boldsymbol{B},$$

故当 $a=-1,b\neq 0$ 时，$R(\boldsymbol{A})=2,R(\overline{\boldsymbol{A}})=3$，方程组无解，即 $\boldsymbol{\beta}$ 不可由 $\boldsymbol{\alpha}_1,\boldsymbol{\alpha}_2,\boldsymbol{\alpha}_3,\boldsymbol{\alpha}_4$ 线性表示.

(2) 当 $a \neq -1$ 时，

$$\boldsymbol{B} \xrightarrow[r_4/(a+1)]{\substack{r_1-r_2\\ r_3/(a+1)}} \begin{pmatrix} 1 & 0 & 2 & -1 & 0 \\ 0 & 1 & -1 & 2 & 1 \\ 0 & 0 & 1 & 0 & \dfrac{b}{a+1} \\ 0 & 0 & 0 & 1 & 0 \end{pmatrix} \xrightarrow[r_2+r_3]{r_1-2r_3} \begin{pmatrix} 1 & 0 & 0 & -1 & -\dfrac{2b}{a+1} \\ 0 & 1 & 0 & 2 & 1+\dfrac{b}{a+1} \\ 0 & 0 & 1 & 0 & \dfrac{b}{a+1} \\ 0 & 0 & 0 & 1 & 0 \end{pmatrix}$$

$$\xrightarrow[r_2-2r_4]{r_1+r_4} \begin{pmatrix} 1 & 0 & 0 & 0 & -\dfrac{2b}{a+1} \\ 0 & 1 & 0 & 0 & 1+\dfrac{b}{a+1} \\ 0 & 0 & 1 & 0 & \dfrac{b}{a+1} \\ 0 & 0 & 0 & 1 & 0 \end{pmatrix},$$

于是方程组有唯一解

$$k_1 = -\frac{2b}{a+1}, \quad k_2 = 1+\frac{b}{a+1}, \quad k_3 = \frac{b}{a+1}, \quad k_4 = 0,$$

即 $\boldsymbol{\beta}$ 可由 $\boldsymbol{\alpha}_1, \boldsymbol{\alpha}_2, \boldsymbol{\alpha}_3, \boldsymbol{\alpha}_4$ 线性表示,且

$$\boldsymbol{\beta} = -\frac{2b}{a+1}\boldsymbol{\alpha}_1 + \left(1+\frac{b}{a+1}\right)\boldsymbol{\alpha}_2 + \frac{b}{a+1}\boldsymbol{\alpha}_3 + 0\boldsymbol{\alpha}_4.$$

例 11 设有方程组

$$\begin{cases} x_1 - x_2 = a_1, \\ x_2 - x_3 = a_2, \\ x_3 - x_4 = a_3, \\ x_4 - x_5 = a_4, \\ x_5 - x_1 = a_5, \end{cases}$$

证明:方程组有解的充要条件是 $a_1 + a_2 + a_3 + a_4 + a_5 = 0$.

证 必要性 设 $x_1^0, x_2^0, x_3^0, x_4^0, x_5^0$ 为方程组的解,将其代入方程组,得

$$(x_1^0 - x_2^0) + (x_2^0 - x_3^0) + (x_3^0 - x_4^0) + (x_4^0 - x_5^0) + (x_5^0 - x_1^0)$$
$$= a_1 + a_2 + a_3 + a_4 + a_5,$$

即

$$0 = a_1 + a_2 + a_3 + a_4 + a_5.$$

充分性 由 $a_1 + a_2 + a_3 + a_4 + a_5 = 0$,得

$$a_5 = -(a_1 + a_2 + a_3 + a_4),$$

故由最后一个方程得

$$x_1=x_5-a_5=x_5+a_1+a_2+a_3+a_4,$$
$$x_2=x_1-a_1=x_5+a_2+a_3+a_4,$$
$$x_3=x_2-a_2=x_5+a_3+a_4,$$
$$x_4=x_3-a_3=x_5+a_4,$$

即方程组必有解.

例 12 设 $\boldsymbol{Ax}=\boldsymbol{b}$ 的系数矩阵的秩 $R(\boldsymbol{A})=2$，已知 $\boldsymbol{\eta}_1,\boldsymbol{\eta}_2,\boldsymbol{\eta}_3$ 是 $\boldsymbol{Ax}=\boldsymbol{b}$ 的三个解向量，且

$$\boldsymbol{\eta}_1=(2,3,4)^{\mathrm{T}},\quad \boldsymbol{\eta}_2+\boldsymbol{\eta}_3=(1,2,3)^{\mathrm{T}},$$

求 $\boldsymbol{Ax}=\boldsymbol{b}$ 的通解.

解　由题设 $R(\boldsymbol{A})=2,n=3$ 知，$\boldsymbol{Ax}=\boldsymbol{b}$ 对应齐次线性方程组 $\boldsymbol{Ax}=\boldsymbol{0}$ 的基础解系中向量个数 $s=n-R(\boldsymbol{A})=3-2=1$，选取这个向量为

$$(\boldsymbol{\eta}_1-\boldsymbol{\eta}_2)+(\boldsymbol{\eta}_1-\boldsymbol{\eta}_3)=2\boldsymbol{\eta}_1-(\boldsymbol{\eta}_2+\boldsymbol{\eta}_3)=(3,4,5)^{\mathrm{T}}.$$

若取 $\boldsymbol{\eta}_1$ 为 $\boldsymbol{Ax}=\boldsymbol{b}$ 的一个特解，则 $\boldsymbol{Ax}=\boldsymbol{b}$ 的通解为

$$\boldsymbol{x}=(2,3,4)^{\mathrm{T}}+k(3,4,5)^{\mathrm{T}},$$

其中 k 为任意实数.

例 13 设 $\boldsymbol{A}=(a_{ij})_{3\times3}$ 是正交矩阵，且 $a_{11}=1,\boldsymbol{b}=(1,0,0)^{\mathrm{T}}$，求 $\boldsymbol{Ax}=\boldsymbol{b}$ 的解.

解　由 $\boldsymbol{A}^{\mathrm{T}}\boldsymbol{A}=\boldsymbol{E}$，知 $|\boldsymbol{A}|\neq 0$，则 $\boldsymbol{A}$ 可逆，从而 $\boldsymbol{Ax}=\boldsymbol{b}$ 的解为

$$\boldsymbol{x}=\boldsymbol{A}^{-1}\boldsymbol{b}=\boldsymbol{A}^{\mathrm{T}}\boldsymbol{b}.$$

假设 $\boldsymbol{A}=\begin{pmatrix}1&a_{12}&a_{13}\\a_{21}&a_{22}&a_{23}\\a_{31}&a_{32}&a_{33}\end{pmatrix}$，由正交矩阵的性质知行（列）向量的坐标平方和均等于 1，而 $a_{11}=1$，故 $a_{12}=a_{13}=0,a_{21}=a_{31}=0$，则

$$\boldsymbol{x}=\boldsymbol{A}^{\mathrm{T}}\boldsymbol{b}=\begin{pmatrix}1&0&0\\0&a_{22}&a_{32}\\0&a_{23}&a_{33}\end{pmatrix}\begin{pmatrix}1\\0\\0\end{pmatrix}=\begin{pmatrix}1\\0\\0\end{pmatrix}.$$

§5.2 非齐次线性方程组与齐次线性方程组之间的关系

微课视频

定理 1 若 $\boldsymbol{Ax}=\boldsymbol{b}$ 有唯一解，则 $\boldsymbol{Ax}=\boldsymbol{0}$ 只有零解，反之不成立.

定理 2 若 $\boldsymbol{Ax}=\boldsymbol{b}$ 有无穷多解，则 $\boldsymbol{Ax}=\boldsymbol{0}$ 有非零解，反之不成立.

证　若 $\boldsymbol{A}\boldsymbol{x}=\boldsymbol{b}$ 有唯一解，则 $R(\boldsymbol{A})=R(\overline{\boldsymbol{A}})=n$，即 $R(\boldsymbol{A})=n$，这时 $\boldsymbol{A}\boldsymbol{x}=\boldsymbol{0}$ 只有零解.

若 $\boldsymbol{A}\boldsymbol{x}=\boldsymbol{b}$ 有无穷多解，则 $R(\boldsymbol{A})=R(\overline{\boldsymbol{A}})=r<n$，即 $R(\boldsymbol{A})=r<n$，这时 $\boldsymbol{A}\boldsymbol{x}=\boldsymbol{0}$ 有非零解.

但反之，由 $\boldsymbol{A}\boldsymbol{x}=\boldsymbol{0}$ 只有零解(或有非零解)不一定推出 $\boldsymbol{A}\boldsymbol{x}=\boldsymbol{b}$ 有解，因为 $R(\boldsymbol{A})$，$R(\overline{\boldsymbol{A}})$ 两者不一定相等.

§5.3 线性方程组的应用

微课视频

线性方程组广泛应用于经济学、社会学、人口统计学、遗传学、工程学以及物理学等领域. 例如，物理学中的传热问题、交通流量问题、经济学中的投入产出问题和几何中的位置关系问题等都可以转化成线性方程组的求解问题. 本节给出一些线性方程组的应用实例，希望读者通过这些实例了解数学建模的基本思想，进一步深入理解如何利用行列式、矩阵、向量等工具求解线性方程组.

1. 平板的稳态温度问题

例 1　在热传导研究中，确定平板的稳态温度分布是非常重要的问题. 根据傅里叶(Fourier)定律，只要测定一块矩形平板四周的温度就可以确定平板上各点的温度. 如图 5.1 所示的平板代表一条金属梁的截面，四周八个节点处的温度(单位：℃)已经标记出来，求中间四个节点的温度 T_1, T_2, T_3, T_4.

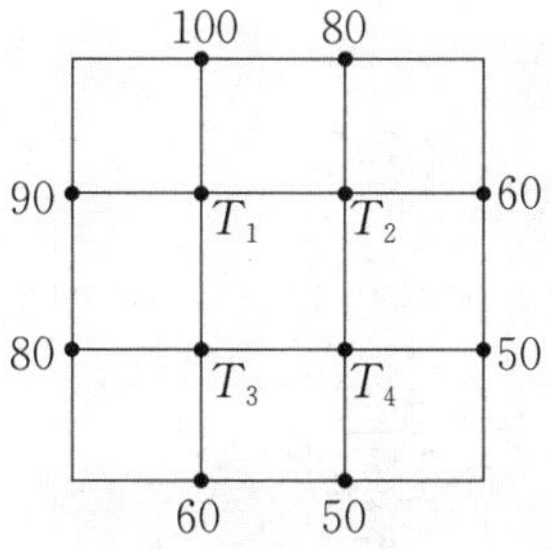

图 5.1

解　假设忽略垂直于该截面方向上的热传导现象，并且每个节点处的温度等于它相邻四个节点处的温度的平均值. 根据已知条件和上述假设，有如下方程组：

$$\begin{cases} T_1=\frac{1}{4}(90+100+T_2+T_3), \\ T_2=\frac{1}{4}(80+60+T_1+T_4), \\ T_3=\frac{1}{4}(60+80+T_1+T_4), \\ T_4=\frac{1}{4}(50+50+T_2+T_3), \end{cases}$$

整理得

$$\begin{cases} 4T_1-T_2-T_3=190, \\ -T_1+4T_2-T_4=140, \\ -T_1+4T_3-T_4=140, \\ -T_2-T_3+4T_4=100. \end{cases}$$

对方程组的增广矩阵 $\overline{\mathbf{A}}$ 施行初等行变换，即

$$\overline{\mathbf{A}}=\begin{pmatrix} 4 & -1 & -1 & 0 & 190 \\ -1 & 4 & 0 & -1 & 140 \\ -1 & 0 & 4 & -1 & 140 \\ 0 & -1 & -1 & 4 & 100 \end{pmatrix} \xrightarrow{r_1\leftrightarrow r_3} \begin{pmatrix} -1 & 0 & 4 & -1 & 140 \\ -1 & 4 & 0 & -1 & 140 \\ 4 & -1 & -1 & 0 & 190 \\ 0 & -1 & -1 & 4 & 100 \end{pmatrix}$$

$$\xrightarrow[r_3+4r_1]{r_2-r_1} \begin{pmatrix} -1 & 0 & 4 & -1 & 140 \\ 0 & 4 & -4 & 0 & 0 \\ 0 & -1 & 15 & -4 & 750 \\ 0 & -1 & -1 & 4 & 100 \end{pmatrix} \xrightarrow[\substack{r_3+r_2 \\ r_4+r_2}]{\frac{1}{4}r_2} \begin{pmatrix} -1 & 0 & 4 & -1 & 140 \\ 0 & 1 & -1 & 0 & 0 \\ 0 & 0 & 14 & -4 & 750 \\ 0 & 0 & -2 & 4 & 100 \end{pmatrix}$$

$$\xrightarrow[r_4+7r_3]{r_3\leftrightarrow r_4} \begin{pmatrix} -1 & 0 & 4 & -1 & 140 \\ 0 & 1 & -1 & 0 & 0 \\ 0 & 0 & -2 & 4 & 100 \\ 0 & 0 & 0 & 24 & 1\,450 \end{pmatrix} \xrightarrow[\frac{1}{24}r_4]{-\frac{1}{2}r_3} \begin{pmatrix} -1 & 0 & 4 & -1 & 140 \\ 0 & 1 & -1 & 0 & 0 \\ 0 & 0 & 1 & -2 & -50 \\ 0 & 0 & 0 & 1 & \frac{725}{12} \end{pmatrix}$$

$$\xrightarrow[r_1+r_4]{r_3+2r_4} \begin{pmatrix} -1 & 0 & 4 & 0 & \frac{2\,405}{12} \\ 0 & 1 & -1 & 0 & 0 \\ 0 & 0 & 1 & 0 & \frac{425}{6} \\ 0 & 0 & 0 & 1 & \frac{725}{12} \end{pmatrix} \xrightarrow[-r_1]{\substack{r_2+r_3 \\ r_1-4r_3}} \begin{pmatrix} 1 & 0 & 0 & 0 & \frac{995}{12} \\ 0 & 1 & 0 & 0 & \frac{425}{6} \\ 0 & 0 & 1 & 0 & \frac{425}{6} \\ 0 & 0 & 0 & 1 & \frac{725}{12} \end{pmatrix},$$

显然 $R(\overline{\mathbf{A}})=R(\mathbf{A})=4$，方程组有唯一解

$$T_1=\frac{995}{12}\approx 82.9167(℃),\quad T_2=\frac{425}{6}\approx 70.8333(℃),$$

$$T_3=\frac{425}{6}\approx 70.8333(℃),\quad T_4=\frac{725}{12}\approx 60.4167(℃).$$

2. 交通流量问题

例 2 图 5.2 所示是某地区的公路交通网络图,所有道路都是单行道,通行方向用箭头标明.图中标示的数据为每小时进出该交通网络的车辆数,试求每小时通过各路段的车流量(例如,x_1 表示每小时通过路段 AB 的车辆数),并简单解释所得到的结果.

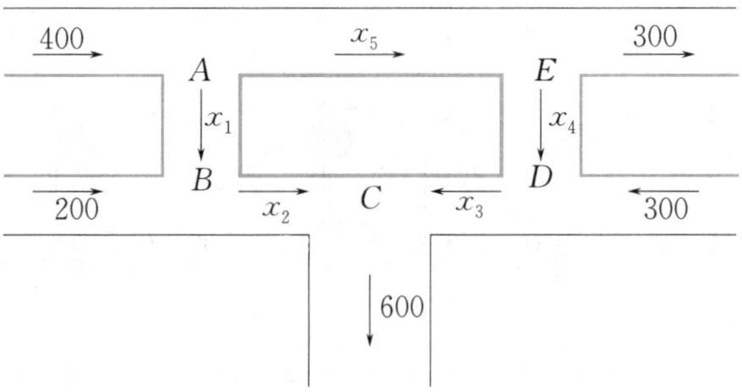

图 5.2

解 根据在每个交叉路口的车辆的流入量等于流出量的原则建立方程得

交叉路口 A:$400=x_1+x_5$,

交叉路口 B:$200+x_1=x_2$,

交叉路口 C:$x_2+x_3=600$,

交叉路口 D:$300+x_4=x_3$,

交叉路口 E:$x_5=300+x_4$,

整理得线性方程组

$$\begin{cases}x_1+x_5=400,\\ x_1-x_2=-200,\\ x_2+x_3=600,\\ x_3-x_4=300,\\ x_4-x_5=-300.\end{cases}$$

对方程组的增广矩阵 $\overline{\boldsymbol{A}}$ 施行初等行变换,即

$$\overline{\boldsymbol{A}}=\begin{pmatrix}1&0&0&0&1&400\\1&-1&0&0&0&-200\\0&1&1&0&0&600\\0&0&1&-1&0&300\\0&0&0&1&-1&-300\end{pmatrix}\xrightarrow{r_2-r_1}\begin{pmatrix}1&0&0&0&1&400\\0&-1&0&0&-1&-600\\0&1&1&0&0&600\\0&0&1&-1&0&300\\0&0&0&1&-1&-300\end{pmatrix}$$

$$\xrightarrow{r_3+r_2}\begin{pmatrix}1&0&0&0&1&400\\0&-1&0&0&-1&-600\\0&0&1&0&-1&0\\0&0&1&-1&0&300\\0&0&0&1&-1&-300\end{pmatrix}\xrightarrow[-r_2]{r_4-r_3}\begin{pmatrix}1&0&0&0&1&400\\0&1&0&0&1&600\\0&0&1&0&-1&0\\0&0&0&-1&1&300\\0&0&0&1&-1&-300\end{pmatrix}$$

$$\xrightarrow{r_5+r_4}\begin{pmatrix}1&0&0&0&1&400\\0&1&0&0&1&600\\0&0&1&0&-1&0\\0&0&0&-1&1&300\\0&0&0&0&0&0\end{pmatrix}\xrightarrow{-r_4}\begin{pmatrix}1&0&0&0&1&400\\0&1&0&0&1&600\\0&0&1&0&-1&0\\0&0&0&1&-1&-300\\0&0&0&0&0&0\end{pmatrix}.$$

方程组的同解方程组为

$$\begin{cases}x_1=-x_5+400,\\x_2=-x_5+600,\\x_3=x_5,\\x_4=x_5-300,\end{cases}$$

其中 x_5 为自由未知数,所以方程组的通解为

$$\begin{cases}x_1=400-c,\\x_2=600-c,\\x_3=c, & c\in\mathbf{R},\\x_4=c-300,\\x_5=c,\end{cases}$$

由于车流量不能为负值,因此 c 应满足 $300\leqslant c\leqslant 400$ 且为正整数.

显然,如果 $c=300$,则 $x_1=100,x_2=300,x_3=300,x_4=0,x_5=300$,说明由左上入口进入的400辆车,有100辆车走的 A-B-C 通道.如果 $c>300$,说明由左上入口进入的400辆车,有 $400-c$ 辆车走的 A-B-C 通道,其余车辆绕道走的 A-E-D-C 通道.

3. 投入产出问题

例 3 假设某经济系统由三个部门组成,它们分别是制造业、农业和服务业,已知它们之间的直接消耗系数及社会的最终需求量(单位:亿元)如表 5.1 所示,为使各经济部门总产值与内部需求和社会最终需求平衡,问:各经济部门的总产值(单位:亿元)应为多少?

表 5.1

直接消耗系数		消耗部门			最终需求量	总产值
		制造业	农业	服务业		
生产部门	制造业	0.4	0.35	0.2	40	x_1
	农业	0.3	0.4	0.15	18	x_2
	服务业	0.15	0.1	0.3	38	x_3

解 表中第一列表示制造业每生产 1 单位的产值有 0.4 单位用于制造业本身,0.3 单位和 0.15 单位分别用于农业和服务业;第二列和第三列含义类似. 社会对制造业、农业和服务业的最终需求分别为 40 亿元、18 亿元和 38 亿元. 因此,由三个部门总产值与总需求平衡,可得方程组

$$\begin{cases} x_1 = 0.4x_1 + 0.35x_2 + 0.2x_3 + 40, \\ x_2 = 0.3x_1 + 0.4x_2 + 0.15x_3 + 18, \\ x_3 = 0.15x_1 + 0.1x_2 + 0.3x_3 + 38, \end{cases}$$

整理得

$$\begin{cases} 0.6x_1 - 0.35x_2 - 0.2x_3 = 40, \\ -0.3x_1 + 0.6x_2 - 0.15x_3 = 18, \\ -0.15x_1 - 0.1x_2 + 0.7x_3 = 38. \end{cases}$$

对方程组的增广矩阵 $\overline{\boldsymbol{A}}$ 施行初等行变换,即

$$\overline{\boldsymbol{A}} = \begin{pmatrix} 0.6 & -0.35 & -0.2 & 40 \\ -0.3 & 0.6 & -0.15 & 18 \\ -0.15 & -0.1 & 0.7 & 38 \end{pmatrix} \to \begin{pmatrix} 1 & 0 & 0 & 200 \\ 0 & 1 & 0 & 160 \\ 0 & 0 & 1 & 120 \end{pmatrix},$$

从而可得 $\begin{cases} x_1 = 200, \\ x_2 = 160, \\ x_3 = 120. \end{cases}$

4. 位置关系问题

例 4 用线性方程组的有关理论讨论空间两个平面间的位置关系：

$$\Pi_1: A_1x+B_1y+C_1z+D_1=0;\quad \Pi_2: A_2x+B_2y+C_2z+D_2=0.$$

解 记方程组

$$\begin{cases} A_1x+B_1y+C_1z+D_1=0, \\ A_2x+B_2y+C_2z+D_2=0, \end{cases}$$

系数矩阵 $\boldsymbol{A}=\begin{pmatrix} A_1 & B_1 & C_1 \\ A_2 & B_2 & C_2 \end{pmatrix}$，增广矩阵 $\overline{\boldsymbol{A}}=\begin{pmatrix} A_1 & B_1 & C_1 & -D_1 \\ A_2 & B_2 & C_2 & -D_2 \end{pmatrix}$.

讨论：

(1) 若 $R(\boldsymbol{A})=2$，说明三个二阶子式中至少有一个不等于 0，由此得方程组的通解为 $\begin{pmatrix} x \\ y \\ z \end{pmatrix}=\begin{pmatrix} x_0 \\ y_0 \\ z_0 \end{pmatrix}+k\begin{pmatrix} m \\ n \\ p \end{pmatrix}$，其中 k 为任意常数，这时表示平面 Π_1 与 Π_2 相交成一直线.

(2) 若 $R(\boldsymbol{A})=1, R(\overline{\boldsymbol{A}})=2$，则方程组无解，这时表示平面 Π_1 与 Π_2 平行.

(3) 若 $R(\boldsymbol{A})=R(\overline{\boldsymbol{A}})=1$，则方程组有无穷多解，这时表示平面 Π_1 与 Π_2 重合.

习 题 五

1. 设 $\boldsymbol{Ax}=\boldsymbol{0}$ 由 n 个未知数、m 个方程所组成，$R(\boldsymbol{A})=r$，

(1) 问：方程组是否总有解？$\boldsymbol{Ax}=\boldsymbol{0}$ 是否总存在基础解系？基础解系是否唯一？基础解系中含有多少个解向量？

(2) 若 $\boldsymbol{Ax}=\boldsymbol{0}$ 的一个基础解系已知，问：$\boldsymbol{Ax}=\boldsymbol{0}$ 的通解为何种形式？

(3) 证明：若 $\boldsymbol{\xi}_1,\boldsymbol{\xi}_2,\boldsymbol{\xi}_3$ 是 $\boldsymbol{Ax}=\boldsymbol{0}$ 的一个基础解系，则 $\boldsymbol{\xi}_1+\boldsymbol{\xi}_2,\boldsymbol{\xi}_2+\boldsymbol{\xi}_3,\boldsymbol{\xi}_3+\boldsymbol{\xi}_1$ 也是 $\boldsymbol{Ax}=\boldsymbol{0}$ 的基础解系.

(4) 证明：若 $\boldsymbol{Ax}=\boldsymbol{0}$ 有非零解，且 $m=n$，则 $|\boldsymbol{A}|=0$.

2. 证明：空间三个向量 $\boldsymbol{\alpha}_1=(a_{11},a_{21},a_{31}),\boldsymbol{\alpha}_2=(a_{12},a_{22},a_{32}),\boldsymbol{\alpha}_3=(a_{13},a_{23},a_{33})$ 共面的充要条件是下列齐次线性方程组有非零解：

$$\begin{cases}a_{11}x_1+a_{12}x_2+a_{13}x_3=0,\\a_{21}x_1+a_{22}x_2+a_{23}x_3=0,\\a_{31}x_1+a_{32}x_2+a_{33}x_3=0.\end{cases}$$

3. 证明:与基础解系等价的线性无关向量组也是基础解系.

4. 设 $\boldsymbol{Ax}=\boldsymbol{0}$ 中 $R(\boldsymbol{A})=r$,证明:$\boldsymbol{Ax}=\boldsymbol{0}$ 的任意 $n-r$ 个线性无关解都是它的一个基础解系,其中 n 为 $\boldsymbol{Ax}=\boldsymbol{0}$ 的未知数的个数.

5. 设方程组

$$\begin{cases}a_{11}x_1+a_{12}x_2+\cdots+a_{1n}x_n=0,\\a_{21}x_1+a_{22}x_2+\cdots+a_{2n}x_n=0,\\\qquad\cdots\cdots\\a_{m1}x_1+a_{m2}x_2+\cdots+a_{mn}x_n=0\end{cases}$$

的解都是 $e_1x_1+e_2x_2+\cdots+e_nx_n=0$ 的解,证明:$\boldsymbol{\beta}=(e_1,e_2,\cdots,e_n)$ 可由 $\boldsymbol{\alpha}_1=(a_{11},a_{12},\cdots,a_{1n})$,$\boldsymbol{\alpha}_2=(a_{21},a_{22},\cdots,a_{2n})$,$\cdots$,$\boldsymbol{\alpha}_m=(a_{m1},a_{m2},\cdots,a_{mn})$ 线性表示.

6. 证明:$\boldsymbol{AB}=\boldsymbol{O}$ 的充要条件是 $\boldsymbol{B}$ 的每个列向量都是齐次线性方程组 $\boldsymbol{Ax}=\boldsymbol{0}$ 的解.

7. 写出一个以 $\boldsymbol{x}=k_1(2,-3,1,1)^{\mathrm{T}}+k_2(-2,4,0,1)^{\mathrm{T}}$ 为通解的齐次线性方程组.

8. 设矩阵 $\boldsymbol{A}=\begin{pmatrix}1&2&1&2\\0&1&t&t\\1&t&0&1\end{pmatrix}$,且 $\boldsymbol{Ax}=\boldsymbol{0}$ 的基础解系中含有两个解向量,求 $\boldsymbol{Ax}=\boldsymbol{0}$ 的通解.

9. 设矩阵 $\boldsymbol{A}=(a_{ij})_{n\times n}$,且 $|\boldsymbol{A}|=0$,但 $\boldsymbol{A}$ 中某元素 a_{kl} 的代数余子式 $A_{kl}\neq 0$,求 $\boldsymbol{Ax}=\boldsymbol{0}$ 的基础解系中解向量的个数 s(设 $1\leqslant k\leqslant n,1\leqslant l\leqslant n$).

10. 求下列齐次线性方程组的通解:

(1) $\begin{cases}2x_1+5x_2-5x_3=0,\\x_1+2x_2-3x_3=0,\\3x_1+5x_2-7x_3=0;\end{cases}$

(2) $\begin{cases}x_1+2x_2-x_3+3x_4=0,\\2x_1+5x_2-3x_3+8x_4=0,\\3x_1+4x_2-x_3+5x_4=0;\end{cases}$

(3) $\begin{cases}x_1-2x_2+5x_3-3x_4=0,\\x_1-x_2+4x_3-2x_4=0,\\-x_1+4x_2-7x_3+6x_4=0,\\2x_1-3x_2+9x_3-5x_4=0;\end{cases}$

(4) $\begin{cases}2x_1+x_2+3x_3+5x_4-5x_5=0,\\x_1+x_2+x_3+4x_4-3x_5=0,\\x_1-x_2+3x_3-2x_4-x_5=0,\\3x_1+x_2+5x_3+6x_4-7x_5=0.\end{cases}$

11. 求下列非齐次线性方程组的通解:

(1) $\begin{cases}x_1+x_2-x_3+2x_4=-1,\\2x_1+3x_2-x_3+3x_4=-4,\\3x_1+x_2-5x_3+8x_4=1;\end{cases}$

(2) $\begin{cases}2x_1+3x_2+x_3=4,\\x_1-2x_2+4x_3=-5,\\3x_1+8x_2-2x_3=13,\\4x_1-x_2+9x_3=-6;\end{cases}$

(3) $\begin{cases} x_1-x_2+2x_3+x_4=1, \\ 2x_1-x_2+x_3+2x_4=3, \\ x_1-x_3+2x_4=5, \\ 3x_1-x_2+3x_4=5; \end{cases}$ (4) $\begin{cases} x_1-x_2+x_3+2x_4-x_5=-1, \\ 2x_1+x_2+2x_3-x_4+x_5=2, \\ 4x_1-x_2+4x_3+3x_4-x_5=0. \end{cases}$

12. 求解线性方程组

$$\begin{cases} \lambda x_1+x_2-2x_3=1, \\ x_1+\lambda x_2-2x_3=1, \\ x_1+x_2-2\lambda x_3=-2. \end{cases}$$

13. 问:当 k 取何值时,线性方程组

$$\begin{cases} 2x_1-x_2+x_3+x_4=1, \\ x_1+2x_2-x_3+4x_4=2, \\ x_1+7x_2-4x_3+11x_4=k \end{cases}$$

有解?

14. 问:当 k 取何值时,线性方程组

$$\begin{cases} 2x_1+kx_2-x_3=1, \\ kx_1-x_2+x_3=2, \\ 4x_1+5x_2-5x_3=-1 \end{cases}$$

无解、有唯一解或有无穷多解?当有无穷多解时求其通解.

15. 设 $\boldsymbol{A}\boldsymbol{x}=\boldsymbol{b}$ 由 n 个未知数、m 个方程所组成.

(1) 若 $R(\boldsymbol{A})=R(\overline{\boldsymbol{A}})=r=m<n$,则 $\boldsymbol{A}\boldsymbol{x}=\boldsymbol{b}$ 是否必有解?若有解,是唯一解还是无穷多解?

(2) 若 $R(\boldsymbol{A})=R(\overline{\boldsymbol{A}})=r=m=n$,则 $\boldsymbol{A}\boldsymbol{x}=\boldsymbol{b}$ 是否必有解?若有解,是唯一解还是无穷多解?

(3) 若 $\boldsymbol{A}\boldsymbol{x}=\boldsymbol{0}$ 只有零解,则 $\boldsymbol{A}\boldsymbol{x}=\boldsymbol{b}$ 有唯一解是否正确?

16. 设有三维列向量

$$\boldsymbol{\alpha}_1=(1+\lambda,1,1)^{\mathrm{T}},\quad \boldsymbol{\alpha}_2=(1,1+\lambda,1)^{\mathrm{T}},\quad \boldsymbol{\alpha}_3=(1,1,1+\lambda)^{\mathrm{T}},\quad \boldsymbol{\beta}=(0,\lambda,\lambda^2)^{\mathrm{T}}.$$

证明:

(1) 当 $\lambda\neq 0$ 且 $\lambda\neq -3$ 时,$\boldsymbol{\beta}$ 可由 $\boldsymbol{\alpha}_1,\boldsymbol{\alpha}_2,\boldsymbol{\alpha}_3$ 线性表示,且表示式唯一.

(2) 当 $\lambda=0$ 时,$\boldsymbol{\beta}$ 可由 $\boldsymbol{\alpha}_1,\boldsymbol{\alpha}_2,\boldsymbol{\alpha}_3$ 线性表示,但表示式不唯一.

(3) 当 $\lambda=-3$ 时,$\boldsymbol{\beta}$ 不能由 $\boldsymbol{\alpha}_1,\boldsymbol{\alpha}_2,\boldsymbol{\alpha}_3$ 线性表示.

17. 设 $\boldsymbol{\eta}_1,\boldsymbol{\eta}_2,\cdots,\boldsymbol{\eta}_t$ 是 $\boldsymbol{A}\boldsymbol{x}=\boldsymbol{b}$ 的 t 个解,$k_1,k_2,\cdots,k_t$ 为任意实数,且满足 $k_1+k_2+\cdots+k_t=1$,证明:$\boldsymbol{x}=k_1\boldsymbol{\eta}_1+k_2\boldsymbol{\eta}_2+\cdots+k_t\boldsymbol{\eta}_t$ 也是 $\boldsymbol{A}\boldsymbol{x}=\boldsymbol{b}$ 的解.

18\. 设方程组 $\begin{cases} x_1+x_2 = -a_1, \\ x_2+x_3 = a_2, \\ x_3+x_4 = -a_3, \\ x_4+x_1 = a_4 \end{cases}$ 有解，证明：任意实数 a_1,a_2,a_3,a_4 应满足的条件为

$$a_1+a_2+a_3+a_4=0.$$

19\. 设 $\boldsymbol{A}$ 为 4×3 矩阵，$\boldsymbol{\eta}_1,\boldsymbol{\eta}_2,\boldsymbol{\eta}_3$ 是 $\boldsymbol{Ax}=\boldsymbol{b}$ 的三个线性无关的解，k_1,k_2 为任意实数，证明：$\boldsymbol{Ax}=\boldsymbol{b}$ 的通解为 $\dfrac{\boldsymbol{\eta}_2+\boldsymbol{\eta}_3}{2}+k_1(\boldsymbol{\eta}_3-\boldsymbol{\eta}_1)+k_2(\boldsymbol{\eta}_2-\boldsymbol{\eta}_1)$.

20\. 求线性方程组

$$\begin{cases} x_1+x_2=5, \\ 2x_1+x_2+x_3+2x_4=1, \\ 5x_1+3x_2+2x_3+2x_4=3 \end{cases}$$

的一个解及对应齐次线性方程组的基础解系.

21\. 设矩阵 $\boldsymbol{A}=(\boldsymbol{\alpha}_1,\boldsymbol{\alpha}_2,\boldsymbol{\alpha}_3,\boldsymbol{\alpha}_4)$，其中 $\boldsymbol{\alpha}_1=2\boldsymbol{\alpha}_2-\boldsymbol{\alpha}_3$，并且 $\boldsymbol{\alpha}_2,\boldsymbol{\alpha}_3,\boldsymbol{\alpha}_4$ 线性无关，向量 $\boldsymbol{b}=\boldsymbol{\alpha}_1+\boldsymbol{\alpha}_2+\boldsymbol{\alpha}_3+\boldsymbol{\alpha}_4$，求 $\boldsymbol{Ax}=\boldsymbol{b}$ 的通解.

22\. 四元线性方程组 $\boldsymbol{Ax}=\boldsymbol{b}$ 中 $R(\boldsymbol{A})=3$，设 $\boldsymbol{\eta}_1,\boldsymbol{\eta}_2,\boldsymbol{\eta}_3$ 是 $\boldsymbol{Ax}=\boldsymbol{b}$ 的三个解向量，且 $\boldsymbol{\eta}_1=(2,3,4,5)^{\mathrm{T}}$，$\boldsymbol{\eta}_2+\boldsymbol{\eta}_3=(1,2,3,4)^{\mathrm{T}}$，求 $\boldsymbol{Ax}=\boldsymbol{b}$ 的通解.

23\. 100 只鸡吃 100 把草，小鸡 3 只吃 1 把，母鸡每只吃 3 把，公鸡每只吃 7 把，求小鸡、母鸡和公鸡的只数.

本章小结

第六章　特征值与特征向量

在理论研究和实际应用中一些问题，如振动问题和稳定性问题，常常归结为求解一个方阵的特征值与特征向量的问题．数学中求方阵的幂、解微分方程等问题，也要用到特征值与特征向量的理论．本章给出方阵的特征值与特征向量的定义及性质，重点讨论方阵的相似对角化及实对称矩阵的正交相似对角化，最后讨论特征值与特征向量的应用．

课程思政案例

知识结构

§6.1 方阵的特征值与特征向量

1. 基本概念

微课视频

定义 1 设 $\boldsymbol{A}$ 为 n 阶方阵. 若存在一个数 λ 及非零 n 维向量 $\boldsymbol{\alpha}$, 使得

$$\boldsymbol{A\alpha}=\lambda\boldsymbol{\alpha} \tag{6.1}$$

成立, 则称 λ 是方阵 $\boldsymbol{A}$ 的一个特征值, 非零向量 $\boldsymbol{\alpha}$ 是 $\boldsymbol{A}$ 的属于特征值 λ 的一个特征向量.

定义 2 设方阵 $\boldsymbol{A}=(a_{ij})_{n\times n}$, 则称

$$|\boldsymbol{A}-\lambda\boldsymbol{E}|=\begin{vmatrix} a_{11}-\lambda & a_{12} & \cdots & a_{1n} \\ a_{21} & a_{22}-\lambda & \cdots & a_{2n} \\ \vdots & \vdots & & \vdots \\ a_{n1} & a_{n2} & \cdots & a_{nn}-\lambda \end{vmatrix} \tag{6.2}$$

为 $\boldsymbol{A}$ 的特征多项式, 称 $|\boldsymbol{A}-\lambda\boldsymbol{E}|=0$ 为 $\boldsymbol{A}$ 的特征方程, 称特征方程的根为 $\boldsymbol{A}$ 的特征值(或 $\boldsymbol{A}$ 的特征根).

说明 由 $\boldsymbol{A\alpha}=\lambda\boldsymbol{\alpha}$, 得 $(\boldsymbol{A}-\lambda\boldsymbol{E})\boldsymbol{\alpha}=\boldsymbol{0}(\boldsymbol{\alpha}\neq\boldsymbol{0})$, $\boldsymbol{\alpha}$ 是 $(\boldsymbol{A}-\lambda\boldsymbol{E})\boldsymbol{x}=\boldsymbol{0}$ 的非零解, 故: ① 由 $|\boldsymbol{A}-\lambda\boldsymbol{E}|=0$ 求方阵 $\boldsymbol{A}$ 的特征值 λ_i(共 n 个, k 重根算 k 个特征值); ② 由 $(\boldsymbol{A}-\lambda_i\boldsymbol{E})\boldsymbol{x}=\boldsymbol{0}(i=1,2,\cdots,n)$ 求基础解系, 即得 $\boldsymbol{A}$ 的属于 λ_i 的特征向量.

定理 1 属于不同特征值的特征向量线性无关.

证 用数学归纳法证明. 设方阵 $\boldsymbol{A}$ 有 m 个特征值.

当 $m=1$ 时, 因为特征向量不为 $\boldsymbol{0}$, 所以定理成立.

设 $\boldsymbol{A}$ 有 $m-1$ 个互不相同的特征值 $\lambda_1,\lambda_2,\cdots,\lambda_{m-1}$, 其对应的特征向量 $\boldsymbol{\alpha}_1,\boldsymbol{\alpha}_2,\cdots,\boldsymbol{\alpha}_{m-1}$ 线性无关. 现证明对 m 个互不相同的特征值 $\lambda_1,\lambda_2,\cdots,\lambda_{m-1},\lambda_m$, 其对应的特征向量 $\boldsymbol{\alpha}_1,\boldsymbol{\alpha}_2,\cdots,\boldsymbol{\alpha}_{m-1},\boldsymbol{\alpha}_m$ 线性无关.

设

$$k_1\boldsymbol{\alpha}_1+k_2\boldsymbol{\alpha}_2+\cdots+k_{m-1}\boldsymbol{\alpha}_{m-1}+k_m\boldsymbol{\alpha}_m=\boldsymbol{0} \quad ①$$

成立, 以方阵 $\boldsymbol{A}$ 左乘 ① 式两边, 由 $\boldsymbol{A\alpha}_i=\lambda\boldsymbol{\alpha}_i(i=1,2,\cdots,m-1,m)$, 得

$$k_1\lambda_1\boldsymbol{\alpha}_1+k_2\lambda_2\boldsymbol{\alpha}_2+\cdots+k_{m-1}\lambda_{m-1}\boldsymbol{\alpha}_{m-1}+k_m\lambda_m\boldsymbol{\alpha}_m=\boldsymbol{0}, \quad ②$$

联立 ①, ② 两式, 并消去 $\boldsymbol{\alpha}_m$, 得

$$k_1(\lambda_1-\lambda_m)\boldsymbol{\alpha}_1+k_2(\lambda_2-\lambda_m)\boldsymbol{\alpha}_2+\cdots+k_{m-1}(\lambda_{m-1}-\lambda_m)\boldsymbol{\alpha}_{m-1}=\boldsymbol{0}.$$

利用数学归纳法所设 $\boldsymbol{\alpha}_1,\boldsymbol{\alpha}_2,\cdots,\boldsymbol{\alpha}_{m-1}$ 线性无关, 则

$$k_i(\lambda_i-\lambda_m)=0 \quad (i=1,2,\cdots,m-1).$$

因为$\lambda_i - \lambda_m \neq 0 (i=1,2,\cdots,m-1)$，所以

$$k_1 = k_2 = \cdots = k_{m-1} = 0.$$

这样 ① 式化为$k_m \boldsymbol{\alpha}_m = \mathbf{0}$，而$\boldsymbol{\alpha}_m \neq \mathbf{0}$，故$k_m = 0$，从而$\boldsymbol{\alpha}_1, \boldsymbol{\alpha}_2, \cdots, \boldsymbol{\alpha}_{m-1}, \boldsymbol{\alpha}_m$线性无关.

下面介绍方阵$\boldsymbol{A}$的特征值与特征向量的一些简单性质.

性质 1

① n阶方阵有n个特征值（k重根算k个特征值），但不一定有n个线性无关的特征向量.

② 一个特征向量只能属于一个特征值.

③ 属于同一个特征值的特征向量，其非零线性组合仍是这个特征值的特征向量（即属于同一个特征值的特征向量不唯一）.

④ k重特征值至多有k个线性无关的特征向量.

⑤ $|\boldsymbol{A}| = \lambda_1 \lambda_2 \cdots \lambda_n$，$\sum_{i=1}^{n} a_{ii} = \sum_{i=1}^{n} \lambda_i$，其中$\lambda_1, \lambda_2, \cdots, \lambda_n$为$\boldsymbol{A}$的特征值，$a_{ii} (i=1,2,\cdots,n)$为$\boldsymbol{A}$的主对角线元素.

例 1 求方阵

$$\boldsymbol{A} = \begin{pmatrix} 1 & 1 & 1 \\ 1 & -1 & -1 \\ 1 & -1 & 1 \end{pmatrix}.$$

的特征值与特征向量.

解

$$|\boldsymbol{A} - \lambda \boldsymbol{E}| = \begin{vmatrix} 1-\lambda & 1 & 1 \\ 1 & -1-\lambda & -1 \\ 1 & -1 & 1-\lambda \end{vmatrix}$$

$$\xlongequal[r_3 - r_2]{r_1 - (1-\lambda) r_2} \begin{vmatrix} 0 & 1+(1-\lambda^2) & 1+(1-\lambda) \\ 1 & -1-\lambda & -1 \\ 0 & \lambda & 2-\lambda \end{vmatrix}$$

$$= (-1)(2-\lambda) \begin{vmatrix} 2-\lambda^2 & 1 \\ \lambda & 1 \end{vmatrix} = -(2-\lambda)(2-\lambda^2-\lambda)$$

$$= (2-\lambda)(\lambda^2+\lambda-2) = (2-\lambda)(\lambda-1)(\lambda+2) = 0,$$

解得三个特征值分别为$\lambda_1 = 1, \lambda_2 = 2, \lambda_3 = -2$.

下面求各特征值所对应的特征向量.

① 当$\lambda_1 = 1$时，将$\lambda_1 = 1$代入$(\boldsymbol{A} - \lambda \boldsymbol{E}) \boldsymbol{x} = \mathbf{0}$，得方程组$(\boldsymbol{A} - \boldsymbol{E}) \boldsymbol{x} = \mathbf{0}$，即

$$\begin{pmatrix} 0 & 1 & 1 \\ 1 & -2 & -1 \\ 1 & -1 & 0 \end{pmatrix} \begin{pmatrix} x_1 \\ x_2 \\ x_3 \end{pmatrix} = \begin{pmatrix} 0 \\ 0 \\ 0 \end{pmatrix}.$$

由

$$A-E=\begin{pmatrix}0&1&1\\1&-2&-1\\1&-1&0\end{pmatrix}\xrightarrow{r_1\leftrightarrow r_3}\begin{pmatrix}1&-1&0\\1&-2&-1\\0&1&1\end{pmatrix}\xrightarrow{r_2-r_1}\begin{pmatrix}1&-1&0\\0&-1&-1\\0&1&1\end{pmatrix}$$

$$\xrightarrow[-r_2]{r_3+r_2}\begin{pmatrix}1&-1&0\\0&1&1\\0&0&0\end{pmatrix}\xrightarrow{r_1+r_2}\begin{pmatrix}1&0&1\\0&1&1\\0&0&0\end{pmatrix},$$

得同解方程组为$\begin{cases}x_1=-x_3,\\x_2=-x_3,\end{cases}$从而$(A-E)x=0$的基础解系为$\xi_1=(-1,-1,1)^T$，故属于$\lambda_1=1$的全部特征向量为

$$k_1\xi_1=k_1(-1,-1,1)^T,$$

其中k_1为任意非零实数.

② 当$\lambda_2=2$时，将$\lambda_2=2$代入$(A-\lambda E)x=0$，得方程组$(A-2E)x=0$，即

$$\begin{pmatrix}-1&1&1\\1&-3&-1\\1&-1&-1\end{pmatrix}\begin{pmatrix}x_1\\x_2\\x_3\end{pmatrix}=\begin{pmatrix}0\\0\\0\end{pmatrix}.$$

由

$$A-2E=\begin{pmatrix}-1&1&1\\1&-3&-1\\1&-1&-1\end{pmatrix}\xrightarrow[-r_1]{\substack{r_2+r_1\\r_3+r_1}}\begin{pmatrix}1&-1&-1\\0&-2&0\\0&0&0\end{pmatrix}\xrightarrow[r_1+r_2]{-\frac{1}{2}r_2}\begin{pmatrix}1&0&-1\\0&1&0\\0&0&0\end{pmatrix},$$

得同解方程组为$\begin{cases}x_1=x_3,\\x_2=0,\end{cases}$从而$(A-2E)x=0$的基础解系为$\xi_2=(1,0,1)^T$，故属于$\lambda_2=2$的全部特征向量为

$$k_2\xi_2=k_2(1,0,1)^T,$$

其中k_2为任意非零实数.

③ 当$\lambda_3=-2$时，将$\lambda_3=-2$代入$(A-\lambda E)x=0$，得方程组$(A+2E)x=0$，即

$$\begin{pmatrix}3&1&1\\1&1&-1\\1&-1&3\end{pmatrix}\begin{pmatrix}x_1\\x_2\\x_3\end{pmatrix}=\begin{pmatrix}0\\0\\0\end{pmatrix}.$$

由

$$A+2E=\begin{pmatrix}3&1&1\\1&1&-1\\1&-1&3\end{pmatrix}\xrightarrow{r_1\leftrightarrow r_2}\begin{pmatrix}1&1&-1\\3&1&1\\1&-1&3\end{pmatrix}\xrightarrow[r_3-r_1]{r_2-3r_1}\begin{pmatrix}1&1&-1\\0&-2&4\\0&-2&4\end{pmatrix}$$

$$\xrightarrow[-\frac{1}{2}r_2]{r_3-r_2}\begin{pmatrix}1&1&-1\\0&1&-2\\0&0&0\end{pmatrix}\xrightarrow{r_1-r_2}\begin{pmatrix}1&0&1\\0&1&-2\\0&0&0\end{pmatrix},$$

得同解方程组为$\begin{cases}x_1=-x_3,\\x_2=2x_3,\end{cases}$从而$(\boldsymbol{A}+2\boldsymbol{E})\boldsymbol{x}=\boldsymbol{0}$的基础解系为$\boldsymbol{\xi}_3=(-1,2,1)^{\mathrm{T}}$，故属于$\lambda_3=-2$的全部特征向量为

$$k_3\boldsymbol{\xi}_3=k_3(-1,2,1)^{\mathrm{T}},$$

其中k_3为任意非零实数.

例 2 求方阵

$$\boldsymbol{B}=\begin{pmatrix}-2&0&1\\0&0&0\\4&0&-2\end{pmatrix}$$

的特征值与特征向量.

解 由

$$|\boldsymbol{B}-\lambda\boldsymbol{E}|=\begin{vmatrix}-2-\lambda&0&1\\0&-\lambda&0\\4&0&-2-\lambda\end{vmatrix}=-\lambda^2(\lambda+4)=0,$$

得方阵$\boldsymbol{B}$的三个特征值分别为$\lambda_1=\lambda_2=0,\lambda_3=-4$.

当$\lambda_1=\lambda_2=0$时，由

$$\boldsymbol{B}-0\boldsymbol{E}=\boldsymbol{B}=\begin{pmatrix}-2&0&1\\0&0&0\\4&0&-2\end{pmatrix}\xrightarrow[-\frac{1}{2}r_1]{r_3+2r_1}\begin{bmatrix}1&0&-\frac{1}{2}\\0&0&0\\0&0&0\end{bmatrix},$$

得方程组$(\boldsymbol{B}-0\boldsymbol{E})\boldsymbol{x}=\boldsymbol{0}$的基础解系为

$$\boldsymbol{\xi}_1=(0,1,0)^{\mathrm{T}},\quad \boldsymbol{\xi}_2=\left(\frac{1}{2},0,1\right)^{\mathrm{T}},$$

故属于$\lambda_1=\lambda_2=0$的全部特征向量为

$$k_1\boldsymbol{\xi}_1+k_2\boldsymbol{\xi}_2=k_1(0,1,0)^{\mathrm{T}}+k_2\left(\frac{1}{2},0,1\right)^{\mathrm{T}},$$

其中k_1,k_2为不全为0的任意实数.

当$\lambda_3=-4$时，由

$$\boldsymbol{B}+4\boldsymbol{E}=\begin{pmatrix}2&0&1\\0&4&0\\4&0&2\end{pmatrix}\xrightarrow[\frac{1}{4}r_2]{r_3-2r_1}\begin{pmatrix}2&0&1\\0&1&0\\0&0&0\end{pmatrix}\xrightarrow{\frac{1}{2}r_1}\begin{bmatrix}1&0&\frac{1}{2}\\0&1&0\\0&0&0\end{bmatrix},$$

得方程组$(\boldsymbol{B}+4\boldsymbol{E})\boldsymbol{x}=\boldsymbol{0}$的基础解系为

$$\boldsymbol{\xi}_3=\left(-\frac{1}{2},0,1\right)^{\mathrm{T}},$$

故属于$\lambda_3=-4$的全部特征向量为

$$k_3\boldsymbol{\xi}_3=k_3\left(-\frac{1}{2},0,1\right)^{\mathrm{T}},$$

其中 k_3 为任意非零实数.

例 3 求方阵

$$\boldsymbol{C}=\begin{pmatrix}-1&1&0\\-4&3&0\\1&0&2\end{pmatrix}$$

的特征值与特征向量.

解 由

$$|\boldsymbol{C}-\lambda\boldsymbol{E}|=\begin{vmatrix}-1-\lambda&1&0\\-4&3-\lambda&0\\1&0&2-\lambda\end{vmatrix}=(2-\lambda)(\lambda-1)^2=0,$$

得方阵 $\boldsymbol{C}$ 的三个特征值分别为 $\lambda_1=2,\lambda_2=\lambda_3=1$.

当 $\lambda_1=2$ 时,由

$$\boldsymbol{C}-2\boldsymbol{E}=\begin{pmatrix}-3&1&0\\-4&1&0\\1&0&0\end{pmatrix}\xrightarrow[r_3+3r_1]{\substack{r_1\leftrightarrow r_3\\ r_2+4r_1}}\begin{pmatrix}1&0&0\\0&1&0\\0&1&0\end{pmatrix}\xrightarrow{r_3-r_2}\begin{pmatrix}1&0&0\\0&1&0\\0&0&0\end{pmatrix},$$

得方程组 $(\boldsymbol{C}-2\boldsymbol{E})\boldsymbol{x}=\boldsymbol{0}$ 的基础解系为

$$\boldsymbol{\xi}_1=(0,0,1)^{\mathrm{T}},$$

故属于 $\lambda_1=2$ 的全部特征向量为

$$k_1\boldsymbol{\xi}_1=k_1(0,0,1)^{\mathrm{T}},$$

其中 k_1 为任意非零实数.

当 $\lambda_2=\lambda_3=1$ 时,由

$$\boldsymbol{C}-\boldsymbol{E}=\begin{pmatrix}-2&1&0\\-4&2&0\\1&0&1\end{pmatrix}\xrightarrow{r_1\leftrightarrow r_3}\begin{pmatrix}1&0&1\\-4&2&0\\-2&1&0\end{pmatrix}\xrightarrow[r_3+2r_1]{r_2+4r_1}\begin{pmatrix}1&0&1\\0&2&4\\0&1&2\end{pmatrix}$$

$$\xrightarrow[\frac{1}{2}r_2]{r_3-\frac{1}{2}r_2}\begin{pmatrix}1&0&1\\0&1&2\\0&0&0\end{pmatrix},$$

得方程组 $(\boldsymbol{C}-\boldsymbol{E})\boldsymbol{x}=\boldsymbol{0}$ 的基础解系为

$$\boldsymbol{\xi}_2=(1,2,-1)^{\mathrm{T}},$$

故属于 $\lambda_2=\lambda_3=1$ 的全部特征向量为

$$k_2\boldsymbol{\xi}_2=k_2(1,2,-1)^{\mathrm{T}},$$

其中 k_2 为任意非零实数.

说明 上面例子给出的方阵 $\boldsymbol{A},\boldsymbol{B},\boldsymbol{C}$ 都是三阶方阵,它们都有三个特征值,其中方阵 $\boldsymbol{A}$ 有三个不相等的特征值,而方阵 $\boldsymbol{B},\boldsymbol{C}$ 都有二重根,且方阵 $\boldsymbol{B}$ 对于特征值 $\lambda_1=\lambda_2=0$ 有两个线性无关的特征向量,但方阵 $\boldsymbol{C}$ 对于特征值 $\lambda_2=\lambda_3=1$ 只有一个线性无关的特征向量.

2. 特征值的求法

① 定义法. 此法就是利用方阵 $\boldsymbol{A}$ 的特征值与特征向量的定义.

② 特征方程法. 此法归结为求特征方程 $f(\lambda)=|\boldsymbol{A}-\lambda\boldsymbol{E}|=0$ 的根.

③ 基本结论法. 此法就是利用基本结论:设 λ 是方阵 $\boldsymbol{A}$ 的特征值,则 $k\boldsymbol{A}$(k 为任意非零实数),$a\boldsymbol{A}+b\boldsymbol{E}$,$\boldsymbol{A}^m$($m$ 为整数),$\boldsymbol{A}^{-1}$,$\boldsymbol{A}^*$,$f(\boldsymbol{A})$ 的特征值分别为 $k\lambda$,$a\lambda+b$,λ^m,λ^{-1},$|\boldsymbol{A}|\lambda^{-1}$,$f(\lambda)$. 设 $\boldsymbol{\alpha}$ 是方阵 $\boldsymbol{A}$ 的属于特征值 λ 的特征向量,则 $\boldsymbol{\alpha}$ 也是上述方阵相对应特征值的特征向量,其中 $f(x)$ 为 x 的多项式.

④ 方阵法. 此法就是利用方阵有关特征值的性质去求方阵的特征值:

(i) 特征值与特征向量的性质 ⑤.

(ii) 0 为 $\boldsymbol{A}$ 的特征值的充要条件为 $|\boldsymbol{A}|=0$.

(iii) 当 $\boldsymbol{A}$ 为正交矩阵时,有:

a. 若 λ 是 $\boldsymbol{A}$ 的特征值,则 λ^{-1} 也是 $\boldsymbol{A}$ 的特征值;

b. λ 的模为 1(含 $\lambda=1$ 或 $\lambda=-1$ 或模为 1 的复数);

c. 当 $|\boldsymbol{A}|=-1$ 时,$\lambda=-1$ 是 $\boldsymbol{A}$ 的特征值.

下面讨论在基本结论法中 $\boldsymbol{A}^m$ 的特征值为 λ^m(m 为整数),并以此为例来加以证明.

证 由 $\boldsymbol{A}\boldsymbol{\alpha}=\lambda\boldsymbol{\alpha}$,得

$$\boldsymbol{A}^2\boldsymbol{\alpha}=\boldsymbol{A}(\lambda\boldsymbol{\alpha})=\lambda(\boldsymbol{A}\boldsymbol{\alpha})=\lambda(\lambda\boldsymbol{\alpha})=\lambda^2\boldsymbol{\alpha},$$
$$\boldsymbol{A}^3\boldsymbol{\alpha}=\boldsymbol{A}(\boldsymbol{A}^2\boldsymbol{\alpha})=\lambda^2(\boldsymbol{A}\boldsymbol{\alpha})=\lambda^2(\lambda\boldsymbol{\alpha})=\lambda^3\boldsymbol{\alpha},$$

利用数学归纳法有 $\boldsymbol{A}^m\boldsymbol{\alpha}=\lambda^m\boldsymbol{\alpha}$.

下面再举几例以巩固理解特征值的求法.

例 4 若 n 阶可逆矩阵 $\boldsymbol{A}$ 的每行元素之和均为 $a\ (a\neq 0)$,求 $\left(\frac{1}{3}\boldsymbol{A}^2\right)^{-1}+3\boldsymbol{E}$ 的一个特征值,其中 $\boldsymbol{E}$ 为 n 阶单位矩阵.

解 由 $\boldsymbol{A}$ 的每行元素之和为 a 可知

$$\boldsymbol{A}\begin{pmatrix}1\\1\\\vdots\\1\end{pmatrix}=a\begin{pmatrix}1\\1\\\vdots\\1\end{pmatrix},$$

故 a 为 $\boldsymbol{A}$ 的一个特征值. 于是 $\boldsymbol{A}^2$ 有特征值 a^2，$\frac{1}{3}\boldsymbol{A}^2$ 有特征值 $\frac{1}{3}a^2$，$\left(\frac{1}{3}\boldsymbol{A}^2\right)^{-1}$ 有特征值 $3a^{-2}$，$3\boldsymbol{E}$ 的特征值为 3，故 $\left(\frac{1}{3}\boldsymbol{A}^2\right)^{-1}+3\boldsymbol{E}$ 有一个特征值为 $3a^{-2}+3$.

例 5 若 λ 为 n 阶方阵 $\boldsymbol{A}$ 的特征值，$|\boldsymbol{A}|\neq 0$，$\boldsymbol{A}^*$ 为 $\boldsymbol{A}$ 的伴随矩阵，$\boldsymbol{E}$ 为 n 阶单位矩阵，求 $(\boldsymbol{A}^*)^2+\boldsymbol{E}$ 的一个特征值.

解 设 $\boldsymbol{\alpha}$ 为属于特征值 λ 的特征向量，则 $\boldsymbol{A\alpha}=\lambda\boldsymbol{\alpha}$. 由 $|\boldsymbol{A}|\neq 0$，得 $\lambda\neq 0$，从而

$$|\boldsymbol{A}|\boldsymbol{A}^{-1}\boldsymbol{\alpha}=|\boldsymbol{A}|\lambda^{-1}\boldsymbol{\alpha},\quad 即\quad \boldsymbol{A}^*\boldsymbol{\alpha}=|\boldsymbol{A}|\lambda^{-1}\boldsymbol{\alpha},$$

于是

$$\begin{aligned}(\boldsymbol{A}^*)^2\boldsymbol{\alpha}&=\boldsymbol{A}^*(\boldsymbol{A}^*\boldsymbol{\alpha})=\boldsymbol{A}^*(|\boldsymbol{A}|\lambda^{-1}\boldsymbol{\alpha})\\&=|\boldsymbol{A}|\lambda^{-1}(\boldsymbol{A}^*\boldsymbol{\alpha})=(|\boldsymbol{A}|\lambda^{-1})^2\boldsymbol{\alpha}.\end{aligned}$$

而 $\boldsymbol{E\alpha}=1\boldsymbol{\alpha}$，故

$$[(\boldsymbol{A}^*)^2+\boldsymbol{E}]\boldsymbol{\alpha}=[(|\boldsymbol{A}|\lambda^{-1})^2+1]\boldsymbol{\alpha},$$

即 $(\boldsymbol{A}^*)^2+\boldsymbol{E}$ 有一个特征值为 $(|\boldsymbol{A}|\lambda^{-1})^2+1$.

例 6 设 $\boldsymbol{A}$ 为 n 阶正交矩阵，$|\boldsymbol{A}|<0$，证明：-1 是 $\boldsymbol{A}$ 的一个特征值.

证 由 $\boldsymbol{A}$ 为正交矩阵，得 $\boldsymbol{A}^{\mathrm{T}}\boldsymbol{A}=\boldsymbol{E}$，即 $|\boldsymbol{A}^{\mathrm{T}}||\boldsymbol{A}|=|\boldsymbol{E}|=1$，$|\boldsymbol{A}|^2=1$. 由题设 $|\boldsymbol{A}|<0$ 知 $|\boldsymbol{A}|=-1$. 又

$$\begin{aligned}|\boldsymbol{A}+\boldsymbol{E}|&=|\boldsymbol{A}+\boldsymbol{A}\boldsymbol{A}^{\mathrm{T}}|=|\boldsymbol{A}(\boldsymbol{E}+\boldsymbol{A}^{\mathrm{T}})|=|\boldsymbol{A}||\boldsymbol{E}+\boldsymbol{A}^{\mathrm{T}}|\\&=-|(\boldsymbol{A}+\boldsymbol{E})^{\mathrm{T}}|=-|\boldsymbol{A}+\boldsymbol{E}|,\end{aligned}$$

故 $|\boldsymbol{A}+\boldsymbol{E}|=0$，则 -1 是 $\boldsymbol{A}$ 的一个特征值.

3. 特征向量的求法

① 定义法. 此法就是利用特征值与特征向量的定义.

② 基础解系法. 此法归结为求方程组 $(\boldsymbol{A}-\lambda\boldsymbol{E})\boldsymbol{x}=\boldsymbol{0}$ 的基础解系.

③ 基本结论法. 详见特征值的求法中基本结论法.

④ 线性无关法. 此法就是利用定理 1.

下面讨论在基本结论法中 n 阶方阵 $\boldsymbol{A}$（$|\boldsymbol{A}|\neq 0$）与 $\boldsymbol{A}^{-1}$ 有相同的特征向量，并以此为例来加以证明.

证 设 $\boldsymbol{\alpha}$ 是 $\boldsymbol{A}$ 的属于特征值 λ 的特征向量，即

$$\boldsymbol{A\alpha}=\lambda\boldsymbol{\alpha}.$$

由题设知 $|\boldsymbol{A}|\neq 0$，故 $\boldsymbol{A}^{-1}$ 存在，于是

$$\boldsymbol{A}^{-1}\boldsymbol{A\alpha}=\boldsymbol{A}^{-1}\lambda\boldsymbol{\alpha},$$

即

$$\boldsymbol{A}^{-1}\boldsymbol{\alpha}=\frac{\boldsymbol{\alpha}}{\lambda}\quad(\lambda\neq 0).$$

这表明 $\boldsymbol{\alpha}$ 是 $\boldsymbol{A}^{-1}$ 的属于 λ^{-1} 的特征向量.

说明　这里 $\lambda \neq 0$，详见“2. 特征值的求法”中的④(ii).

这里仅举一例，以巩固理解特征向量的求法.

例 6　证明：n 阶方阵 $\boldsymbol{A}$ 与它的转置矩阵 $\boldsymbol{A}^{\mathrm{T}}$ 有相同的特征值，且若 $\boldsymbol{\alpha}$ 是 $\boldsymbol{A}$ 的属于特征值 λ 的特征向量，但 $\boldsymbol{\alpha}$ 不一定是 $\boldsymbol{A}^{\mathrm{T}}$ 的特征向量.

证　由 $\boldsymbol{A}^{\mathrm{T}}-\lambda\boldsymbol{E}=(\boldsymbol{A}-\lambda\boldsymbol{E})^{\mathrm{T}}$，得

$$|\boldsymbol{A}^{\mathrm{T}}-\lambda\boldsymbol{E}|=|(\boldsymbol{A}-\lambda\boldsymbol{E})^{\mathrm{T}}|=|\boldsymbol{A}-\lambda\boldsymbol{E}|=0,$$

故 $\boldsymbol{A}$ 与 $\boldsymbol{A}^{\mathrm{T}}$ 有相同的特征方程，它们的特征值相同.

下面举例来说明 $\boldsymbol{\alpha}$ 不是 $\boldsymbol{A}^{\mathrm{T}}$ 的特征向量.

例如 $\boldsymbol{A}=\begin{pmatrix} 2 & 0 & 0 \\ 1 & 2 & -1 \\ -1 & 0 & 1 \end{pmatrix}$，特征值 $\lambda=1$ 对应的特征向量为 $\boldsymbol{\alpha}=(0,1,1)^{\mathrm{T}}$，但由

$$\boldsymbol{A}^{\mathrm{T}}-\boldsymbol{E}=\begin{pmatrix} 1 & 1 & -1 \\ 0 & 1 & 0 \\ 0 & -1 & 0 \end{pmatrix} \xrightarrow[r_3+r_2]{r_1-r_2} \begin{pmatrix} 1 & 0 & -1 \\ 0 & 1 & 0 \\ 0 & 0 & 0 \end{pmatrix},$$

得 $\boldsymbol{A}^{\mathrm{T}}$ 对应 $\lambda=1$ 的特征向量为 $\boldsymbol{\beta}=(1,0,1)^{\mathrm{T}}$，显然 $\boldsymbol{\alpha}$ 与 $\boldsymbol{\beta}$ 线性无关，且属于同一个特征值 $\lambda=1$，故 $\boldsymbol{\alpha}$ 不是 $\boldsymbol{A}^{\mathrm{T}}$ 的特征向量.

§6.2　相似矩阵

微课视频

1. 相似矩阵的概念

定义 1　设 $\boldsymbol{A}$ 和 $\boldsymbol{B}$ 均为 n 阶方阵. 若存在可逆矩阵 $\boldsymbol{P}$，使得

$$\boldsymbol{P}^{-1}\boldsymbol{A}\boldsymbol{P}=\boldsymbol{B}, \tag{6.3}$$

则称 $\boldsymbol{A}$ 与 $\boldsymbol{B}$ 相似，记为 $\boldsymbol{A}\sim\boldsymbol{B}$，亦称 $\boldsymbol{B}$ 是 $\boldsymbol{A}$ 的相似矩阵，称 $\boldsymbol{P}^{-1}\boldsymbol{A}\boldsymbol{P}$ 为对 $\boldsymbol{A}$ 进行相似变换，称可逆矩阵 $\boldsymbol{P}$ 为把 $\boldsymbol{A}$ 变成 $\boldsymbol{B}$ 的相似变换矩阵.

说明　若方阵 $\boldsymbol{A}$ 能与对角矩阵 $\boldsymbol{\Lambda}$ 相似，且称 $\boldsymbol{A}$ 可相似对角化. 若 $\boldsymbol{P}$ 为正交矩阵，且 $\boldsymbol{P}^{-1}\boldsymbol{A}\boldsymbol{P}=\boldsymbol{P}^{\mathrm{T}}\boldsymbol{A}\boldsymbol{P}=\boldsymbol{\Lambda}$，此时称 $\boldsymbol{A}$ 可正交相似对角化，其中 $\boldsymbol{P}$ 称为正交相似变换矩阵.

相似矩阵有如下性质.

性质 1

① 自反性：$\boldsymbol{A}\sim\boldsymbol{A}$；

对称性:若 $A\sim B$,则 $B\sim A$;

传递性:若 $A\sim B$,$B\sim C$,则 $A\sim C$.

② 若 $A\sim B$,则 $kA\sim kB$(k 为常数),$A^{\mathrm{T}}\sim B^{\mathrm{T}}$,$A^{-1}\sim B^{-1}$,$A^m\sim B^m$($m$ 为整数),$|B|A^*\sim|A|B^*$.

③ 若 $A\sim B$,则 $A+kE\sim B+kE$(k 为常数).

④ 若 $A\sim B$,$f(x)$ 为 x 的多项式,则 $f(A)\sim f(B)$.

⑤ 若 $A\sim B$,$C\sim D$,则 $\begin{pmatrix}A&O\\O&C\end{pmatrix}\sim\begin{pmatrix}B&O\\O&D\end{pmatrix}$.

⑥ 若 $A\sim B$,则

(i) $R(A)=R(B)$;

(ii) $|A|=|B|$;

(iii) $|A-\lambda E|=|B-\lambda E|$,即 A 与 B 有相同的特征多项式;

(iv) $\sum\limits_i a_{ii}=\sum\limits_i b_{ii}$,其中 a_{ii},b_{ii} 分别为 A,B 主对角线上的元素(上述四条均称为相似的必要条件).

⑦ 若 A 为可逆矩阵,则 $AB\sim BA$.

⑧ 若方阵 A 与对角矩阵 $\Lambda=\mathrm{diag}(\lambda_1,\lambda_2,\cdots,\lambda_n)$ 相似,则 $\lambda_1,\lambda_2,\cdots,\lambda_n$ 一定是 A 的全部特征值.

下面仅证明性质 ⑥ 的(i),(ii),(iii).

证 因 $A\sim B$,由定义 1 可知存在可逆矩阵 P,使得 $P^{-1}AP=B$,故

$$R(B)=R(P^{-1}AP)=R(A).$$

因 $A\sim B$,$|P^{-1}||P|=1$,故

$$\begin{aligned}|B|&=|P^{-1}AP|=|P^{-1}||A||P|\\&=|P^{-1}||P||A|=|A|.\end{aligned}$$

因 $A\sim B$,故存在可逆矩阵 P,使得 $P^{-1}AP=B$,于是

$$\begin{aligned}|B-\lambda E|&=|P^{-1}AP-P^{-1}(\lambda E)P|=|P^{-1}(A-\lambda E)P|\\&=|P^{-1}||A-\lambda E||P|=|A-\lambda E|.\end{aligned}$$

下面仅举一例,以巩固理解矩阵相似的概念.

例 1 设 $\alpha=(1,1,1)^{\mathrm{T}}$,$\beta=(1,0,k)^{\mathrm{T}}$.若方阵 $\alpha\beta^{\mathrm{T}}$ 相似于 $\begin{pmatrix}3&0&0\\0&0&0\\0&0&0\end{pmatrix}$,求 k 的值.

解 由题设知

$$\alpha\beta^{\mathrm{T}}=\begin{pmatrix}1\\1\\1\end{pmatrix}(1,0,k)=\begin{pmatrix}1&0&k\\1&0&k\\1&0&k\end{pmatrix},$$

利用性质 ⑥ 的(iv) 有 $1+0+k=3+0+0$,从而 $k=2$.

2. 方阵 A 可相似对角化的条件

定义 2 对于 n 阶方阵 $\boldsymbol{A}$，若存在相似变换矩阵 $\boldsymbol{P}$，使得 $\boldsymbol{P}^{-1}\boldsymbol{AP}=\boldsymbol{\Lambda}$，其中 $\boldsymbol{\Lambda}$ 为对角矩阵，则称方阵 $\boldsymbol{A}$ 可相似对角化.

下面介绍方阵 $\boldsymbol{A}$ 可相似对角化的条件：

① n 阶方阵 $\boldsymbol{A}$ 可相似对角化的充要条件是 $\boldsymbol{A}$ 有 n 个线性无关的特征向量.

② n 阶方阵 $\boldsymbol{A}$ 可相似对角化的充要条件是 $R(\boldsymbol{A}-\lambda_i\boldsymbol{E})=n-n_i$，其中 λ_i 为 n_i 重特征值.

③ 若 n 阶方阵 $\boldsymbol{A}$ 有 n 个不同的特征值，则 $\boldsymbol{A}$ 一定可相似对角化.

④ 若二阶方阵 $\boldsymbol{A}$ 的行列式为负数，则 $\boldsymbol{A}$ 可相似对角化.

下面仅证明条件 ①.

证 ① 必要性 设 n 阶方阵 $\boldsymbol{A}$ 与对角矩阵 $\boldsymbol{\Lambda}$ 相似，则存在可逆矩阵 $\boldsymbol{P}$，使得

$$\boldsymbol{P}^{-1}\boldsymbol{AP}=\boldsymbol{\Lambda}=\begin{pmatrix}\lambda_1 & & & \\ & \lambda_2 & & \\ & & \ddots & \\ & & & \lambda_n\end{pmatrix}.$$

设 $\boldsymbol{P}=(\boldsymbol{p}_1,\boldsymbol{p}_2,\cdots,\boldsymbol{p}_n)$，由 $\boldsymbol{AP}=\boldsymbol{P\Lambda}$，有

$$\boldsymbol{A}(\boldsymbol{p}_1,\boldsymbol{p}_2,\cdots,\boldsymbol{p}_n)=(\boldsymbol{p}_1,\boldsymbol{p}_2,\cdots,\boldsymbol{p}_n)\begin{pmatrix}\lambda_1 & & & \\ & \lambda_2 & & \\ & & \ddots & \\ & & & \lambda_n\end{pmatrix},$$

可得

$$\boldsymbol{Ap}_i=\lambda_i\boldsymbol{p}_i \quad (i=1,2,\cdots,n).$$

因为 $\boldsymbol{P}$ 可逆，有 $|\boldsymbol{P}|\neq 0$，所以 $\boldsymbol{p}_i(i=1,2,\cdots,n)$ 都是非零向量，从而 $\boldsymbol{p}_1,\boldsymbol{p}_2,\cdots,\boldsymbol{p}_n$ 都是 $\boldsymbol{A}$ 的特征向量（对应的特征值为 λ_i），且这 n 个特征向量线性无关.

充分性 设 $\boldsymbol{p}_1,\boldsymbol{p}_2,\cdots,\boldsymbol{p}_n$ 为 $\boldsymbol{A}$ 的 n 个线性无关的特征向量，它们所对应的特征值依次为 $\lambda_1,\lambda_2,\cdots,\lambda_n$，则有

$$\boldsymbol{Ap}_i=\lambda_i\boldsymbol{p}_i \quad (i=1,2,\cdots,n).$$

令 $\boldsymbol{P}=(\boldsymbol{p}_1,\boldsymbol{p}_2,\cdots,\boldsymbol{p}_n)$，因 $\boldsymbol{p}_1,\boldsymbol{p}_2,\cdots,\boldsymbol{p}_n$ 线性无关，故 $\boldsymbol{P}$ 为可逆矩阵，则

$$\begin{aligned}\boldsymbol{AP}&=\boldsymbol{A}(\boldsymbol{p}_1,\boldsymbol{p}_2,\cdots,\boldsymbol{p}_n)=(\boldsymbol{Ap}_1,\boldsymbol{Ap}_2,\cdots,\boldsymbol{Ap}_n)\\&=(\lambda_1\boldsymbol{p}_1,\lambda_2\boldsymbol{p}_2,\cdots,\lambda_n\boldsymbol{p}_n)\end{aligned}$$

$$=(\boldsymbol{p}_1,\boldsymbol{p}_2,\cdots,\boldsymbol{p}_n)\begin{pmatrix}\lambda_1 & & & \\ & \lambda_2 & & \\ & & \ddots & \\ & & & \lambda_n\end{pmatrix}=\boldsymbol{P\Lambda}.$$

用 $\boldsymbol{P}^{-1}$ 左乘上式两边得 $\boldsymbol{P}^{-1}\boldsymbol{AP}=\boldsymbol{\Lambda}$，即 $\boldsymbol{A}\sim\boldsymbol{\Lambda}$.

说明 由条件①的证明过程可见，若 $\boldsymbol{A}$ 可相似对角化成 $\boldsymbol{\Lambda}$，则有 $\boldsymbol{P}^{-1}\boldsymbol{AP}=\boldsymbol{\Lambda}$，其中 $\boldsymbol{P}$ 的每一列向量为 $\boldsymbol{A}$ 的线性无关的特征向量，$\boldsymbol{\Lambda}$ 主对角线上元素为 $\boldsymbol{A}$ 的特征值. 若 $\boldsymbol{A}$ 可正交相似对角化，即 $\boldsymbol{P}^{-1}\boldsymbol{AP}=\boldsymbol{P}^{\mathrm{T}}\boldsymbol{AP}=\boldsymbol{\Lambda}$，其中 $\boldsymbol{P}$ 为正交矩阵，则 $\boldsymbol{P}$ 的每一列向量为 $\boldsymbol{A}$ 的规范正交特征向量.

3. 化方阵 A 为对角矩阵

首先判断 n 阶方阵 $\boldsymbol{A}$ 能否对角化，若能对角化，其步骤为（这是基解法）：

① 求方阵 $\boldsymbol{A}$ 的全部特征值，即求 $|\boldsymbol{A}-\lambda\boldsymbol{E}|=0$ 的根 $\lambda_1,\lambda_2,\cdots,\lambda_n$；

② 求方阵 $\boldsymbol{A}$ 对应于特征值的特征向量，即求方程组 $(\boldsymbol{A}-\lambda_i\boldsymbol{E})\boldsymbol{x}=\boldsymbol{0}$ 的基础解系 $\boldsymbol{\xi}_i(i=1,2,\cdots,n)$；

③ 令 $\boldsymbol{P}=(\boldsymbol{\xi}_1,\boldsymbol{\xi}_2,\cdots,\boldsymbol{\xi}_n)$，则

$$\boldsymbol{P}^{-1}\boldsymbol{AP}=\boldsymbol{\Lambda}=\begin{pmatrix}\lambda_1 & & & \\ & \lambda_2 & & \\ & & \ddots & \\ & & & \lambda_n\end{pmatrix}.$$

说明 这里的特征值 $\lambda_1,\lambda_2,\cdots,\lambda_n$ 的顺序与所对应的特征向量 $\boldsymbol{\xi}_1,\boldsymbol{\xi}_2,\cdots,\boldsymbol{\xi}_n$ 的顺序相同.

例 2 下列方阵能否化为对角矩阵？若能，求出所用的相似变换矩阵 $\boldsymbol{P}$：

(1) $\boldsymbol{A}=\begin{pmatrix}1 & 1 & 1\\ 1 & -1 & -1\\ 1 & -1 & 1\end{pmatrix}$；(2) $\boldsymbol{B}=\begin{pmatrix}-2 & 0 & 1\\ 0 & 0 & 0\\ 4 & 0 & -2\end{pmatrix}$；(3) $\boldsymbol{C}=\begin{pmatrix}-1 & 1 & 0\\ -4 & 3 & 0\\ 1 & 0 & 2\end{pmatrix}$.

解 由§6.1中例1、例2和例3可求解.

(1) 方阵 $\boldsymbol{A}$ 的特征值分别为 $\lambda_1=1,\lambda_2=2,\lambda_3=-2$，所对应的特征向量分别为 $\boldsymbol{\xi}_1=(-1,-1,1)^{\mathrm{T}},\boldsymbol{\xi}_2=(1,0,1)^{\mathrm{T}},\boldsymbol{\xi}_3=(-1,2,1)^{\mathrm{T}}$. 由于三阶方阵 $\boldsymbol{A}$ 有三个不同的特征值，因此 $\boldsymbol{A}$ 能化为对角矩阵，这时

$$\boldsymbol{P}=(\boldsymbol{\xi}_1,\boldsymbol{\xi}_2,\boldsymbol{\xi}_3)=\begin{pmatrix}-1 & 1 & -1\\ -1 & 0 & 2\\ 1 & 1 & 1\end{pmatrix},\quad \boldsymbol{P}^{-1}=\frac{1}{6}\begin{pmatrix}-2 & -2 & 2\\ 3 & 0 & 3\\ -1 & 2 & 1\end{pmatrix},$$

可以验证

$$P^{-1}AP=\Lambda=\begin{pmatrix}1 & & \\ & 2 & \\ & & -2\end{pmatrix}.$$

(2) 方阵 $\boldsymbol{B}$ 的特征值分别为 $\lambda_1=\lambda_2=0,\lambda_3=-4$.

属于 $\lambda_1=\lambda_2=0$ 的特征向量为 $\boldsymbol{\xi}_1=(0,1,0)^{\mathrm{T}},\boldsymbol{\xi}_2=\left(\frac{1}{2},0,1\right)^{\mathrm{T}}$;

属于 $\lambda_3=-4$ 的特征向量为 $\boldsymbol{\xi}_3=\left(-\frac{1}{2},0,1\right)^{\mathrm{T}}$.

因为三阶方阵 $\boldsymbol{B}$ 有三个线性无关的特征向量,所以 $\boldsymbol{B}$ 能化为对角矩阵,这时

$$P=\begin{pmatrix}0 & \frac{1}{2} & -\frac{1}{2}\\ 1 & 0 & 0\\ 0 & 1 & 1\end{pmatrix},\quad P^{-1}=\frac{1}{2}\begin{pmatrix}0 & 2 & 0\\ 2 & 0 & 1\\ -2 & 0 & 1\end{pmatrix},$$

可以验证

$$P^{-1}BP=\Lambda=\begin{pmatrix}0 & & \\ & 0 & \\ & & -4\end{pmatrix}.$$

(3) 方阵 $\boldsymbol{C}$ 的特征值分别为 $\lambda_1=2,\lambda_2=\lambda_3=1$.

属于 $\lambda_1=2$ 的特征向量为 $\boldsymbol{\xi}_1=(0,0,1)^{\mathrm{T}}$;

属于 $\lambda_2=\lambda_3=1$ 的特征向量为 $\boldsymbol{\xi}_2=(1,2,-1)^{\mathrm{T}}$.

因为三阶方阵 $\boldsymbol{C}$ 只有两个线性无关的特征向量,所以 $\boldsymbol{C}$ 不能化为对角矩阵.

例 3 设方阵 $\boldsymbol{A}\sim\boldsymbol{B}$,其中 $\boldsymbol{A}=\begin{pmatrix}-2 & 0 & 0\\ 2 & x & 2\\ 3 & 1 & 1\end{pmatrix},\boldsymbol{B}=\begin{pmatrix}-1 & 0 & 0\\ 0 & 2 & 0\\ 0 & 0 & y\end{pmatrix}$,求:

(1) x,y 的值;

(2) 可逆矩阵 $\boldsymbol{P}$,使得 $\boldsymbol{P}^{-1}\boldsymbol{AP}=\boldsymbol{B}$.

解 (1) 方法 1 因 $\boldsymbol{A}\sim\boldsymbol{B}$,故

$$|A-\lambda E|=|B-\lambda E|,$$

即

$$-(\lambda+2)[\lambda^2-(x+1)\lambda+(x-2)]=-(\lambda+1)(2-\lambda)(y-\lambda).$$

令 $\lambda=0$,得 $2(x-2)=2y$,即 $y=x-2$.

再令 $\lambda=-2$,得 $0=4(y+2)$,故 $y=-2$,从而 $x=0$.

方法 2 因 $\boldsymbol{B}$ 为对角矩阵,故知 $\boldsymbol{A}$ 有特征值 $-1,2,y$. 而

$$|A-\lambda E|=-(\lambda+2)[\lambda^2-(x+1)\lambda+(x-2)]=0,$$

令 $\lambda=-1$,得 $x=0$.这时

$$|\boldsymbol{A}-\lambda\boldsymbol{E}|=-(\lambda+2)(\lambda^2-\lambda-2)=-(\lambda+2)(\lambda+1)(\lambda-2)=0,$$

于是 $\boldsymbol{A}$ 有特征值 $-1,2,-2$,故 $y=-2$.

(2) 由(1) 知

$$\boldsymbol{A}=\begin{pmatrix}-2&0&0\\2&0&2\\3&1&1\end{pmatrix},\quad \boldsymbol{B}=\begin{pmatrix}-1&0&0\\0&2&0\\0&0&-2\end{pmatrix},$$

$\boldsymbol{A}$ 有特征值 $\lambda_1=-1,\lambda_2=2,\lambda_3=-2$,求出对应的特征向量分别为 $\boldsymbol{\xi}_1=(0,2,-1)^{\mathrm{T}},\boldsymbol{\xi}_2=(0,1,1)^{\mathrm{T}},\boldsymbol{\xi}_3=(1,0,-1)^{\mathrm{T}}$,这时令 $\boldsymbol{P}=(\boldsymbol{\xi}_1,\boldsymbol{\xi}_2,\boldsymbol{\xi}_3)$,则有 $\boldsymbol{P}^{-1}\boldsymbol{AP}=\boldsymbol{B}$.

说明 这是利用相似矩阵求其参数的方法.

4. 由特征值与特征向量求方阵的方法

(1) 定义法.此法就是利用等式 $\boldsymbol{A\xi}_i=\lambda_i\boldsymbol{\xi}_i$ 求出方阵 $\boldsymbol{A}$.

例 4 设三阶方阵 $\boldsymbol{A}$ 的特征值分别为 $\lambda_1=1,\lambda_2=0,\lambda_3=-1$,对应的特征向量分别为 $\boldsymbol{\xi}_1=(1,2,2)^{\mathrm{T}},\boldsymbol{\xi}_2=(2,-2,1)^{\mathrm{T}},\boldsymbol{\xi}_3=(-2,-1,2)^{\mathrm{T}}$,求 $\boldsymbol{A}$.

解 设方阵 $\boldsymbol{A}=\begin{pmatrix}a_{11}&a_{12}&a_{13}\\a_{21}&a_{22}&a_{23}\\a_{31}&a_{32}&a_{33}\end{pmatrix}$,由题设得

$$\boldsymbol{A\xi}_1=\lambda_1\boldsymbol{\xi}_1,\quad \boldsymbol{A\xi}_2=\lambda_2\boldsymbol{\xi}_2,\quad \boldsymbol{A\xi}_3=\lambda_3\boldsymbol{\xi}_3,$$

即

$$\begin{cases}a_{11}+2a_{12}+2a_{13}=1,\\a_{21}+2a_{22}+2a_{23}=2,\\a_{31}+2a_{32}+2a_{33}=2;\end{cases}\quad\begin{cases}2a_{11}-2a_{12}+a_{13}=0,\\2a_{21}-2a_{22}+a_{23}=0,\\2a_{31}-2a_{32}+a_{33}=0;\end{cases}\quad\begin{cases}-2a_{11}-a_{12}+2a_{13}=2,\\-2a_{21}-a_{22}+2a_{23}=1,\\-2a_{31}-a_{32}+2a_{33}=-2,\end{cases}$$

亦即

$$\begin{cases}a_{11}+2a_{12}+2a_{13}=1,\\2a_{11}-2a_{12}+a_{13}=0,\\-2a_{11}-a_{12}+2a_{13}=2;\end{cases}\quad\begin{cases}a_{21}+2a_{22}+2a_{23}=2,\\2a_{21}-2a_{22}+a_{23}=0,\\-2a_{21}-a_{22}+2a_{23}=1;\end{cases}\quad\begin{cases}a_{31}+2a_{32}+2a_{33}=2,\\2a_{31}-2a_{32}+a_{33}=0,\\-2a_{31}-a_{32}+2a_{33}=-2.\end{cases}$$

解得

$$a_{11}=-\frac{1}{3},\quad a_{12}=0,\quad a_{13}=\frac{2}{3},$$

$$a_{21}=0,\quad a_{22}=\frac{1}{3},\quad a_{23}=\frac{2}{3},$$

$$a_{31}=\frac{2}{3},\quad a_{32}=\frac{2}{3},\quad a_{33}=0,$$

故求得 $\boldsymbol{A}=\frac{1}{3}\begin{pmatrix}-1&0&2\\0&1&2\\2&2&0\end{pmatrix}$.

(2) 方阵法. 此法就是利用

$$\boldsymbol{A}(\boldsymbol{\xi}_1,\boldsymbol{\xi}_2,\cdots,\boldsymbol{\xi}_n)=(\boldsymbol{A}\boldsymbol{\xi}_1,\boldsymbol{A}\boldsymbol{\xi}_2,\cdots,\boldsymbol{A}\boldsymbol{\xi}_n)=(\lambda_1\boldsymbol{\xi}_1,\lambda_2\boldsymbol{\xi}_2,\cdots,\lambda_n\boldsymbol{\xi}_n),$$

故 $\boldsymbol{A}=(\lambda_1\boldsymbol{\xi}_1,\lambda_2\boldsymbol{\xi}_2,\cdots,\lambda_n\boldsymbol{\xi}_n)(\boldsymbol{\xi}_1,\boldsymbol{\xi}_2,\cdots,\boldsymbol{\xi}_n)^{-1}$.

例 5 用方阵法求解例 4.

解 设

$$\boldsymbol{P}=(\boldsymbol{\xi}_1,\boldsymbol{\xi}_2,\boldsymbol{\xi}_3)=\begin{pmatrix}1&2&-2\\2&-2&-1\\2&1&2\end{pmatrix},$$

则

$$\boldsymbol{P}^{-1}=(\boldsymbol{\xi}_1,\boldsymbol{\xi}_2,\boldsymbol{\xi}_3)^{-1}=\frac{1}{9}\begin{pmatrix}1&2&2\\2&-2&1\\-2&-1&2\end{pmatrix}.$$

由 $\boldsymbol{A}=(\lambda_1\boldsymbol{\xi}_1,\lambda_2\boldsymbol{\xi}_2,\lambda_3\boldsymbol{\xi}_3)(\boldsymbol{\xi}_1,\boldsymbol{\xi}_2,\boldsymbol{\xi}_3)^{-1}$，得

$$\boldsymbol{A}=(\boldsymbol{\xi}_1,0\boldsymbol{\xi}_2,-\boldsymbol{\xi}_3)(\boldsymbol{\xi}_1,\boldsymbol{\xi}_2,\boldsymbol{\xi}_3)^{-1}=\frac{1}{9}\begin{pmatrix}1&0&2\\2&0&1\\2&0&-2\end{pmatrix}\begin{pmatrix}1&2&2\\2&-2&1\\-2&-1&2\end{pmatrix}$$

$$=\frac{1}{9}\begin{pmatrix}-3&0&6\\0&3&6\\6&6&0\end{pmatrix}=\frac{1}{3}\begin{pmatrix}-1&0&2\\0&1&2\\2&2&0\end{pmatrix}.$$

(3) 对角矩阵法. 此法就是利用相似变换矩阵 $\boldsymbol{P}$，由 $\boldsymbol{P}^{-1}\boldsymbol{A}\boldsymbol{P}=\boldsymbol{\Lambda}$，得 $\boldsymbol{A}=\boldsymbol{P}\boldsymbol{\Lambda}\boldsymbol{P}^{-1}$.

例 6 用对角矩阵法求解例 4.

解 由题设知,存在可逆矩阵 $\boldsymbol{P}$,使得$\boldsymbol{P}^{-1}\boldsymbol{AP}=\boldsymbol{\Lambda}$,因而 $\boldsymbol{A}=\boldsymbol{P\Lambda P}^{-1}$,其中

$$\boldsymbol{P}=\begin{pmatrix}1&2&-2\\2&-2&-1\\2&1&2\end{pmatrix},\quad \boldsymbol{P}^{-1}=\frac{1}{9}\begin{pmatrix}1&2&2\\2&-2&1\\-2&-1&2\end{pmatrix},\quad \boldsymbol{\Lambda}=\begin{pmatrix}1&&\\&0&\\&&-1\end{pmatrix}.$$

故

$$\boldsymbol{A}=\boldsymbol{P\Lambda P}^{-1}=\frac{1}{3}\begin{pmatrix}-1&0&2\\0&1&2\\2&2&0\end{pmatrix}.$$

(4) 实对称矩阵法. 详见习题六中第 12 题和第 13 题.

§6.3 实对称矩阵的相似对角化

由上一节可知,并不是所有方阵都相似于对角矩阵,本节则说明实对称矩阵必定可相似于对角矩阵,这是因为这一类方阵具有某些特殊的性质.

下面介绍实对称矩阵的性质.

性质 1

① 实对称矩阵 $\boldsymbol{A}$ 的特征值为实数,其特征向量可取实向量.

② 实对称矩阵 $\boldsymbol{A}$ 的 k 重特征值必有 k 个线性无关的特征向量.

③ 若实对称矩阵 $\boldsymbol{A}$ 的秩 $R(\boldsymbol{A})=r$,则 $\lambda=0$ 是 $\boldsymbol{A}$ 的 $n-r$ 重特征值.

④ 实对称矩阵 $\boldsymbol{A}$ 的不同特征值的特征向量必正交.

⑤ 实对称矩阵 $\boldsymbol{A}$ 一定可相似对角化,即存在可逆矩阵 $\boldsymbol{P}$,使得 $\boldsymbol{P}^{-1}\boldsymbol{AP}=\boldsymbol{\Lambda}$,其中 $\boldsymbol{\Lambda}$ 为对角矩阵.

⑥ 实对称矩阵 $\boldsymbol{A}$ 一定可正交相似对角化,即存在正交矩阵 $\boldsymbol{Q}$,使得

$$\boldsymbol{Q}^{-1}\boldsymbol{AQ}=\boldsymbol{Q}^{\mathrm{T}}\boldsymbol{AQ}=\boldsymbol{\Lambda},$$

其中 $\boldsymbol{\Lambda}$ 为对角矩阵.

⑦ 不能通过正交变换化为对角矩阵的是非实对称矩阵.

下面仅证明性质 ④ 和性质 ⑥.

证 ④ 设 $\boldsymbol{A\xi}_1=\lambda_1\boldsymbol{\xi}_1,\boldsymbol{A\xi}_2=\lambda_2\boldsymbol{\xi}_2,\boldsymbol{A}^{\mathrm{T}}=\boldsymbol{A}$,则

$$\begin{aligned}\lambda_1\boldsymbol{\xi}_2^{\mathrm{T}}\boldsymbol{\xi}_1&=\boldsymbol{\xi}_2^{\mathrm{T}}\lambda_1\boldsymbol{\xi}_1=\boldsymbol{\xi}_2^{\mathrm{T}}\boldsymbol{A\xi}_1=\boldsymbol{\xi}_2^{\mathrm{T}}\boldsymbol{A}^{\mathrm{T}}\boldsymbol{\xi}_1=(\boldsymbol{A\xi}_2)^{\mathrm{T}}\boldsymbol{\xi}_1\\&=(\lambda_2\boldsymbol{\xi}_2)^{\mathrm{T}}\boldsymbol{\xi}_1=\lambda_2\boldsymbol{\xi}_2^{\mathrm{T}}\boldsymbol{\xi}_1,\end{aligned}$$

即 $(\lambda_1-\lambda_2)\boldsymbol{\xi}_2^{\mathrm{T}}\boldsymbol{\xi}_1=0$. 而 $\lambda_1\neq\lambda_2$,故 $\boldsymbol{\xi}_2^{\mathrm{T}}\boldsymbol{\xi}_1=0$,即 $\boldsymbol{\xi}_1$ 与 $\boldsymbol{\xi}_2$ 正交.

⑥ 设 n 阶实对称矩阵 $\boldsymbol{A}$ 的互不相同的特征值分别为 $\lambda_1,\lambda_2,\cdots,\lambda_s$,它们的重数依次为 $n_1,n_2,\cdots,n_s$,并且 $n_1+n_2+\cdots+n_s=n$.

由性质 ③ 可知,对应特征值 $\lambda_i(i=1,2,\cdots,s)$ 恰有 n_i 个线性无关的

特征向量,把它们正交化并单位化,即得 n_i 个单位正交的特征向量. 又由 $n_1+n_2+\cdots+n_s=n$ 可知这样的特征向量共 n 个.

由性质 ④ 可知,对应不同特征值的特征向量必正交,故这 n 个单位特征向量两两正交,于是以它们为列向量构成正交矩阵 $\boldsymbol{Q}$,并有

$$\boldsymbol{Q}^{-1}\boldsymbol{A}\boldsymbol{Q}=\boldsymbol{Q}^{\mathrm{T}}\boldsymbol{A}\boldsymbol{Q}=\boldsymbol{\Lambda},$$

其中对角矩阵 $\boldsymbol{\Lambda}$ 的主对角线上元素含 n_1 个 λ_1,n_2 个 λ_2,…,n_s 个 λ_s,恰是 $\boldsymbol{A}$ 的 n 个特征值.

下面介绍化实对称矩阵为对角矩阵的步骤(用正交矩阵):

① 求 $|\boldsymbol{A}-\lambda\boldsymbol{E}|=0$ 的根(即求特征值);

② 求特征向量,即求 $(\boldsymbol{A}-\lambda\boldsymbol{E})\boldsymbol{x}=\boldsymbol{0}$ 的基础解系;

③ 利用格拉姆-施密特正交化将所求的特征向量正交化再单位化;

④ 作矩阵 $\boldsymbol{Q}$,即将上述正交单位化后的特征向量作为矩阵的列,构成正交矩阵 $\boldsymbol{Q}$,于是有 $\boldsymbol{Q}^{-1}\boldsymbol{A}\boldsymbol{Q}=\boldsymbol{Q}^{\mathrm{T}}\boldsymbol{A}\boldsymbol{Q}=\boldsymbol{\Lambda}$($\boldsymbol{Q}$ 与 $\boldsymbol{\Lambda}$ 的次序要协调一致).

例 1 求正交相似交换矩阵 $\boldsymbol{Q}$,将下列实对称矩阵化为对角矩阵:

(1) $\boldsymbol{A}=\begin{pmatrix}2&-2&0\\-2&1&-2\\0&-2&0\end{pmatrix}$; (2) $\boldsymbol{B}=\begin{pmatrix}0&\frac{1}{2}&\frac{1}{2}\\\frac{1}{2}&0&\frac{1}{2}\\\frac{1}{2}&\frac{1}{2}&0\end{pmatrix}$.

解 (1) 特征方程为

$$|\boldsymbol{A}-\lambda\boldsymbol{E}|=\begin{vmatrix}2-\lambda&-2&0\\-2&1-\lambda&-2\\0&-2&-\lambda\end{vmatrix}=-(\lambda+2)(\lambda-1)(\lambda-4)=0,$$

求得 $\boldsymbol{A}$ 的特征值分别为 $\lambda_1=-2,\lambda_2=1,\lambda_3=4$. 因为特征值互不相等,所以它们所对应的特征向量正交.

属于 $\lambda_1=-2$ 的特征向量为 $\boldsymbol{\xi}_1=(1,2,2)^{\mathrm{T}}$,单位化得 $\boldsymbol{q}_1=\frac{1}{3}(1,2,2)^{\mathrm{T}}$;

属于 $\lambda_2=1$ 的特征向量为 $\boldsymbol{\xi}_2=(2,1,-2)^{\mathrm{T}}$,单位化得 $\boldsymbol{q}_2=\frac{1}{3}(2,1,-2)^{\mathrm{T}}$;

属于 $\lambda_3=4$ 的特征向量为 $\boldsymbol{\xi}_3=(2,-2,1)^{\mathrm{T}}$,单位化得 $\boldsymbol{q}_3=\frac{1}{3}(2,-2,1)^{\mathrm{T}}$,

于是

$$\boldsymbol{Q}=(\boldsymbol{q}_1,\boldsymbol{q}_2,\boldsymbol{q}_3)=\frac{1}{3}\begin{pmatrix}1&2&2\\2&1&-2\\2&-2&1\end{pmatrix}.$$

可验证

$$Q^{-1}AQ=Q^{\mathrm{T}}AQ=\frac{1}{3}\begin{pmatrix}1&2&2\\2&1&-2\\2&-2&1\end{pmatrix}\begin{pmatrix}2&-2&0\\-2&1&-2\\0&-2&0\end{pmatrix}\cdot\frac{1}{3}\begin{pmatrix}1&2&2\\2&1&-2\\2&-2&1\end{pmatrix}$$

$$=\begin{pmatrix}-2&&\\&1&\\&&4\end{pmatrix}.$$

(2) 特征方程为

$$|B-\lambda E|=\begin{vmatrix}-\lambda&\frac{1}{2}&\frac{1}{2}\\\frac{1}{2}&-\lambda&\frac{1}{2}\\\frac{1}{2}&\frac{1}{2}&-\lambda\end{vmatrix}=\left(\lambda+\frac{1}{2}\right)^2(1-\lambda)=0,$$

求得 B 的特征值分别为 $\lambda_1=1,\lambda_2=\lambda_3=-\frac{1}{2}$.

属于 $\lambda_1=1$ 的特征向量为 $\xi_1=(1,1,1)^{\mathrm{T}}$;

属于 $\lambda_2=\lambda_3=-\frac{1}{2}$ 的特征向量,由 $\left(B+\frac{1}{2}E\right)x=0$,即

$$B+\frac{1}{2}E=\begin{pmatrix}\frac{1}{2}&\frac{1}{2}&\frac{1}{2}\\\frac{1}{2}&\frac{1}{2}&\frac{1}{2}\\\frac{1}{2}&\frac{1}{2}&\frac{1}{2}\end{pmatrix}\to\begin{pmatrix}1&1&1\\0&0&0\\0&0&0\end{pmatrix},$$

解得基础解系为 $\xi_2=(1,0,-1)^{\mathrm{T}},\xi_3=(1,-1,0)^{\mathrm{T}}$,这就是所求的特征向量.

正交化:

$\alpha_1=\xi_1,\quad \alpha_2=\xi_2,$

$$\alpha_3=\xi_3-\frac{[\alpha_1,\xi_3]}{[\alpha_1,\alpha_1]}\alpha_1-\frac{[\alpha_2,\xi_3]}{[\alpha_2,\alpha_2]}\alpha_2=\begin{pmatrix}1\\-1\\0\end{pmatrix}-0-\frac{1}{2}\begin{pmatrix}1\\0\\-1\end{pmatrix}=\begin{pmatrix}\frac{1}{2}\\-1\\\frac{1}{2}\end{pmatrix}.$$

单位化:

$$q_1=\frac{\alpha_1}{\|\alpha_1\|}=\begin{pmatrix}\frac{\sqrt{3}}{3}\\\frac{\sqrt{3}}{3}\\\frac{\sqrt{3}}{3}\end{pmatrix},\quad q_2=\frac{\alpha_2}{\|\alpha_2\|}=\begin{pmatrix}\frac{\sqrt{2}}{2}\\0\\-\frac{\sqrt{2}}{2}\end{pmatrix},\quad q_3=\frac{\alpha_3}{\|\alpha_3\|}=\begin{pmatrix}\frac{\sqrt{6}}{6}\\-\frac{\sqrt{6}}{3}\\\frac{\sqrt{6}}{6}\end{pmatrix}.$$

于是求得正交矩阵

$$Q=(q_1,q_2,q_3)=\begin{pmatrix}\frac{\sqrt{3}}{3} & \frac{\sqrt{2}}{2} & \frac{\sqrt{6}}{6}\\ \frac{\sqrt{3}}{3} & 0 & -\frac{\sqrt{6}}{3}\\ \frac{\sqrt{3}}{3} & -\frac{\sqrt{2}}{2} & \frac{\sqrt{6}}{6}\end{pmatrix},$$

可验证

$$Q^{-1}BQ=Q^{\mathrm{T}}BQ=\begin{pmatrix}1 & & \\ & -\frac{1}{2} & \\ & & -\frac{1}{2}\end{pmatrix}.$$

例 2 设方阵 $A=\begin{pmatrix}0 & -1 & 4\\ -1 & 3 & a\\ 4 & a & 0\end{pmatrix}$，若有一正交矩阵 Q 使得 $Q^{\mathrm{T}}AQ$ 为对角矩阵，且 Q 的第一列为 $\frac{\sqrt{6}}{6}(1,2,1)^{\mathrm{T}}$，求 a,Q.

解 记正交矩阵的第一列为 $q_1=\frac{\sqrt{6}}{6}(1,2,1)^{\mathrm{T}}=\frac{\sqrt{6}}{6}\xi_1$，其中 $\xi_1=(1,2,1)^{\mathrm{T}}$，则 $(A-\lambda E)q_1=\mathbf{0}$，$(A-\lambda E)\xi_1=\mathbf{0}$，即

$$\begin{pmatrix}-\lambda & -1 & 4\\ -1 & 3-\lambda & a\\ 4 & a & -\lambda\end{pmatrix}\begin{pmatrix}1\\2\\1\end{pmatrix}=\begin{pmatrix}0\\0\\0\end{pmatrix},$$

亦即 $\begin{cases}-\lambda-2+4=0,\\ -1+2(3-\lambda)+a=0,\\ 4+2a-\lambda=0,\end{cases}$ 解得 $\begin{cases}\lambda=2,\\ a=-1.\end{cases}$

将 $a=-1$ 代入 A，由 $|A-\lambda E|=0$，得 A 的特征值分别为 $\lambda_1=2,\lambda_2=-4,\lambda_3=5$.

属于 $\lambda_2=-4$ 的特征向量为 $\xi_2=(-1,0,1)^{\mathrm{T}}$；

属于 $\lambda_3=5$ 的特征向量为 $\xi_3=(1,-1,1)^{\mathrm{T}}$.

因为实对称矩阵不同特征值所对应的特征向量已正交，所以只需单位化：

$$q_2=\frac{\sqrt{2}}{2}(-1,0,1)^{\mathrm{T}},\quad q_3=\frac{\sqrt{3}}{3}(1,-1,1)^{\mathrm{T}},$$

故 $Q=(q_1,q_2,q_3)$. 可验证

$$Q^{-1}AQ=Q^{\mathrm{T}}AQ=\Lambda=\begin{pmatrix}2 & & \\ & -4 & \\ & & 5\end{pmatrix}.$$

例 3 设方阵 $\boldsymbol{A}=\begin{pmatrix}1&1&a\\1&a&1\\a&1&1\end{pmatrix}$，$\boldsymbol{\beta}=\begin{pmatrix}1\\1\\-2\end{pmatrix}$，已知线性方程组 $\boldsymbol{Ax}=\boldsymbol{\beta}$ 有解但不唯一，试求：(1) a 的值；(2) 正交矩阵 $\boldsymbol{Q}$，使得 $\boldsymbol{Q}^{-1}\boldsymbol{AQ}$ 为对角矩阵.

解 (1) $$\overline{\boldsymbol{A}}=\begin{pmatrix}1&1&a&1\\1&a&1&1\\a&1&1&-2\end{pmatrix}\xrightarrow[r_3-ar_1]{r_2-r_1}\begin{pmatrix}1&1&a&1\\0&a-1&1-a&0\\0&1-a&1-a^2&-a-2\end{pmatrix}$$

$$\xrightarrow[-r_3]{r_3+r_2}\begin{pmatrix}1&1&a&1\\0&a-1&1-a&0\\0&0&(a-1)(a+2)&a+2\end{pmatrix},$$

由线性方程组有解但不唯一可知，线性方程组 $\boldsymbol{Ax}=\boldsymbol{\beta}$ 有无穷多解，则 $R(\boldsymbol{A})=R(\overline{\boldsymbol{A}})<3$，求出$a=-2$.

(2) $$|\boldsymbol{A}-\lambda\boldsymbol{E}|=\begin{vmatrix}1-\lambda&1&-2\\1&-2-\lambda&1\\-2&1&1-\lambda\end{vmatrix}=-\lambda(\lambda-3)(\lambda+3)=0,$$

解得 $\boldsymbol{A}$ 的特征值分别为 $\lambda_1=3,\lambda_2=-3,\lambda_3=0$.

求得对应的特征向量分别为

$$\boldsymbol{\xi}_1=(-1,0,1)^{\mathrm{T}},\quad \boldsymbol{\xi}_2=(1,-2,1)^{\mathrm{T}},\quad \boldsymbol{\xi}_3=(1,1,1)^{\mathrm{T}}.$$

因为实对称矩阵不同特征值对应的特征向量已正交，所以只需单位化：

$$\boldsymbol{q}_1=\frac{\sqrt{2}}{2}(-1,0,1)^{\mathrm{T}},\quad \boldsymbol{q}_2=\frac{\sqrt{6}}{6}(1,-2,1)^{\mathrm{T}},\quad \boldsymbol{q}_3=\frac{\sqrt{3}}{3}(1,1,1)^{\mathrm{T}},$$

故 $\boldsymbol{Q}=(\boldsymbol{q}_1,\boldsymbol{q}_2,\boldsymbol{q}_3)$. 可验证

$$\boldsymbol{Q}^{-1}\boldsymbol{AQ}=\boldsymbol{Q}^{\mathrm{T}}\boldsymbol{AQ}=\boldsymbol{\Lambda}=\begin{pmatrix}3&&\\&-3&\\&&0\end{pmatrix}.$$

例 4 设 $\boldsymbol{A}$ 为三阶实对称矩阵，$R(\boldsymbol{A})=2$，且

$$\boldsymbol{A}\begin{pmatrix}1&1\\0&0\\-1&1\end{pmatrix}=\begin{pmatrix}-1&1\\0&0\\1&1\end{pmatrix},$$

求：

(1) $\boldsymbol{A}$ 的特征值与特征向量；

(2) $\boldsymbol{A}$.

解 (1) 令 $\boldsymbol{\alpha}_1=(1,0,-1)^{\mathrm{T}}$，$\boldsymbol{\alpha}_2=(1,0,1)^{\mathrm{T}}$，则

$$\boldsymbol{A\alpha}_1=-\boldsymbol{\alpha}_1,\quad \boldsymbol{A\alpha}_2=\boldsymbol{\alpha}_2.$$

由定义法知 $\boldsymbol{A}$ 有特征值 $\lambda_1=-1,\lambda_2=1$，对应的线性无关的特征向量分别为 $\boldsymbol{\alpha}_1,\boldsymbol{\alpha}_2$.

由 $R(\boldsymbol{A})=2$ 知,$|\boldsymbol{A}|=0$,则 $\lambda_3=0$.

令 $\boldsymbol{\alpha}_3=(x_1,x_2,x_3)^{\mathrm{T}}$ 为属于 $\lambda_3=0$ 的特征向量,因 $\boldsymbol{A}$ 为实对称矩阵,故有

$$\begin{cases}\boldsymbol{\alpha}_1^{\mathrm{T}}\boldsymbol{\alpha}_3=0,\\ \boldsymbol{\alpha}_2^{\mathrm{T}}\boldsymbol{\alpha}_3=0,\end{cases}\quad \text{即} \quad \begin{cases}x_1-x_3=0,\\ x_1+x_3=0,\end{cases}$$

解得 $\begin{cases}x_1=0,\\ x_3=0,\end{cases}$ 则 $\boldsymbol{\alpha}_3=(0,1,0)^{\mathrm{T}}$.

(2) **方法 1** 由 $\boldsymbol{A}(\boldsymbol{\alpha}_1,\boldsymbol{\alpha}_2,\boldsymbol{\alpha}_3)=(\boldsymbol{A\alpha}_1,\boldsymbol{A\alpha}_2,\boldsymbol{A\alpha}_3)=(\lambda_1\boldsymbol{\alpha}_1,\lambda_2\boldsymbol{\alpha}_2,\lambda_3\boldsymbol{\alpha}_3)$,得

$$\boldsymbol{A}\begin{pmatrix}1&1&0\\0&0&1\\-1&1&0\end{pmatrix}=\begin{pmatrix}-1&1&0\\0&0&0\\1&1&0\end{pmatrix},$$

则

$$\boldsymbol{A}=\begin{pmatrix}-1&1&0\\0&0&0\\1&1&0\end{pmatrix}\begin{pmatrix}1&1&0\\0&0&1\\-1&1&0\end{pmatrix}^{-1}=\begin{pmatrix}-1&1&0\\0&0&0\\1&1&0\end{pmatrix}\begin{pmatrix}\frac{1}{2}&0&-\frac{1}{2}\\\frac{1}{2}&0&\frac{1}{2}\\0&1&0\end{pmatrix}=\begin{pmatrix}0&0&1\\0&0&0\\1&0&0\end{pmatrix}.$$

方法 2 $\boldsymbol{\alpha}_1,\boldsymbol{\alpha}_2,\boldsymbol{\alpha}_3$ 已正交化,将其单位化:

$$\boldsymbol{q}_1=\frac{\sqrt{2}}{2}(1,0,-1)^{\mathrm{T}},\quad \boldsymbol{q}_2=\frac{\sqrt{2}}{2}(1,0,1)^{\mathrm{T}},\quad \boldsymbol{q}_3=(0,1,0)^{\mathrm{T}}.$$

作 $\boldsymbol{Q}=(\boldsymbol{q}_1,\boldsymbol{q}_2,\boldsymbol{q}_3)=\begin{pmatrix}\frac{\sqrt{2}}{2}&\frac{\sqrt{2}}{2}&0\\0&0&1\\-\frac{\sqrt{2}}{2}&\frac{\sqrt{2}}{2}&0\end{pmatrix}$,则

$$\boldsymbol{Q}^{\mathrm{T}}\boldsymbol{AQ}=\begin{pmatrix}-1&&\\&1&\\&&0\end{pmatrix}=\boldsymbol{\Lambda},$$

于是 $\boldsymbol{A}=\boldsymbol{Q\Lambda Q}^{\mathrm{T}}=\begin{pmatrix}0&0&1\\0&0&0\\1&0&0\end{pmatrix}$.

说明 例 4(2) 的解法中用到 §6.2“4. 由特征值与特征向量求方阵的方法”中的方阵法和实对称矩阵法,其中方阵法已讲过,而实对称矩阵法就是利用实对称矩阵不同特征值所对应的特征向量正交,作 $\boldsymbol{Q}=(\boldsymbol{q}_1,\boldsymbol{q}_2,\boldsymbol{q}_3)$,则可求出 $\boldsymbol{A}=\boldsymbol{Q\Lambda Q}^{\mathrm{T}}$.

§6.4　特征值与特征向量的应用

微课视频

1. 求方阵的幂

求方阵的幂有以下三种方法.

(1) 相似对角化法:

由 $\boldsymbol{P}^{-1}\boldsymbol{A}\boldsymbol{P}=\boldsymbol{\Lambda}$,得 $\boldsymbol{A}=\boldsymbol{P}\boldsymbol{\Lambda}\boldsymbol{P}^{-1}$,故

$$\boldsymbol{A}^k=\underbrace{(\boldsymbol{P}\boldsymbol{\Lambda}\boldsymbol{P}^{-1})\cdots(\boldsymbol{P}\boldsymbol{\Lambda}\boldsymbol{P}^{-1})}_{k\text{个}}=\boldsymbol{P}\boldsymbol{\Lambda}^k\boldsymbol{P}^{-1}\quad(k\text{ 为正整数});$$

(2) 单位矩阵表示法;

(3) 公式法.

例 1　已知方阵 $\boldsymbol{A}=\begin{pmatrix}1&2&0\\0&2&0\\-2&-1&-1\end{pmatrix}$,求 $\boldsymbol{A}^k$(k 为正整数).

解　方法 1　用相似对角化法.

求出 $\boldsymbol{A}$ 的特征值分别为 $\lambda_1=-1,\lambda_2=1,\lambda_3=2$.

属于 $\lambda_1=-1$ 的特征向量为 $\boldsymbol{\xi}_1=(0,0,1)^{\mathrm{T}}$;

属于 $\lambda_2=1$ 的特征向量为 $\boldsymbol{\xi}_2=(1,0,-1)^{\mathrm{T}}$;

属于 $\lambda_3=2$ 的特征向量为 $\boldsymbol{\xi}_3=\left(2,1,-\dfrac{5}{3}\right)^{\mathrm{T}}$.

求出 $\boldsymbol{A}$ 的相似对角矩阵 $\boldsymbol{\Lambda}$ 和相似变换矩阵 $\boldsymbol{P}$ 分别为

$$\boldsymbol{\Lambda}=\begin{pmatrix}-1&&\\&1&\\&&2\end{pmatrix},\quad \boldsymbol{P}=\begin{pmatrix}0&1&2\\0&0&1\\1&-1&-\dfrac{5}{3}\end{pmatrix}.$$

这时可求 $\boldsymbol{P}^{-1}=\begin{pmatrix}1&-\dfrac{1}{3}&1\\1&-2&0\\0&1&0\end{pmatrix}$,由于 $\boldsymbol{P}^{-1}\boldsymbol{A}\boldsymbol{P}=\boldsymbol{\Lambda},\boldsymbol{A}=\boldsymbol{P}\boldsymbol{\Lambda}\boldsymbol{P}^{-1}$,因此

$$\boldsymbol{A}^k=\boldsymbol{P}\boldsymbol{\Lambda}^k\boldsymbol{P}^{-1}=\begin{pmatrix}1&2^{k+1}-2&0\\0&2^k&0\\(-1)^k-1&2+\dfrac{(-1)^{k+1}}{3}-\dfrac{5}{3}\times 2^k&(-1)^k\end{pmatrix}.$$

方法 2　用单位矩阵表示法.

将 $\boldsymbol{e}_1=(1,0,0)^{\mathrm{T}},\boldsymbol{e}_2=(0,1,0)^{\mathrm{T}},\boldsymbol{e}_3=(0,0,1)^{\mathrm{T}}$ 用 $\boldsymbol{\xi}_1,\boldsymbol{\xi}_2,\boldsymbol{\xi}_3$ 线性表示,得

$$\boldsymbol{e}_1=\boldsymbol{\xi}_1+\boldsymbol{\xi}_2,\quad \boldsymbol{e}_2=-\frac{1}{3}\boldsymbol{\xi}_1-2\boldsymbol{\xi}_2+\boldsymbol{\xi}_3,\quad \boldsymbol{e}_3=\boldsymbol{\xi}_1,$$

则

$$\begin{aligned}
\boldsymbol{A}^k&=\boldsymbol{A}^k\boldsymbol{E}=\boldsymbol{A}^k(\boldsymbol{e}_1,\boldsymbol{e}_2,\boldsymbol{e}_3)=(\boldsymbol{A}^k\boldsymbol{e}_1,\boldsymbol{A}^k\boldsymbol{e}_2,\boldsymbol{A}^k\boldsymbol{e}_3)\\
&=\left(\boldsymbol{A}^k\boldsymbol{\xi}_1+\boldsymbol{A}^k\boldsymbol{\xi}_2,-\frac{1}{3}\boldsymbol{A}^k\boldsymbol{\xi}_1-2\boldsymbol{A}^k\boldsymbol{\xi}_2+\boldsymbol{A}^k\boldsymbol{\xi}_3,\boldsymbol{A}^k\boldsymbol{\xi}_1\right)\\
&=\left(\lambda_1^k\boldsymbol{\xi}_1+\lambda_2^k\boldsymbol{\xi}_2,-\frac{1}{3}\lambda_1^k\boldsymbol{\xi}_1-2\lambda_2^k\boldsymbol{\xi}_2+\lambda_3^k\boldsymbol{\xi}_3,\lambda_1^k\boldsymbol{\xi}_1\right)\\
&=\left((-1)^k\boldsymbol{\xi}_1+\boldsymbol{\xi}_2,-\frac{1}{3}\times(-1)^k\boldsymbol{\xi}_1-2\boldsymbol{\xi}_2+2^k\boldsymbol{\xi}_3,(-1)^k\boldsymbol{\xi}_1\right)\\
&=\begin{pmatrix}1 & 2^{k+1}-2 & 0\\ 0 & 2^k & 0\\ (-1)^k-1 & 2+\dfrac{(-1)^{k+1}}{3}-\dfrac{5}{3}\times 2^k & (-1)^k\end{pmatrix}.
\end{aligned}$$

例 2　设方阵 $\boldsymbol{A}=\begin{pmatrix}1&0&0\\1&0&1\\0&1&0\end{pmatrix}$,证明:当 $n\geqslant 3$(n 为正整数)时有等式 $\boldsymbol{A}^n=\boldsymbol{A}^{n-2}+\boldsymbol{A}^2-\boldsymbol{E}$,由此求 $\boldsymbol{A}^{1\,000}$.

证　由

$$|\boldsymbol{A}-\lambda\boldsymbol{E}|=\begin{vmatrix}1-\lambda&0&0\\1&-\lambda&1\\0&1&-\lambda\end{vmatrix}=0,$$

得 $\lambda^3-\lambda^2-\lambda+1=0$,从而 $\boldsymbol{A}^3-\boldsymbol{A}^2-\boldsymbol{A}+\boldsymbol{E}=\boldsymbol{O}$. 这里用到结论:设 $\boldsymbol{A}$ 的特征多项式为 $f(\lambda)=|\boldsymbol{A}-\lambda\boldsymbol{E}|$,则 $f(\boldsymbol{A})=\boldsymbol{O}$. 此结论可直接验算而得.

这表明当 $n=3$ 时,等式 $\boldsymbol{A}^n=\boldsymbol{A}^{n-2}+\boldsymbol{A}^2-\boldsymbol{E}$ 成立.

假设当 $n=k$ 时,等式 $\boldsymbol{A}^k=\boldsymbol{A}^{k-2}+\boldsymbol{A}^2-\boldsymbol{E}$ 成立.

当 $n=k+1$ 时,有

$$\begin{aligned}
\boldsymbol{A}^{k+1}&=\boldsymbol{A}\boldsymbol{A}^k=\boldsymbol{A}(\boldsymbol{A}^{k-2}+\boldsymbol{A}^2-\boldsymbol{E})=\boldsymbol{A}^{k-1}+\boldsymbol{A}^3-\boldsymbol{A}\\
&=\boldsymbol{A}^{k-1}+(\boldsymbol{A}^2+\boldsymbol{A}-\boldsymbol{E})-\boldsymbol{A}=\boldsymbol{A}^{k-1}+\boldsymbol{A}^2-\boldsymbol{E}.
\end{aligned}$$

由数学归纳法证得等式成立.

下面用公式法加以求解:

$$\begin{aligned}
\boldsymbol{A}^{1\,000}&=\boldsymbol{A}^{998}+\boldsymbol{A}^2-\boldsymbol{E}=\boldsymbol{A}^{996}+\boldsymbol{A}^2-\boldsymbol{E}+\boldsymbol{A}^2-\boldsymbol{E}\\
&=\boldsymbol{A}^{996}+2(\boldsymbol{A}^2-\boldsymbol{E})=\cdots\\
&=\boldsymbol{A}^2+499(\boldsymbol{A}^2-\boldsymbol{E})=500\boldsymbol{A}^2-499\boldsymbol{E}.
\end{aligned}$$

而

$$\boldsymbol{A}^2=\begin{pmatrix}1&0&0\\1&0&1\\0&1&0\end{pmatrix}\begin{pmatrix}1&0&0\\1&0&1\\0&1&0\end{pmatrix}=\begin{pmatrix}1&0&0\\1&1&0\\1&0&1\end{pmatrix},$$

故

$$\boldsymbol{A}^{1000}=500\boldsymbol{A}^2-499\boldsymbol{E}=\begin{pmatrix}1&0&0\\500&1&0\\500&0&1\end{pmatrix}.$$

2. 解微分方程组

例 3 求解微分方程组

$$\begin{cases}\dfrac{\mathrm{d}x_1}{\mathrm{d}t}=x_1-2x_2,\\[2mm]\dfrac{\mathrm{d}x_2}{\mathrm{d}t}=x_1+4x_2.\end{cases}$$

解 记 $\boldsymbol{x}=\begin{pmatrix}x_1\\x_2\end{pmatrix}$，$\boldsymbol{A}=\begin{pmatrix}1&-2\\1&4\end{pmatrix}$，此方程组可化为 $\dfrac{\mathrm{d}\boldsymbol{x}}{\mathrm{d}t}=\boldsymbol{A}\boldsymbol{x}$.

先化 $\boldsymbol{A}$ 为对角矩阵，为此要找出可逆矩阵 $\boldsymbol{P}$，使得 $\boldsymbol{P}^{-1}\boldsymbol{A}\boldsymbol{P}=\boldsymbol{\Lambda}$，求得

$$\boldsymbol{P}=\begin{pmatrix}2&1\\-1&-1\end{pmatrix},\quad \boldsymbol{P}^{-1}=\begin{pmatrix}1&1\\-1&-2\end{pmatrix},\quad \boldsymbol{\Lambda}=\begin{pmatrix}2&0\\0&3\end{pmatrix}.$$

再做变换 $\boldsymbol{x}=\boldsymbol{P}\boldsymbol{y}$，$\boldsymbol{y}=\begin{pmatrix}y_1\\y_2\end{pmatrix}$，化方程组为

$$\boldsymbol{P}\frac{\mathrm{d}\boldsymbol{y}}{\mathrm{d}t}=\boldsymbol{A}\boldsymbol{P}\boldsymbol{y},\quad \frac{\mathrm{d}\boldsymbol{y}}{\mathrm{d}t}=\boldsymbol{P}^{-1}\boldsymbol{A}\boldsymbol{P}\boldsymbol{y}=\boldsymbol{\Lambda}\boldsymbol{y},$$

即

$$\begin{cases}\dfrac{\mathrm{d}y_1}{\mathrm{d}t}=2y_1,\\[2mm]\dfrac{\mathrm{d}y_2}{\mathrm{d}t}=3y_2,\end{cases}$$

解得 $y_1=c_1\mathrm{e}^{2t}$，$y_2=c_2\mathrm{e}^{3t}$.

最后由 $\boldsymbol{x}=\boldsymbol{P}\boldsymbol{y}$，即 $\begin{pmatrix}x_1\\x_2\end{pmatrix}=\begin{pmatrix}2&1\\-1&-1\end{pmatrix}\begin{pmatrix}y_1\\y_2\end{pmatrix}$，得方程组的通解为

$$\begin{cases}x_1=2y_1+y_2=2c_1\mathrm{e}^{2t}+c_2\mathrm{e}^{3t},\\ x_2=-y_1-y_2=-c_1\mathrm{e}^{2t}-c_2\mathrm{e}^{3t}.\end{cases}$$

说明　这里介绍求可逆矩阵 $\boldsymbol{P}$ 的步骤如下：

先求 $\boldsymbol{A}$ 的特征值. 由

$$|\boldsymbol{A}-\lambda\boldsymbol{E}|=\begin{vmatrix}1-\lambda & -2\\ 1 & 4-\lambda\end{vmatrix}=(4-\lambda)(1-\lambda)+2$$
$$=\lambda^2-5\lambda+6=(\lambda-2)(\lambda-3)=0,$$

得 $\lambda_1=2,\lambda_2=3$.

再求特征向量. 将 $\lambda_1=2$ 代入得 $(\boldsymbol{A}-2\boldsymbol{E})\boldsymbol{x}=\boldsymbol{0}$，由

$$\boldsymbol{A}-2\boldsymbol{E}=\begin{pmatrix}-1 & -2\\ 1 & 2\end{pmatrix}\xrightarrow{r_1\leftrightarrow r_2}\begin{pmatrix}1 & 2\\ -1 & -2\end{pmatrix}\xrightarrow{r_2+r_1}\begin{pmatrix}1 & 2\\ 0 & 0\end{pmatrix},$$

得同解方程组为 $x_1=-2x_2$，求得 $\lambda_1=2$ 对应的特征向量为 $\boldsymbol{\xi}_1=(2,-1)^{\mathrm{T}}$.

将 $\lambda_2=3$ 代入得 $(\boldsymbol{A}-3\boldsymbol{E})\boldsymbol{x}=\boldsymbol{0}$，由

$$\boldsymbol{A}-3\boldsymbol{E}=\begin{pmatrix}-2 & -2\\ 1 & 1\end{pmatrix}\xrightarrow{r_1\leftrightarrow r_2}\begin{pmatrix}1 & 1\\ -2 & -2\end{pmatrix}\xrightarrow{r_2+2r_1}\begin{pmatrix}1 & 1\\ 0 & 0\end{pmatrix},$$

得同解方程组为 $x_1=-x_2$，求得 $\lambda_2=3$ 对应的特征向量为 $\boldsymbol{\xi}_2=(1,-1)^{\mathrm{T}}$.

最后求矩阵 $\boldsymbol{P}$. 故 $\boldsymbol{P}=(\boldsymbol{\xi}_1,\boldsymbol{\xi}_2)=\begin{pmatrix}2 & 1\\ -1 & -1\end{pmatrix}$.

3. 其他应用

例 4　设数列 $\{u_n\}$，$\{v_n\}$ 满足 $\begin{cases}u_n=2u_{n-1}-3v_{n-1},\\ v_n=\dfrac{1}{2}u_{n-1}-\dfrac{1}{2}v_{n-1},\end{cases}$ 且 $u_0=1,v_0=0$，求 $\{u_n\}$ 的通项及 $\lim\limits_{n\to\infty}u_n$.

解　将所给的关系式写成矩阵形式：

$$\begin{pmatrix}u_n\\ v_n\end{pmatrix}=\boldsymbol{A}\begin{pmatrix}u_{n-1}\\ v_{n-1}\end{pmatrix},\quad \boldsymbol{A}=\begin{pmatrix}2 & -3\\ \dfrac{1}{2} & -\dfrac{1}{2}\end{pmatrix},$$

于是

$$\begin{pmatrix}u_n\\v_n\end{pmatrix}=\boldsymbol{A}\begin{pmatrix}u_{n-1}\\v_{n-1}\end{pmatrix}=\boldsymbol{A}^2\begin{pmatrix}u_{n-2}\\v_{n-2}\end{pmatrix}=\cdots=\boldsymbol{A}^n\begin{pmatrix}u_0\\v_0\end{pmatrix}.$$

下面求 $\boldsymbol{A}^n$.

求得$\boldsymbol{A}$的特征值分别为$\lambda_1=1,\lambda_2=\dfrac{1}{2}$,对应的特征向量分别为$\boldsymbol{\xi}_1=(3,1)^{\mathrm{T}},\boldsymbol{\xi}_2=(2,1)^{\mathrm{T}}$. 作 $\boldsymbol{P}=(\boldsymbol{\xi}_1,\boldsymbol{\xi}_2)=\begin{pmatrix}3&2\\1&1\end{pmatrix}$,求出 $\boldsymbol{P}^{-1}=\begin{pmatrix}1&-2\\-1&3\end{pmatrix}$,则

$$\boldsymbol{P}^{-1}\boldsymbol{A}\boldsymbol{P}=\boldsymbol{\Lambda}=\begin{pmatrix}1&\\&\frac{1}{2}\end{pmatrix},$$

从而

$$\boldsymbol{A}^n=\boldsymbol{P}\boldsymbol{\Lambda}^n\boldsymbol{P}^{-1}=\begin{pmatrix}3&2\\1&1\end{pmatrix}\begin{pmatrix}1&0\\0&\left(\frac{1}{2}\right)^n\end{pmatrix}\begin{pmatrix}1&-2\\-1&3\end{pmatrix}$$

$$=\begin{pmatrix}3&2\times\left(\frac{1}{2}\right)^n\\1&\left(\frac{1}{2}\right)^n\end{pmatrix}\begin{pmatrix}1&-2\\-1&3\end{pmatrix}=\begin{pmatrix}3-2\times\left(\frac{1}{2}\right)^n&-6+6\times\left(\frac{1}{2}\right)^n\\1-\left(\frac{1}{2}\right)^n&-2+3\times\left(\frac{1}{2}\right)^n\end{pmatrix}.$$

由$\begin{pmatrix}u_n\\v_n\end{pmatrix}=\boldsymbol{A}^n\begin{pmatrix}u_0\\v_0\end{pmatrix}=\boldsymbol{A}^n\begin{pmatrix}1\\0\end{pmatrix}=\begin{pmatrix}3-2\times\left(\frac{1}{2}\right)^n\\1-\left(\frac{1}{2}\right)^n\end{pmatrix}$,得 $u_n=3-2\times\left(\dfrac{1}{2}\right)^n$,且$\lim\limits_{n\to\infty}u_n=3$.

例 5　证明:方阵

$$\boldsymbol{A}=a^2\begin{pmatrix}1&l&\cdots&l\\l&1&\cdots&l\\\vdots&\vdots&&\vdots\\l&l&\cdots&1\end{pmatrix}$$

的最大特征值是 $\lambda_1=a^2[1+(n-1)l]$,其中 $0<l<1$.

证

$$|\boldsymbol{A}-\lambda\boldsymbol{E}|=\begin{vmatrix}a^2-\lambda&a^2l&\cdots&a^2l\\a^2l&a^2-\lambda&\cdots&a^2l\\\vdots&\vdots&&\vdots\\a^2l&a^2l&\cdots&a^2-\lambda\end{vmatrix}$$

$$\xlongequal{r_1+r_2+\cdots+r_n}[(n-1)a^2l+a^2-\lambda]\begin{vmatrix}1&1&\cdots&1\\a^2l&a^2-\lambda&\cdots&a^2l\\\vdots&\vdots&&\vdots\\a^2l&a^2l&\cdots&a^2-\lambda\end{vmatrix}$$

$$\xlongequal{r_i-a^2lr_1(i>1)}[(n-1)a^2l+a^2-\lambda]\begin{vmatrix}1&1&\cdots&1\\0&a^2(1-l)-\lambda&\cdots&0\\\vdots&\vdots&&\vdots\\0&0&\cdots&a^2(1-l)-\lambda\end{vmatrix}$$

$$=[(n-1)a^2l+a^2-\lambda]\,[a^2(1-l)-\lambda]^{n-1},$$

于是得 $\boldsymbol{A}$ 的特征值分别为

$$\lambda_1=a^2[1+(n-1)l],\quad \lambda_2=\cdots=\lambda_n=a^2(1-l).$$

因为 $0<l<1,a^2>0$,所以 $\lambda_1>\lambda_2=\cdots=\lambda_n$,即 λ_1 为 $\boldsymbol{A}$ 的最大特征值.

说明 例 5 是用计算性证题法(即直接通过计算加以证明)去证题.

例 6 在某国,每年有比例为 p 的农村居民移居城镇,有比例为 q 的城镇居民移居农村.假设该国总人口不变,且上述人口迁移的规律也不变,把 n 年后农村居民和城镇居民占总人口的比例依次记为 x_n 和 $y_n(x_n+y_n=1)$.

(1) 求关系式 $\begin{pmatrix}x_{n+1}\\y_{n+1}\end{pmatrix}=\boldsymbol{A}\begin{pmatrix}x_n\\y_n\end{pmatrix}$ 中的矩阵 $\boldsymbol{A}$;

(2) 设目前农村居民和城镇居民相等,即 $\begin{pmatrix}x_0\\y_0\end{pmatrix}=\begin{pmatrix}0.5\\0.5\end{pmatrix}$,求 $\begin{pmatrix}x_n\\y_n\end{pmatrix}$.

解 (1) 设该国总人口为 N,则 $n+1$ 年后农村居民为

$$Nx_{n+1}=Nx_n+Ny_nq-Nx_np,$$

$n+1$ 年后城镇居民为

$$Ny_{n+1}=Ny_n+Nx_np-Ny_nq,$$

整理得

$$\begin{cases}x_{n+1}=(1-p)x_n+qy_n,\\y_{n+1}=px_n+(1-q)y_n,\end{cases}$$

即

$$\begin{pmatrix}x_{n+1}\\y_{n+1}\end{pmatrix}=\begin{pmatrix}1-p&q\\p&1-q\end{pmatrix}\begin{pmatrix}x_n\\y_n\end{pmatrix}.$$

故

$$\boldsymbol{A}=\begin{pmatrix}1-p&q\\p&1-q\end{pmatrix}.$$

(2) 由

$$\begin{pmatrix} x_n \\ y_n \end{pmatrix} = \boldsymbol{A}\begin{pmatrix} x_{n-1} \\ y_{n-1} \end{pmatrix} = \boldsymbol{A}^2\begin{pmatrix} x_{n-2} \\ y_{n-2} \end{pmatrix} = \cdots = \boldsymbol{A}^n\begin{pmatrix} x_0 \\ y_0 \end{pmatrix}$$

可见，只要求得 $\boldsymbol{A}^n$，即可得到$\begin{pmatrix} x_n \\ y_n \end{pmatrix}$. 因

$$|\boldsymbol{A}-\lambda\boldsymbol{E}| = \begin{vmatrix} 1-p-\lambda & q \\ p & 1-q-\lambda \end{vmatrix} \xlongequal{r_1+r_2} \begin{vmatrix} 1-\lambda & 1-\lambda \\ p & 1-q-\lambda \end{vmatrix}$$
$$=(1-\lambda)(1-p-q-\lambda),$$

故 $\boldsymbol{A}$ 有特征值 $\lambda_1=1, \lambda_2=1-p-q$.

对应于 $\lambda_1=1$，$(\boldsymbol{A}-\boldsymbol{E})\boldsymbol{x}=\boldsymbol{0}$，由

$$\boldsymbol{A}-\boldsymbol{E} = \begin{pmatrix} -p & q \\ p & -q \end{pmatrix} \xrightarrow[-r_1]{r_2+r_1} \begin{pmatrix} p & -q \\ 0 & 0 \end{pmatrix},$$

得特征向量为 $\boldsymbol{\xi}_1=(q,p)^{\mathrm{T}}$.

对应于 $\lambda_2=1-p-q$，$[\boldsymbol{A}-(1-p-q)\boldsymbol{E}]\boldsymbol{x}=\boldsymbol{0}$，由

$$\boldsymbol{A}-(1-p-q)\boldsymbol{E} = \begin{pmatrix} q & q \\ p & p \end{pmatrix} \xrightarrow[r_2/p]{r_1/q} \begin{pmatrix} 1 & 1 \\ 1 & 1 \end{pmatrix} \xrightarrow{r_2-r_1} \begin{pmatrix} 1 & 1 \\ 0 & 0 \end{pmatrix},$$

得特征向量为 $\boldsymbol{\xi}_2=(-1,1)^{\mathrm{T}}$.

作 $\boldsymbol{P}_1=(\boldsymbol{\xi}_1,\boldsymbol{\xi}_2)=\begin{pmatrix} q & -1 \\ p & 1 \end{pmatrix}$，求出 $\boldsymbol{P}_1^{-1}=\dfrac{1}{p+q}\begin{pmatrix} 1 & 1 \\ -p & q \end{pmatrix}$，故

$$\boldsymbol{P}_1^{-1}\boldsymbol{A}\boldsymbol{P}_1 = \begin{pmatrix} 1 & 0 \\ 0 & 1-p-q \end{pmatrix}, \quad \boldsymbol{A} = \boldsymbol{P}_1\begin{pmatrix} 1 & 0 \\ 0 & 1-p-q \end{pmatrix}\boldsymbol{P}_1^{-1},$$

则

$$\boldsymbol{A}^n = \boldsymbol{P}_1\begin{pmatrix} 1 & 0 \\ 0 & (1-p-q)^n \end{pmatrix}\boldsymbol{P}_1^{-1}.$$

因而

$$\begin{pmatrix} x_n \\ y_n \end{pmatrix} = \boldsymbol{A}^n\begin{pmatrix} x_0 \\ y_0 \end{pmatrix} = \boldsymbol{P}_1\begin{pmatrix} 1 & 0 \\ 0 & (1-p-q)^n \end{pmatrix}\boldsymbol{P}_1^{-1}\begin{pmatrix} x_0 \\ y_0 \end{pmatrix}$$
$$=\frac{1}{p+q}\boldsymbol{P}_1\begin{pmatrix} 1 & 0 \\ 0 & (1-p-q)^n \end{pmatrix}\begin{pmatrix} 1 \\ 0.5(q-p) \end{pmatrix}$$
$$=\frac{1}{p+q}\boldsymbol{P}_1\begin{pmatrix} 1 \\ 0.5(q-p)(1-p-q)^n \end{pmatrix}$$
$$=\frac{1}{2(p+q)}\begin{pmatrix} 2q-(1-p-q)^n(q-p) \\ 2p+(1-p-q)^n(q-p) \end{pmatrix}.$$

说明　例 6 与例 4 相仿，不过这里求出 $\boldsymbol{A}^n=\boldsymbol{P}_1\boldsymbol{\Lambda}^n\boldsymbol{P}_1^{-1}$ 后，由 $\begin{pmatrix}x_n\\y_n\end{pmatrix}=\boldsymbol{A}^n\begin{pmatrix}x_0\\y_0\end{pmatrix}$ 先求 $\boldsymbol{P}_1^{-1}\begin{pmatrix}x_0\\y_0\end{pmatrix}$，再求 $\boldsymbol{\Lambda}^n\boldsymbol{P}_1^{-1}\begin{pmatrix}x_0\\y_0\end{pmatrix}$，最后求 $\boldsymbol{P}_1\boldsymbol{\Lambda}^n\boldsymbol{P}_1^{-1}\begin{pmatrix}x_0\\y_0\end{pmatrix}$. 而不像例 4 那样，直接求出 $\boldsymbol{A}^n=\boldsymbol{P}_1\boldsymbol{\Lambda}^n\boldsymbol{P}_1^{-1}$ 后，再求 $\boldsymbol{A}^n\begin{pmatrix}x_0\\y_0\end{pmatrix}$ 而得 $\begin{pmatrix}x_n\\y_n\end{pmatrix}$.

习题六

1. 求下列方阵 $\boldsymbol{A}$ 的特征值与特征向量：

(1) $\boldsymbol{A}=\begin{pmatrix}-2&1&1\\0&2&0\\-4&1&3\end{pmatrix}$；　(2) $\boldsymbol{A}=\begin{pmatrix}2&-1&2\\5&-3&3\\-1&0&-2\end{pmatrix}$；

(3) $\boldsymbol{A}=\begin{pmatrix}a&0&0\\0&a&0\\0&0&a\end{pmatrix}$.

2. 已知 $\lambda_1=0$ 是三阶方阵 $\boldsymbol{A}=\begin{pmatrix}1&0&1\\0&2&0\\1&0&a\end{pmatrix}$ 的特征值，求 a 及特征值 λ_2,λ_3.

3. 若 n 阶方阵 $\boldsymbol{A}$ 满足 $\boldsymbol{A}^2=\boldsymbol{A}$（称 $\boldsymbol{A}$ 为幂等矩阵），证明：幂等矩阵的特征值只能是 1 和 0.

4. 设 $-\dfrac{1}{2}$ 是方阵 $\boldsymbol{A}$ 的一个特征值，且 $|\boldsymbol{A}|=2$，求 $\boldsymbol{A}^*-\boldsymbol{E}$ 的一个特征值.

5. 设 $1,-2,-\dfrac{3}{2}$ 是三阶方阵 $\boldsymbol{A}$ 的特征值，求 $|2\boldsymbol{A}^*-3\boldsymbol{E}|$.

6. 设 n 阶方阵 $\boldsymbol{A}$ 有两个不同的特征值 λ_1,λ_2，$\boldsymbol{\xi}_1,\boldsymbol{\xi}_2$ 是分别属于 λ_1,λ_2 的特征向量，证明：$\boldsymbol{\xi}_1+\boldsymbol{\xi}_2$ 不是 $\boldsymbol{A}$ 的特征向量.

7. 已知三阶方阵 $\boldsymbol{A}$ 有三个特征值分别为 $1,-1,2$，设 $\boldsymbol{B}=\boldsymbol{A}^3-5\boldsymbol{A}^2$，求 $\boldsymbol{B}$ 的特征值及相似对角矩阵.

8. 判断下列方阵能否相似对角化，试说明其理由：

(1) $\boldsymbol{A}=\begin{pmatrix}1&2&1\\0&3&0\\0&0&0\end{pmatrix}$；　(2) $\boldsymbol{B}=\begin{pmatrix}1&2&1\\0&1&0\\0&0&3\end{pmatrix}$；

(3) $\boldsymbol{C}=\begin{pmatrix}1&1&1\\2&2&2\\3&3&3\end{pmatrix}$.

9. 已知 $\boldsymbol{\xi}=\begin{pmatrix}1\\1\\-1\end{pmatrix}$ 是方阵 $\boldsymbol{A}=\begin{pmatrix}2&-1&2\\5&a&3\\-1&b&-2\end{pmatrix}$ 的一个特征向量.

(1) 试确定参数 a,b 及特征向量 $\boldsymbol{\xi}$ 所对应的特征值;

(2) 问:$\boldsymbol{A}$ 能否相似于对角矩阵?试说明其理由.

10. 设方阵 $\boldsymbol{A}$ 与 $\boldsymbol{B}$ 相似,其中 $\boldsymbol{A}=\begin{pmatrix}-2&0&2\\2&x&2\\3&1&1\end{pmatrix}$,$\boldsymbol{B}=\begin{pmatrix}-1&0&0\\0&2&0\\0&0&y\end{pmatrix}$,求:

(1) x 和 y 的值;

(2) 可逆矩阵 $\boldsymbol{P}$,使得 $\boldsymbol{P}^{-1}\boldsymbol{AP}=\boldsymbol{B}$.(说明:作为复习巩固之用.)

11. 已知三阶方阵 $\boldsymbol{A}$ 的特征值分别为 $\lambda_1=1,\lambda_2=2,\lambda_3=3$,其对应的特征向量依次为 $\boldsymbol{\xi}_1=(0,1,0)^{\mathrm{T}}$,$\boldsymbol{\xi}_2=(1,0,0)^{\mathrm{T}}$,$\boldsymbol{\xi}_3=(0,0,1)^{\mathrm{T}}$,求方阵 $\boldsymbol{A}$ 和 $|\boldsymbol{A}^2-2\boldsymbol{E}|$.

12. 设三阶实对称矩阵 $\boldsymbol{A}$ 的特征值分别为 $\lambda_1=1,\lambda_2=-1,\lambda_3=0$,属于 λ_1,λ_2 的特征向量依次为 $\boldsymbol{\xi}_1=(1,2,2)^{\mathrm{T}}$,$\boldsymbol{\xi}_2=(2,1,-2)^{\mathrm{T}}$,求 $\boldsymbol{A}$.

13. 设三阶实对称矩阵 $\boldsymbol{A}$ 的特征值分别为 $\lambda_1=6,\lambda_2=\lambda_3=3$,属于 $\lambda_1=6$ 的特征向量为 $\boldsymbol{\xi}_1=(1,1,1)^{\mathrm{T}}$,求 $\boldsymbol{A}$.

14. 已知三阶实对称矩阵 $\boldsymbol{A}$ 的一个特征值 $\lambda=2$,对应的特征向量为 $\boldsymbol{\xi}=(1,2,-1)^{\mathrm{T}}$,且 $\boldsymbol{A}$ 的主对角线上元素全为 0,求 $\boldsymbol{A}$.

15. 求一个正交相似变换矩阵,将下列实对称矩阵化为对角矩阵:

$$\begin{pmatrix}2&2&-2\\2&5&-4\\-2&-4&5\end{pmatrix}.$$

16. 设 $\boldsymbol{A}$,$\boldsymbol{B}$ 为同阶方阵,

(1) 若 $\boldsymbol{A}\sim\boldsymbol{B}$,证明:$\boldsymbol{A}$,$\boldsymbol{B}$ 的特征多项式相等;

(2) 举一个二阶方阵的例子说明(1) 的逆命题不成立;

(3) 当 $\boldsymbol{A}$,$\boldsymbol{B}$ 均为实对称矩阵时,证明(1) 的逆命题成立.

17. 设实对称矩阵 $\boldsymbol{A}=\begin{pmatrix}1&0&1\\0&2&0\\1&0&1\end{pmatrix}$,求一个正交矩阵 $\boldsymbol{Q}$,使得 $\boldsymbol{Q}^{-1}\boldsymbol{AQ}$ 为对角矩阵,并求 $\boldsymbol{A}^k$.

18. 用相似对角化法求方阵 $\boldsymbol{A}=\begin{pmatrix}2&1\\2&3\end{pmatrix}$ 的 $\boldsymbol{A}^k$.

19. 用单位矩阵表示法求方阵 $\boldsymbol{A}=\begin{pmatrix}2&1\\2&3\end{pmatrix}$ 的 $\boldsymbol{A}^k$.

20. 求解微分方程组 $\begin{cases} \dfrac{\mathrm{d}x_1}{\mathrm{d}t}=x_1+2x_2, \\ \dfrac{\mathrm{d}x_2}{\mathrm{d}t}=4x_1+3x_2. \end{cases}$

21. 某试验性生产线每年一月份进行熟练工与非熟练工的人数统计，然后将 $\frac{1}{5}$ 熟练工支援其他生产部门，其缺额由招收的新的非熟练工补齐. 新、老非熟练工经过培训及实践至年终考核有 $\frac{2}{5}$ 成为熟练工. 设第 n 年一月份统计的熟练工与非熟练工所占百分比分别为 x_n 和 y_n，记为向量 $\begin{pmatrix} x_n \\ y_n \end{pmatrix}$.

(1) 求 $\begin{pmatrix} x_{n+1} \\ y_{n+1} \end{pmatrix}$ 与 $\begin{pmatrix} x_n \\ y_n \end{pmatrix}$ 的关系式，并写出矩阵形式：$\begin{pmatrix} x_{n+1} \\ y_{n+1} \end{pmatrix}=\boldsymbol{A}\begin{pmatrix} x_n \\ y_n \end{pmatrix}$；

(2) 验证 $\boldsymbol{\eta}_1=\begin{pmatrix} 4 \\ 1 \end{pmatrix}$，$\boldsymbol{\eta}_2=\begin{pmatrix} -1 \\ 1 \end{pmatrix}$ 是 $\boldsymbol{A}$ 的两个线性无关的特征向量，并求出相应的特征值；

(3) 当 $\begin{pmatrix} x_1 \\ y_1 \end{pmatrix}=\begin{pmatrix} \frac{1}{2} \\ \frac{1}{2} \end{pmatrix}$ 时，求 $\begin{pmatrix} x_{n+1} \\ y_{n+1} \end{pmatrix}$.

本章小结

第七章　二　次　型

二次型不仅在几何问题方面，而且在数理统计、物理学和网络理论等方面都有着重要的应用．本章将讨论二次型与对称矩阵、化二次型为标准形与规范形、二次型的正定性、二次型的应用．

课程思政案例

知识结构

§7.1 二次型与对称矩阵

微课视频

在解析几何中，二次曲线的一般方程是

$$ax^2+2bxy+cy^2+2dx+2ey+f=0,$$

它的二次项 $\varphi(x,y)=ax^2+2bxy+cy^2$ 是一个二元二次齐次多项式. 在讨论某些问题时，常遇到 n 元二次齐次多项式.

定义 1 含有 n 元(即 n 个变量)$x_1,x_2,\cdots,x_n$ 的二次齐次多项式

$$\begin{aligned}f(x_1,x_2,\cdots,x_n)=a_{11}x_1^2+a_{22}x_2^2+\cdots+a_{nn}x_n^2+2a_{12}x_1x_2+\cdots\\+2a_{1n}x_1x_n+2a_{23}x_2x_3+\cdots\\+2a_{2n}x_2x_n+\cdots+2a_{n-1,n}x_{n-1}x_n\end{aligned} \tag{7.1}$$

称为 n 元二次型.

若取 $a_{ji}=a_{ij}$，则

$$2a_{ij}x_ix_j=a_{ij}x_ix_j+a_{ji}x_jx_i,$$

于是(7.1) 式可写成

$$f=\sum_{i=1}^{n}\sum_{j=1}^{n}a_{ij}x_ix_j. \tag{7.2}$$

对于(7.2) 式，利用矩阵，二次型可表示为

$$f=(x_1,x_2,\cdots,x_n)\begin{pmatrix}a_{11}&a_{12}&\cdots&a_{1n}\\a_{21}&a_{22}&\cdots&a_{2n}\\\vdots&\vdots&&\vdots\\a_{n1}&a_{n2}&\cdots&a_{nn}\end{pmatrix}\begin{pmatrix}x_1\\x_2\\\vdots\\x_n\end{pmatrix}. \tag{7.3}$$

记

$$\boldsymbol{A}=\begin{pmatrix}a_{11}&a_{12}&\cdots&a_{1n}\\a_{21}&a_{22}&\cdots&a_{2n}\\\vdots&\vdots&&\vdots\\a_{n1}&a_{n2}&\cdots&a_{nn}\end{pmatrix},\quad \boldsymbol{x}=\begin{pmatrix}x_1\\x_2\\\vdots\\x_n\end{pmatrix},$$

则二次型可记为

$$f=\boldsymbol{x}^{\mathrm{T}}\boldsymbol{A}\boldsymbol{x}, \tag{7.4}$$

其中 $\boldsymbol{A}=(a_{ij})_{n\times n}$ 为对称矩阵，也称为二次型矩阵. 由此可见，二次型与二次型矩阵是一一对应的.

例 1 用矩阵记号表示二次型

$$f=x_1^2+4x_1x_2+4x_2^2+2x_1x_3+x_3^2+4x_2x_3.$$

解 由(7.3) 式和(7.4) 式知

$$f=(x_1,x_2,x_3)\begin{pmatrix}1&2&1\\2&4&2\\1&2&1\end{pmatrix}\begin{pmatrix}x_1\\x_2\\x_3\end{pmatrix}.$$

定义 2 对称矩阵 $\boldsymbol{A}$ 的秩 $R(\boldsymbol{A})$ 称为二次型 f 的秩，记为 $R(f)$.

例 2 求例 1 中二次型 f 的秩 $R(f)$.

解 因为

$$\boldsymbol{A}=\begin{pmatrix}1&2&1\\2&4&2\\1&2&1\end{pmatrix}\xrightarrow[r_3-r_1]{r_2-2r_1}\begin{pmatrix}1&2&1\\0&0&0\\0&0&0\end{pmatrix},$$

所以 $R(\boldsymbol{A})=1$，从而 $R(f)=1$.

定义 3 设有两个对称矩阵 $\boldsymbol{A}$ 和 $\boldsymbol{B}$. 若存在可逆矩阵 $\boldsymbol{C}$，使得 $\boldsymbol{C}^{\mathrm{T}}\boldsymbol{A}\boldsymbol{C}=\boldsymbol{B}$，则称 $\boldsymbol{A}$ 与 $\boldsymbol{B}$ 合同，记为 $\boldsymbol{A}\simeq\boldsymbol{B}$，亦称 $\boldsymbol{B}$ 是 $\boldsymbol{A}$ 的合同矩阵，并称由 $\boldsymbol{A}$ 到 $\boldsymbol{B}$ 的变换为合同变换，称 $\boldsymbol{C}$ 为合同变换矩阵，对 $\boldsymbol{A}$ 进行运算 $\boldsymbol{C}^{\mathrm{T}}\boldsymbol{A}\boldsymbol{C}$ 称为对 $\boldsymbol{A}$ 进行合同变换.

下面介绍几个基本性质.

性质 1

① 变量 $\boldsymbol{x}=(x_1,x_2,\cdots,x_n)^{\mathrm{T}}$ 的 n 元二次型 $\boldsymbol{x}^{\mathrm{T}}\boldsymbol{A}\boldsymbol{x}$ 经坐标变换

$$\boldsymbol{x}=\boldsymbol{C}\boldsymbol{y}\quad(|\boldsymbol{C}|\neq 0)$$

后，成为变量 $\boldsymbol{y}=(y_1,y_2,\cdots,y_n)^{\mathrm{T}}$ 的 n 元二次型 $\boldsymbol{y}^{\mathrm{T}}\boldsymbol{B}\boldsymbol{y}$，其中 $\boldsymbol{B}=\boldsymbol{C}^{\mathrm{T}}\boldsymbol{A}\boldsymbol{C}$，则 $\boldsymbol{A}$ 与 $\boldsymbol{B}$ 是合同的.

② 二次型矩阵 $\boldsymbol{A}$ 经坐标变换 $\boldsymbol{x}=\boldsymbol{C}\boldsymbol{y}(|\boldsymbol{C}|\neq 0)$ 变成二次型矩阵 $\boldsymbol{B}$，则 $\boldsymbol{B}$ 为对称矩阵.

③ 若 $\boldsymbol{x}=\boldsymbol{C}\boldsymbol{y}$ 是正交变换（$\boldsymbol{C}$ 为正交矩阵），则有 $\boldsymbol{B}=\boldsymbol{C}^{\mathrm{T}}\boldsymbol{A}\boldsymbol{C}=\boldsymbol{C}^{-1}\boldsymbol{A}\boldsymbol{C}$，即经正交变换，二次型矩阵不仅合同而且相似.

这里仅证明性质 ②.

证 ② 由于

$$\boldsymbol{x}^{\mathrm{T}}\boldsymbol{A}\boldsymbol{x}=(\boldsymbol{C}\boldsymbol{y})^{\mathrm{T}}\boldsymbol{A}(\boldsymbol{C}\boldsymbol{y})=\boldsymbol{y}^{\mathrm{T}}\boldsymbol{C}^{\mathrm{T}}\boldsymbol{A}\boldsymbol{C}\boldsymbol{y}=\boldsymbol{y}^{\mathrm{T}}\boldsymbol{B}\boldsymbol{y},$$

而

$$\boldsymbol{B}^{\mathrm{T}}=(\boldsymbol{C}^{\mathrm{T}}\boldsymbol{A}\boldsymbol{C})^{\mathrm{T}}=\boldsymbol{C}^{\mathrm{T}}\boldsymbol{A}^{\mathrm{T}}(\boldsymbol{C}^{\mathrm{T}})^{\mathrm{T}}=\boldsymbol{C}^{\mathrm{T}}\boldsymbol{A}\boldsymbol{C}=\boldsymbol{B},$$

因此 $\boldsymbol{B}$ 为对称矩阵.

例 3 设二次型 $f=2x_1^2+x_2^2-4x_1x_2-4x_2x_3$,做可逆变换

$$\begin{pmatrix}x_1\\x_2\\x_3\end{pmatrix}=\begin{pmatrix}1&1&-2\\0&1&-2\\0&0&1\end{pmatrix}\begin{pmatrix}y_1\\y_2\\y_3\end{pmatrix},$$

求新二次型.

解 方法 1 将 $\begin{cases}x_1=y_1+y_2-2y_3,\\x_2=y_2-2y_3,\\x_3=y_3\end{cases}$ 代入 f 直接运算,即

$$\begin{aligned}f&=2(y_1+y_2-2y_3)^2+(y_2-2y_3)^2-4(y_1+y_2-2y_3)(y_2-2y_3)-4(y_2-2y_3)y_3\\&=2y_1^2-y_2^2+4y_3^2.\end{aligned}$$

方法 2 利用合同矩阵.

由题意知,f 的二次型矩阵 $A=\begin{pmatrix}2&-2&0\\-2&1&-2\\0&-2&0\end{pmatrix}$,设 $C=\begin{pmatrix}1&1&-2\\0&1&-2\\0&0&1\end{pmatrix}$,则

$$B=C^{\mathrm T}AC=\begin{pmatrix}1&0&0\\1&1&0\\-2&-2&1\end{pmatrix}\begin{pmatrix}2&-2&0\\-2&1&-2\\0&-2&0\end{pmatrix}\begin{pmatrix}1&1&-2\\0&1&-2\\0&0&1\end{pmatrix}=\begin{pmatrix}2&&\\&-1&\\&&4\end{pmatrix},$$

因此

$$f=(y_1,y_2,y_3)\begin{pmatrix}2&&\\&-1&\\&&4\end{pmatrix}\begin{pmatrix}y_1\\y_2\\y_3\end{pmatrix}=2y_1^2-y_2^2+4y_3^2.$$

例 4 试求可逆矩阵 C,使得 $C^{\mathrm T}AC=B$,其中 A,B 分别为

$$A=\begin{pmatrix}0&\frac{1}{2}&-\frac{1}{2}\\\frac{1}{2}&0&-1\\-\frac{1}{2}&-1&0\end{pmatrix},\quad B=\begin{pmatrix}1&\frac{1}{2}&-\frac{3}{2}\\\frac{1}{2}&0&-1\\-\frac{3}{2}&-1&0\end{pmatrix}.$$

解 经观察可发现,矩阵 B 是由矩阵 A 第二列加至第一列,再第二行加至第一行而得到的,即

$$E(12(1))AE(21(1))=B.$$

而 $E^{\mathrm T}(21(1))=E(12(1))$,故

$$C=E(21(1))=\begin{pmatrix}1&0&0\\1&1&0\\0&0&1\end{pmatrix}.$$

§7.2 二次型的标准形与规范形

微课视频

1. 二次型的标准形

定义 1 若存在可逆的线性变换(即坐标变换)

$$\begin{cases} x_1 = c_{11}y_1 + c_{12}y_2 + \cdots + c_{1n}y_n, \\ x_2 = c_{21}y_1 + c_{22}y_2 + \cdots + c_{2n}y_n, \\ \cdots\cdots \\ x_n = c_{n1}y_1 + c_{n2}y_2 + \cdots + c_{nn}y_n \end{cases} \quad 或 \quad \boldsymbol{x} = \boldsymbol{C}\boldsymbol{y}, \tag{7.5}$$

使得二次型只含平方项,即用(7.5)式代入(7.1)式,使得

$$f = k_1y_1^2 + k_2y_2^2 + \cdots + k_ny_n^2,$$

亦即

$$\begin{aligned} f &= \boldsymbol{x}^{\mathrm{T}}\boldsymbol{A}\boldsymbol{x} = (\boldsymbol{C}\boldsymbol{y})^{\mathrm{T}}\boldsymbol{A}(\boldsymbol{C}\boldsymbol{y}) = \boldsymbol{y}^{\mathrm{T}}\boldsymbol{C}^{\mathrm{T}}\boldsymbol{A}\boldsymbol{C}\boldsymbol{y} = \boldsymbol{y}^{\mathrm{T}}\boldsymbol{B}\boldsymbol{y} \\ &= (y_1, y_2, \cdots, y_n)\begin{pmatrix} k_1 & & & \\ & k_2 & & \\ & & \ddots & \\ & & & k_n \end{pmatrix}\begin{pmatrix} y_1 \\ y_2 \\ \vdots \\ y_n \end{pmatrix}. \end{aligned} \tag{7.6}$$

这种只含平方项的二次型称为二次型的标准形(或法式).

定义 2 在二次型的标准形中,正平方项的个数称为二次型的正惯性指数,记为 p;负平方项的个数称为二次型的负惯性指数,记为 q.

下面讨论基本性质.

性质 1

① 任意一个 n 元二次型 $f = \boldsymbol{x}^{\mathrm{T}}\boldsymbol{A}\boldsymbol{x}$ 都可经可逆线性变换(即坐标变换)化为标准形 $f = k_1y_1^2 + k_2y_2^2 + \cdots + k_ny_n^2$,其中 $k_i\ (i = 1, 2, \cdots, n)$ 为实数.

② 任意一个 n 阶对称矩阵 $\boldsymbol{A}$ 总可以合同于对角矩阵,即

$$\boldsymbol{C}^{\mathrm{T}}\boldsymbol{A}\boldsymbol{C} = \boldsymbol{\Lambda} = \begin{pmatrix} k_1 & & & \\ & k_2 & & \\ & & \ddots & \\ & & & k_n \end{pmatrix}.$$

③ 二次型的标准形不唯一,但标准形中所含项数是确定的(即等于二次型的秩 $R(f)$),且 p 不变,从而 q 也不变.这个性质称为**惯性定理**.

④ 对任意一个 n 元二次型 $f = \boldsymbol{x}^{\mathrm{T}}\boldsymbol{A}\boldsymbol{x}$,必存在正交变换 $\boldsymbol{x} = \boldsymbol{Q}\boldsymbol{y}$(其中 $\boldsymbol{Q}$ 为正交矩阵),使得 $\boldsymbol{x}^{\mathrm{T}}\boldsymbol{A}\boldsymbol{x}$ 化为标准形 $\lambda_1y_1^2 + \lambda_2y_2^2 + \cdots + \lambda_ny_n^2$,其中

$\lambda_i(i=1,2,\cdots,n)$ 是 $\boldsymbol{A}$ 的特征值，$\boldsymbol{Q}$ 中每一列向量是正交化、单位化后的特征向量，即标准正交特征向量，且特征值 $\lambda_1,\lambda_2,\cdots,\lambda_n$ 的顺序与正交单位化后的特征向量的顺序相一致.

这里仅证明性质④.

证　④ 对任给对称矩阵 $\boldsymbol{A}$，总存在正交矩阵 $\boldsymbol{Q}$，使得

$$\boldsymbol{Q}^{-1}\boldsymbol{A}\boldsymbol{Q}=\boldsymbol{Q}^{\mathrm{T}}\boldsymbol{A}\boldsymbol{Q}=\boldsymbol{\Lambda},$$

把此结论应用于二次型即得所证.

下面介绍如何化二次型为标准形，其方法有：配方法、正交变换法和初等变换法.

(1) 配方法. 此法的基本思想是一次一个变量，第一次把含有 x_1 的项集中进行配方，第二次把含有 x_2 的项集中进行配方，这样不断进行下去. 如果二次型 f 中不含平方项，即 f 中只含有 $x_ix_j(i\neq j)$ 项，令 $x_i=y_i+y_j,x_j=y_i-y_j,x_k=y_k(k\neq i,j)$，可化为含有 y_i 的平方项.

例 1　用配方法化二次型

$$f=2x_1^2+x_2^2-4x_1x_2-4x_2x_3$$

为标准形.

解　$f=2(x_1-x_2)^2-x_2^2-4x_2x_3=2(x_1-x_2)^2-(x_2+2x_3)^2+4x_3^2.$

令 $\begin{cases}y_1=x_1-x_2,\\y_2=x_2+2x_3,\\y_3=x_3,\end{cases}$ 即 $\begin{cases}x_1=y_1+y_2-2y_3,\\x_2=y_2-2y_3,\\x_3=y_3,\end{cases}$　则 $f=2y_1^2-y_2^2+4y_3^2.$

(2) 正交变换法. 此法的步骤为：第一步，写出二次型 $f=\boldsymbol{x}^{\mathrm{T}}\boldsymbol{A}\boldsymbol{x}$ 所对应的二次型矩阵 $\boldsymbol{A}$（即对称矩阵）；第二步，与化对称矩阵 $\boldsymbol{A}$ 为对角矩阵的步骤相同，求正交矩阵 $\boldsymbol{Q}$，使得 $\boldsymbol{Q}^{-1}\boldsymbol{A}\boldsymbol{Q}=\boldsymbol{Q}^{\mathrm{T}}\boldsymbol{A}\boldsymbol{Q}=\boldsymbol{\Lambda}=\begin{pmatrix}\lambda_1&&&\\&\lambda_2&&\\&&\ddots&\\&&&\lambda_n\end{pmatrix}$；第三步，写出二次型的标准形 $f=\lambda_1y_1^2+\lambda_2y_2^2+\cdots+\lambda_ny_n^2$.

例 2　用正交变换法求解例 1.

解　二次型矩阵 $\boldsymbol{A}=\begin{pmatrix}2&-2&0\\-2&1&-2\\0&-2&0\end{pmatrix}$，由 §6.3 中化对称矩阵 $\boldsymbol{A}$ 为对角矩阵（用正交矩阵法）的例 1 得所求的正交变换为 $\boldsymbol{x}=\boldsymbol{Q}\boldsymbol{y}$，其中

$$\boldsymbol{x}=(x_1,x_2,x_3)^{\mathrm{T}},\quad \boldsymbol{Q}=\frac{1}{3}\begin{pmatrix}1&2&2\\2&1&-2\\2&-2&1\end{pmatrix},\quad \boldsymbol{y}=(y_1,y_2,y_3)^{\mathrm{T}},$$

经此变换得二次型的标准形为 $f=-2y_1^2+y_2^2+4y_3^2$.

(3) 初等变换法. 此法过程如下：

$$\begin{pmatrix}\boldsymbol{A}\\ \cdots\\ \boldsymbol{E}\end{pmatrix}\xrightarrow[\text{对 }\boldsymbol{E}\text{ 只做初等列变换}]{\text{对 }\boldsymbol{A}\text{ 做相同的初等行、列变换}}\begin{pmatrix}\boldsymbol{\Lambda}\\ \cdots\\ \boldsymbol{C}\end{pmatrix}.$$

说明 ① 经初等变换后可同时求出对角矩阵 $\boldsymbol{\Lambda}$ 及所用的可逆线性变换 $\boldsymbol{x}=\boldsymbol{C}\boldsymbol{y}(|\boldsymbol{C}|\neq 0)$.

② 利用初等变换，对 $\boldsymbol{A}$ 进行两次初等变换(一次初等列变换和一次对应的初等行变换或一次初等行变换和一次对应的初等列变换)，对 $\boldsymbol{E}$ 仅进行一次相应的初等列变换.

例 3 用初等变换法求解例 1.

解

$$\begin{pmatrix}\boldsymbol{A}\\ \cdots\\ \boldsymbol{E}\end{pmatrix}=\begin{pmatrix}2&-2&0\\-2&1&-2\\0&-2&0\\ \hline 1&0&0\\0&1&0\\0&0&1\end{pmatrix}\xrightarrow{r_2+r_1}\begin{pmatrix}2&-2&0\\0&-1&-2\\0&-2&0\\ \hline 1&0&0\\0&1&0\\0&0&1\end{pmatrix}$$

$$\xrightarrow{c_2+c_1}\begin{pmatrix}2&0&0\\0&-1&-2\\0&-2&0\\ \hline 1&1&0\\0&1&0\\0&0&1\end{pmatrix}\xrightarrow{r_3-2r_2}\begin{pmatrix}2&0&0\\0&-1&-2\\0&0&4\\ \hline 1&1&0\\0&1&0\\0&0&1\end{pmatrix}$$

$$\xrightarrow{c_3-2c_2}\begin{pmatrix}2&0&0\\0&-1&0\\0&0&4\\ \hline 1&1&-2\\0&1&-2\\0&0&1\end{pmatrix}=\begin{pmatrix}\boldsymbol{\Lambda}\\ \cdots\\ \boldsymbol{C}\end{pmatrix},$$

经可逆线性变换 $\boldsymbol{x}=\boldsymbol{C}\boldsymbol{y}$ 可化二次型为标准形 $f=2y_1^2-y_2^2+4y_3^2$.

下面再举两例,说明正交变换法的两个应用.

例 4 证明:二次型 $f=\boldsymbol{x}^{\mathrm{T}}\boldsymbol{A}\boldsymbol{x}$ 在 $\|\boldsymbol{x}\|=1$ 时的最大值为矩阵 $\boldsymbol{A}$ 的特征值的最大值.

证 设 $\lambda_1\geqslant\lambda_2\geqslant\cdots\geqslant\lambda_n$ 为 $\boldsymbol{A}$ 的 n 个特征值,由对称矩阵 $\boldsymbol{A}$ 可知,存在正交矩阵 $\boldsymbol{Q}$,使得

$$\boldsymbol{Q}^{-1}\boldsymbol{A}\boldsymbol{Q}=\boldsymbol{Q}^{\mathrm{T}}\boldsymbol{A}\boldsymbol{Q}=\begin{pmatrix}\lambda_1 & & & \\ & \lambda_2 & & \\ & & \ddots & \\ & & & \lambda_n\end{pmatrix}=\boldsymbol{\Lambda}.$$

做正交变换 $\boldsymbol{x}=\boldsymbol{Q}\boldsymbol{y}$,则

$$\begin{aligned}f&=\boldsymbol{x}^{\mathrm{T}}\boldsymbol{A}\boldsymbol{x}=(\boldsymbol{Q}\boldsymbol{y})^{\mathrm{T}}\boldsymbol{A}(\boldsymbol{Q}\boldsymbol{y})=\boldsymbol{y}^{\mathrm{T}}\boldsymbol{Q}^{\mathrm{T}}\boldsymbol{A}\boldsymbol{Q}\boldsymbol{y}=\boldsymbol{y}^{\mathrm{T}}\boldsymbol{\Lambda}\boldsymbol{y}\\&=\lambda_1y_1^2+\lambda_2y_2^2+\cdots+\lambda_ny_n^2\\&\leqslant\lambda_1(y_1^2+y_2^2+\cdots+y_n^2)=\lambda_1\boldsymbol{y}^{\mathrm{T}}\boldsymbol{y}.\end{aligned}$$

因为

$$\|\boldsymbol{x}\|=\|\boldsymbol{Q}\boldsymbol{y}\|=\sqrt{(\boldsymbol{Q}\boldsymbol{y})^{\mathrm{T}}(\boldsymbol{Q}\boldsymbol{y})}=\sqrt{\boldsymbol{y}^{\mathrm{T}}\boldsymbol{Q}^{\mathrm{T}}\boldsymbol{Q}\boldsymbol{y}}=\sqrt{\boldsymbol{y}^{\mathrm{T}}\boldsymbol{y}}=\|\boldsymbol{y}\|,$$

所以当 $\|\boldsymbol{x}\|=1$ 时,有 $\|\boldsymbol{y}\|=1$,此时 $f\leqslant\lambda_1\boldsymbol{y}^{\mathrm{T}}\boldsymbol{y}=\lambda_1$.

又取 $\boldsymbol{y}_0=\boldsymbol{e}_1=(1,0,\cdots,0)^{\mathrm{T}}$,则 $\|\boldsymbol{y}_0\|=\|\boldsymbol{e}_1\|=1$. 再取 $\boldsymbol{x}_0=\boldsymbol{Q}\boldsymbol{y}_0$,则 $\|\boldsymbol{x}_0\|=\|\boldsymbol{y}_0\|=1$,且

$$f(\boldsymbol{x}_0)=\boldsymbol{x}_0^{\mathrm{T}}\boldsymbol{A}\boldsymbol{x}_0=(\boldsymbol{Q}\boldsymbol{y}_0)^{\mathrm{T}}\boldsymbol{A}(\boldsymbol{Q}\boldsymbol{y}_0)=\boldsymbol{y}_0^{\mathrm{T}}\boldsymbol{Q}^{\mathrm{T}}\boldsymbol{A}\boldsymbol{Q}\boldsymbol{y}_0=\boldsymbol{e}_1^{\mathrm{T}}\boldsymbol{\Lambda}\boldsymbol{e}_1=\lambda_1.$$

故 $\max\limits_{\|\boldsymbol{x}\|=1}f=\lambda_1$.

例 5 已知二次型 $f=-4x_1x_2+2x_1x_3+2x_2x_3$,求其标准形.

解 求二次型对应的对称矩阵 $\boldsymbol{A}$ 的特征值,由

$$\begin{aligned}|\boldsymbol{A}-\lambda\boldsymbol{E}|&=\begin{vmatrix}-\lambda & -2 & 1\\ -2 & -\lambda & 1\\ 1 & 1 & -\lambda\end{vmatrix}\xlongequal[c_3+\lambda c_1]{c_2-c_1}\begin{vmatrix}-\lambda & \lambda-2 & 1-\lambda^2\\ -2 & 2-\lambda & 1-2\lambda\\ 1 & 0 & 0\end{vmatrix}\\&=(\lambda-2)\begin{vmatrix}1 & 1-\lambda^2\\ -1 & 1-2\lambda\end{vmatrix}=-(\lambda-2)(\lambda^2+2\lambda-2)=0,\end{aligned}$$

解得 $\lambda_1=2,\lambda_2=-1+\sqrt{3},\lambda_3=-1-\sqrt{3}$,从而标准形为

$$f=2y_1^2+(-1+\sqrt{3})y_2^2+(-1-\sqrt{3})y_3^2.$$

说明 例 5 是使用特征值法求解. 此法利用结论:二次型 $f=\boldsymbol{x}^{\mathrm{T}}\boldsymbol{A}\boldsymbol{x}$ 经正交变换后化为标准形,标准形中平方项的系数为 $\boldsymbol{A}$ 的特征值,故求出 $\boldsymbol{A}$ 的特征值即可写出 f 的标准形.

2. 二次型的规范形

定义 3 在二次型的标准形中，若平方项的系数 $k_i(i=1,2,\cdots,n)$ 为 1，-1，0，即

$$f=\boldsymbol{x}^{\mathrm{T}}\boldsymbol{A}\boldsymbol{x}=x_1^2+x_2^2+\cdots+x_p^2-x_{p+1}^2-\cdots-x_{p+q}^2, \tag{7.7}$$

则称为二次型的规范形.

下面介绍基本结论(即性质).

性质 2

① 二次型的规范形是唯一的；

② 任意对称矩阵合同于如下形式的对角矩阵：

$$\boldsymbol{\Lambda}=\begin{pmatrix}1&&&&&&&&\\&\ddots&&&&&&&\\&&1&&&&&&\\&&&-1&&&&&\\&&&&\ddots&&&&\\&&&&&-1&&&\\&&&&&&0&&\\&&&&&&&\ddots&\\&&&&&&&&0\end{pmatrix},$$

其中 ±1 的总个数为 $R(f)$，1 和 -1 的个数由 $\boldsymbol{A}$ 唯一确定(即 1 的个数为 p，-1 的个数为 q).

化二次型为规范形的方法包括：

(1) 线性变换法. 此法利用结论：在二次型的标准形

$$f=\lambda_1y_1^2+\lambda_2y_2^2+\cdots+\lambda_py_p^2-\lambda_{p+1}y_{p+1}^2-\cdots-\lambda_{p+q}y_{p+q}^2$$

中，$\lambda_i>0(i=1,2,\cdots,p+q)$，$\lambda_{p+q+1}=\cdots=\lambda_n=0$.

令 $y_i=\dfrac{z_i}{\sqrt{\lambda_i}}\ (i=1,2,\cdots,p+q)$，$y_j=z_j(j=p+q+1,\cdots,n)$，则标准形化为

$$f=z_1^2+z_2^2+\cdots+z_p^2-z_{p+1}^2-\cdots-z_{p+q}^2.$$

(2) 合同法. 此法利用结论：合同矩阵所对应的二次型的规范形是相同的.

例 6 设 $\boldsymbol{A}\simeq\boldsymbol{B}$，$\boldsymbol{B}$ 的特征值为两负一正(即 $\boldsymbol{B}$ 的正、负惯性指数分别为 1，2)，求二次型 $f=\boldsymbol{x}^{\mathrm{T}}\boldsymbol{A}\boldsymbol{x}$ 的规范形.

解 因为 $\boldsymbol{A}\simeq\boldsymbol{B}$，$\boldsymbol{B}$ 的正、负惯性指数分别为 1，2，所以 $\boldsymbol{A}$ 的正、负惯性指数也分别为 1，2，从而 $f=\boldsymbol{x}^{\mathrm{T}}\boldsymbol{A}\boldsymbol{x}$ 的规范形为 $f=z_1^2-z_2^2-z_3^2$.

说明 两个二次型的规范形相同可从两个方面考虑:一是对应矩阵合同;二是同符号特征值的个数相同.

§7.3 正定二次型

微课视频

定义 1 设二次型 $f=\boldsymbol{x}^{\mathrm{T}}\boldsymbol{A}\boldsymbol{x}$. 若对于任何 $\boldsymbol{x}\neq\boldsymbol{0}$,恒有 $f>0$,则称二次型 f 为正定二次型,并称对称矩阵 $\boldsymbol{A}$ 为正定矩阵.

若对于任何 $\boldsymbol{x}\neq\boldsymbol{0}$,恒有 $f<0$,则称二次型 f 为负定二次型,并称对称矩阵 $\boldsymbol{A}$ 为负定矩阵.

若对于任何 $\boldsymbol{x}\neq\boldsymbol{0}$,恒有 $f\geqslant 0$,则称二次型 f 为半正定二次型,并称对称矩阵 $\boldsymbol{A}$ 为半正定矩阵.

若对于任何 $\boldsymbol{x}\neq\boldsymbol{0}$,恒有 $f\leqslant 0$,则称二次型 f 为半负定二次型,并称对称矩阵 $\boldsymbol{A}$ 为半负定矩阵.

若二次型 f 既不是半正定二次型,也不是半负定二次型,则称 f 为不定二次型,并称对称矩阵 $\boldsymbol{A}$ 为不定矩阵.

下面介绍 n 元正定二次型(正定矩阵)的性质.

性质 1

① $\boldsymbol{A}$ 为正定矩阵的充要条件是正惯性指数 p 为 n.

② $\boldsymbol{A}$ 为正定矩阵的充要条件是 $\boldsymbol{A}$ 的特征值全大于 0.

③ $\boldsymbol{A}=(a_{ij})_{n\times n}$ 为正定矩阵的充要条件是 $\boldsymbol{A}$ 的顺序主子式全大于 0,即

$$|a_{11}|=a_{11}>0,\quad \begin{vmatrix} a_{11} & a_{12} \\ a_{21} & a_{22} \end{vmatrix}>0,\quad \cdots,\quad \begin{vmatrix} a_{11} & a_{12} & \cdots & a_{1n} \\ a_{21} & a_{22} & \cdots & a_{2n} \\ \vdots & \vdots & & \vdots \\ a_{n1} & a_{n2} & \cdots & a_{nn} \end{vmatrix}>0.$$

④ 若 $\boldsymbol{A}=(a_{ij})_{n\times n}$ 为正定矩阵,则 $a_{ii}>0(i=1,2,\cdots,n)$ 及 $|\boldsymbol{A}|>0$.

⑤ 若 $\boldsymbol{A}$ 为正定矩阵,则 $\boldsymbol{A}^{\mathrm{T}},\boldsymbol{A}^{-1},\boldsymbol{A}^{*},k\boldsymbol{A}$($k$ 为大于 0 的常数),$\boldsymbol{A}^{k}$(k 为整数)均为正定矩阵.

⑥ 若 $\boldsymbol{A},\boldsymbol{B}$ 为正定矩阵,则 $\boldsymbol{A}+\boldsymbol{B}$ 为正定矩阵.

⑦ 若 $\boldsymbol{A}\simeq\boldsymbol{B}$,$\boldsymbol{A}$ 为正定矩阵,则 $\boldsymbol{B}$ 也为正定矩阵.

⑧ 可逆线性变换不改变二次型的正定性.

⑨ 设矩阵 $\boldsymbol{A}=(a_{ij})_{m\times n}$,且 $R(\boldsymbol{A})=n<m$,则 $\boldsymbol{A}^{\mathrm{T}}\boldsymbol{A}$ 为正定矩阵.

⑩ 设 $\boldsymbol{A},\boldsymbol{B}$ 分别为 m 阶、n 阶正定矩阵,则 $\boldsymbol{C}=\begin{pmatrix} \boldsymbol{A} & \boldsymbol{O} \\ \boldsymbol{O} & \boldsymbol{B} \end{pmatrix}$ 也为正定矩阵.

⑪ 正定矩阵一定是对称矩阵,若 $\boldsymbol{A}$ 不是对称矩阵,就谈不上正定性.

⑫ 正定矩阵一定是满秩矩阵,若 $\boldsymbol{A}$ 不是满秩矩阵,就谈不上正定性.

下面仅证明性质①和性质②.

证 ① 设 $f=\boldsymbol{x}^{\mathrm{T}}\boldsymbol{A}\boldsymbol{x}$ 经可逆线性变换 $\boldsymbol{x}=\boldsymbol{C}\boldsymbol{y}$ 化为标准形

$$f=k_1y_1^2+k_2y_2^2+\cdots+k_ny_n^2.$$

充分性 当 $p=n$ 时,可知 $k_i>0(i=1,2,\cdots,n)$,任给 $\boldsymbol{x}\neq\boldsymbol{0}$,对应地有 $\boldsymbol{y}=\boldsymbol{C}^{-1}\boldsymbol{x}\neq\boldsymbol{0}$,即 $\boldsymbol{y}$ 的分量 $y_1,y_2,\cdots,y_n$ 不全为 0,由此可知 $f=k_1y_1^2+k_2y_2^2+\cdots+k_ny_n^2>0$,据定义可知 f 是正定的.

必要性(用反证法) 设某个 $k_i\leqslant 0$,则取 $y_i=1$,其余 $y_j=0\ (i\neq j)$,即 $\boldsymbol{y}=\boldsymbol{e}_i\neq\boldsymbol{0}$,对应地有 $\boldsymbol{x}=\boldsymbol{C}\boldsymbol{y}\neq\boldsymbol{0}$. 但

$$f=k_1y_1^2+k_2y_2^2+\cdots+k_iy_i^2+\cdots+k_ny_n^2\leqslant 0,$$

这与 f 是正定的相矛盾,故 f 为正定,必须有 $k_i>0(i=1,2,\cdots,n)$,即 $p=n$.

说明 n 元二次型 $f=\boldsymbol{x}^{\mathrm{T}}\boldsymbol{A}\boldsymbol{x}$ 是负定的充要条件为它的负惯性指数 $q=n$.

② 由二次型可知,经正交变换 $\boldsymbol{x}=\boldsymbol{Q}\boldsymbol{y}$,将有

$$f=\boldsymbol{x}^{\mathrm{T}}\boldsymbol{A}\boldsymbol{x}=\lambda_1y_1^2+\lambda_2y_2^2+\cdots+\lambda_ny_n^2,$$

其中 $\lambda_i(i=1,2,\cdots,n)$ 是 $\boldsymbol{A}$ 的特征值,故由性质①可知性质②成立.

说明 ① n 元二次型 $f=\boldsymbol{x}^{\mathrm{T}}\boldsymbol{A}\boldsymbol{x}$ 是负定的充要条件是 $\boldsymbol{A}$ 的全部特征值 $\lambda_i<0(i=1,2,\cdots,n)$.

② n 元二次型 $f=\boldsymbol{x}^{\mathrm{T}}\boldsymbol{A}\boldsymbol{x}$ 是负定的充要条件是 $\boldsymbol{A}$ 的奇数阶顺序主子式小于 0,而偶数阶顺序主子式大于 0.

例 1 判断二次型

$$f=-2x_1^2-6x_2^2-4x_3^2+2x_1x_2+2x_1x_3$$

的正定性.

解 二次型的矩阵 $\boldsymbol{A}=\begin{pmatrix}-2&1&1\\1&-6&0\\1&0&-4\end{pmatrix}$,因为

$$\Delta_1=|a_{11}|=-2<0,$$

$$\Delta_2=\begin{vmatrix}a_{11}&a_{12}\\a_{21}&a_{22}\end{vmatrix}=\begin{vmatrix}-2&1\\1&-6\end{vmatrix}=11>0,$$

$$\Delta_3=|\boldsymbol{A}|=\begin{vmatrix}-2&1&1\\1&-6&0\\1&0&-4\end{vmatrix}\xrightarrow[r_2-r_3]{r_1+2r_3}\begin{vmatrix}0&1&-7\\0&-6&4\\1&0&-4\end{vmatrix}$$

$$=\begin{vmatrix}1&-7\\-6&4\end{vmatrix}=-38<0,$$

所以 f 是负定的.

例 2 若二次型 $f=2x_1^2+x_2^2+x_3^2+2x_1x_2+tx_2x_3$ 是正定的,求 t 的取值范围.

解 **方法1** 二次型 f 的矩阵 $\boldsymbol{A}=\begin{pmatrix}2 & 1 & 0\\ 1 & 1 & \frac{t}{2}\\ 0 & \frac{t}{2} & 1\end{pmatrix}$，$f$ 为正定的充要条件是 $\boldsymbol{A}$ 的顺序主子式 $\Delta_i(i=1,2,3)$ 全大于0. 于是

$$\Delta_1=2,\quad \Delta_2=\begin{vmatrix}2 & 1\\ 1 & 1\end{vmatrix}=1,$$

$$\Delta_3=|\boldsymbol{A}|\xlongequal{r_1-2r_2}\begin{vmatrix}0 & -1 & -t\\ 1 & 1 & \frac{t}{2}\\ 0 & \frac{t}{2} & 1\end{vmatrix}=-\begin{vmatrix}-1 & -t\\ \frac{t}{2} & 1\end{vmatrix}=1-\frac{t^2}{2}>0,$$

得 $-\sqrt{2}<t<\sqrt{2}$.

方法2 用配方法得

$$\begin{aligned}f&=2\left(x_1+\frac{1}{2}x_2\right)^2+\frac{1}{2}(x_2+tx_3)^2+\left(1-\frac{t^2}{2}\right)x_3^2\\&=2y_1^2+\frac{1}{2}y_2^2+\left(1-\frac{t^2}{2}\right)y_3^2,\end{aligned}$$

由 f 为正定的充要条件是正惯性指数 $p=3$ 得 $1-\frac{t^2}{2}>0$，从而有 $-\sqrt{2}<t<\sqrt{2}$.

例3 设矩阵 $\boldsymbol{A}=\begin{pmatrix}1 & 0 & 1\\ 0 & 2 & 0\\ 1 & 0 & 1\end{pmatrix}$，矩阵 $\boldsymbol{B}=(k\boldsymbol{E}+\boldsymbol{A})^2$，其中 k 为实数，$\boldsymbol{E}$ 为单位矩阵，求对角矩阵 $\boldsymbol{\Lambda}$，使得 $\boldsymbol{B}$ 与 $\boldsymbol{\Lambda}$ 相似，并求 k 为何值时，$\boldsymbol{B}$ 为正定矩阵.

解 由

$$\begin{aligned}|\boldsymbol{A}-\lambda\boldsymbol{E}|&=\begin{vmatrix}1-\lambda & 0 & 1\\ 0 & 2-\lambda & 0\\ 1 & 0 & 1-\lambda\end{vmatrix}\xlongequal{r_1-(1-\lambda)r_3}\begin{vmatrix}0 & 0 & 1-(1-\lambda)^2\\ 0 & 2-\lambda & 0\\ 1 & 0 & 1-\lambda\end{vmatrix}\\&=-(2-\lambda)(2\lambda-\lambda^2)=-\lambda(\lambda-2)^2=0,\end{aligned}$$

可得 $\boldsymbol{A}$ 的特征值分别为 $\lambda_1=\lambda_2=2,\lambda_3=0$. 记对角矩阵

$$\boldsymbol{D}=\begin{pmatrix}2 & & \\ & 2 & \\ & & 0\end{pmatrix}.$$

因 $\boldsymbol{A}$ 是对称矩阵，故存在正交矩阵 $\boldsymbol{Q}$，使得 $\boldsymbol{Q}^{\mathrm{T}}\boldsymbol{A}\boldsymbol{Q}=\boldsymbol{D}$，则

$$\boldsymbol{A}=(\boldsymbol{Q}^{\mathrm{T}})^{-1}\boldsymbol{D}\boldsymbol{Q}^{-1}=\boldsymbol{Q}\boldsymbol{D}\boldsymbol{Q}^{\mathrm{T}}.$$

于是

$$B=(kE+A)^2=(kQQ^{\mathrm{T}}+QDQ^{\mathrm{T}})^2=[Q(kE+D)Q^{\mathrm{T}}][Q(kE+D)Q^{\mathrm{T}}]$$

$$=Q(kE+D)^2Q^{\mathrm{T}}=Q\begin{pmatrix}(k+2)^2 & & \\ & (k+2)^2 & \\ & & k^2\end{pmatrix}Q^{\mathrm{T}},$$

由此得

$$\Lambda=\begin{pmatrix}(k+2)^2 & & \\ & (k+2)^2 & \\ & & k^2\end{pmatrix}.$$

当 $k\neq-2$ 且 $k\neq 0$ 时,B 的全部特征值均为正数,B 为正定矩阵.

例 4 设对称矩阵 A 为正定矩阵,证明:存在可逆矩阵 U,使得 $A=U^{\mathrm{T}}U$.

证 因为 A 是对称矩阵,所以存在正交矩阵 Q,使得 $Q^{-1}AQ=Q^{\mathrm{T}}AQ=\Lambda$. 又因为 A 是正定矩阵,所以

$$Q^{\mathrm{T}}AQ=\begin{pmatrix}\lambda_1 & & & \\ & \lambda_2 & & \\ & & \ddots & \\ & & & \lambda_n\end{pmatrix}\quad(\lambda_i>0,i=1,2,\cdots,n),$$

即

$$Q^{\mathrm{T}}AQ=\begin{pmatrix}\sqrt{\lambda_1} & & & \\ & \sqrt{\lambda_2} & & \\ & & \ddots & \\ & & & \sqrt{\lambda_n}\end{pmatrix}\begin{pmatrix}\sqrt{\lambda_1} & & & \\ & \sqrt{\lambda_2} & & \\ & & \ddots & \\ & & & \sqrt{\lambda_n}\end{pmatrix},$$

从而

$$A=(Q^{\mathrm{T}})^{-1}\begin{pmatrix}\sqrt{\lambda_1} & & & \\ & \sqrt{\lambda_2} & & \\ & & \ddots & \\ & & & \sqrt{\lambda_n}\end{pmatrix}\begin{pmatrix}\sqrt{\lambda_1} & & & \\ & \sqrt{\lambda_2} & & \\ & & \ddots & \\ & & & \sqrt{\lambda_n}\end{pmatrix}Q^{-1}$$

$$=(Q^{-1})^{\mathrm{T}}\begin{pmatrix}\sqrt{\lambda_1} & & & \\ & \sqrt{\lambda_2} & & \\ & & \ddots & \\ & & & \sqrt{\lambda_n}\end{pmatrix}\begin{pmatrix}\sqrt{\lambda_1} & & & \\ & \sqrt{\lambda_2} & & \\ & & \ddots & \\ & & & \sqrt{\lambda_n}\end{pmatrix}Q^{-1}$$

$$=\left(\begin{pmatrix}\sqrt{\lambda_1} & & & \\ & \sqrt{\lambda_2} & & \\ & & \ddots & \\ & & & \sqrt{\lambda_n}\end{pmatrix}Q^{-1}\right)^{\mathrm{T}}\begin{pmatrix}\sqrt{\lambda_1} & & & \\ & \sqrt{\lambda_2} & & \\ & & \ddots & \\ & & & \sqrt{\lambda_n}\end{pmatrix}Q^{-1}.$$

令 $\begin{pmatrix} \sqrt{\lambda_1} & & & \\ & \sqrt{\lambda_2} & & \\ & & \ddots & \\ & & & \sqrt{\lambda_n} \end{pmatrix} \boldsymbol{Q}^{-1} = \boldsymbol{U}$，则 $\boldsymbol{U}$ 可逆，且 $\boldsymbol{A} = \boldsymbol{U}^{\mathrm{T}}\boldsymbol{U}$.

例 5 设 $\boldsymbol{A}$ 是 n 阶对称的幂等矩阵（即 $\boldsymbol{A}^{\mathrm{T}} = \boldsymbol{A}, \boldsymbol{A}^2 = \boldsymbol{A}$），$R(\boldsymbol{A}) = r(0 < r < n)$，证明：$\boldsymbol{A} + \boldsymbol{E}$ 为正定矩阵，并求 $|\boldsymbol{E} + \boldsymbol{A} + \boldsymbol{A}^2 + \cdots + \boldsymbol{A}^k|$.

证 设 $\boldsymbol{A}\boldsymbol{\xi} = \lambda\boldsymbol{\xi}$，则

$$(\boldsymbol{A}^2 - \boldsymbol{A})\boldsymbol{\xi} = \boldsymbol{A}^2\boldsymbol{\xi} - \boldsymbol{A}\boldsymbol{\xi} = \lambda^2\boldsymbol{\xi} - \lambda\boldsymbol{\xi} = (\lambda^2 - \lambda)\boldsymbol{\xi} = \boldsymbol{0}.$$

因 $\boldsymbol{\xi} \neq \boldsymbol{0}$，故 $\lambda = 0, \lambda = 1$，即 $\boldsymbol{A}$ 的特征值只能取 0,1，则 $\boldsymbol{A} + \boldsymbol{E}$ 的特征值取 1,2，从而 $\boldsymbol{A} + \boldsymbol{E}$ 正定.（因 $R(\boldsymbol{A}) = r$，故 1 是 r 重特征值，0 是 $n - r$ 重特征值，从而 2 是 $\boldsymbol{A} + \boldsymbol{E}$ 的 r 重特征值，1 是 $\boldsymbol{A} + \boldsymbol{E}$ 的 $n - r$ 重特征值.）

因 $\boldsymbol{A}^2 = \boldsymbol{A}$，故 $\boldsymbol{A}^k = \boldsymbol{A}^{k-1} = \cdots = \boldsymbol{A}^2 = \boldsymbol{A}$，则

$$|\boldsymbol{E} + \boldsymbol{A} + \boldsymbol{A}^2 + \cdots + \boldsymbol{A}^k| = |\boldsymbol{E} + k\boldsymbol{A}|.$$

又因 $\boldsymbol{A}$ 是对称矩阵，故存在正交矩阵 $\boldsymbol{Q}$，使得 $\boldsymbol{Q}^{\mathrm{T}}\boldsymbol{A}\boldsymbol{Q} = \boldsymbol{Q}^{-1}\boldsymbol{A}\boldsymbol{Q} = \boldsymbol{\Lambda} = \begin{pmatrix} \boldsymbol{E}_r & \boldsymbol{O} \\ \boldsymbol{O} & \boldsymbol{O} \end{pmatrix}$（因 $\boldsymbol{A}$ 的特征值只能取 0 和 1），从而 $\boldsymbol{A} = \boldsymbol{Q}\begin{pmatrix} \boldsymbol{E}_r & \boldsymbol{O} \\ \boldsymbol{O} & \boldsymbol{O} \end{pmatrix}\boldsymbol{Q}^{-1}$，则

$$\begin{aligned} |\boldsymbol{E} + \boldsymbol{A} + \boldsymbol{A}^2 + \cdots + \boldsymbol{A}^k| &= |\boldsymbol{E} + k\boldsymbol{A}| = \left|\boldsymbol{E} + k\boldsymbol{Q}\begin{pmatrix} \boldsymbol{E}_r & \boldsymbol{O} \\ \boldsymbol{O} & \boldsymbol{O} \end{pmatrix}\boldsymbol{Q}^{-1}\right| \\ &= |\boldsymbol{Q}| \times \left|\boldsymbol{E} + k\begin{pmatrix} \boldsymbol{E}_r & \boldsymbol{O} \\ \boldsymbol{O} & \boldsymbol{O} \end{pmatrix}\right| \times |\boldsymbol{Q}^{-1}| = (k+1)^r. \end{aligned}$$

例 6 已知齐次线性方程组

$$\begin{cases} (a+3)x_1 + x_2 + 2x_3 = 0, \\ 2ax_1 + (a-1)x_2 + x_3 = 0, \\ (a-3)x_1 - 3x_2 + ax_3 = 0 \end{cases}$$

有非零解，且 $\boldsymbol{A} = \begin{pmatrix} 2 & 0 & 2 \\ 0 & a & 0 \\ 2 & 0 & 9 \end{pmatrix}$ 正定，求 a 的值，并确定当 $\boldsymbol{x}^{\mathrm{T}}\boldsymbol{x} = 2$ 时，$f = \boldsymbol{x}^{\mathrm{T}}\boldsymbol{A}\boldsymbol{x}$ 的最大值.

解 由方程组有非零解得

$$\begin{aligned} \begin{vmatrix} a+3 & 1 & 2 \\ 2a & a-1 & 1 \\ a-3 & -3 & a \end{vmatrix} &\xlongequal[r_3 - ar_2]{r_1 - 2r_2} \begin{vmatrix} 3-3a & 3-2a & 0 \\ 2a & a-1 & 1 \\ -2a^2+a-3 & -a^2+a-3 & 0 \end{vmatrix} \\ &= -[(-a^2+a-3)(3-3a) - (-2a^2+a-3)(3-2a)] \\ &= -(-a^3+2a^2+3a) = a^3 - 2a^2 - 3a \\ &= a(a+1)(a-3) = 0, \end{aligned}$$

解得 $a=0,a=-1,a=3$. 又由 $\boldsymbol{A}$ 的正定性知主对角线元素 $a>0$,故取 $a=3$.

可以验证,当 $a=3$ 时,

$$|\boldsymbol{A}-\lambda\boldsymbol{E}|=\begin{vmatrix}2-\lambda & 0 & 2\\ 0 & 3-\lambda & 0\\ 2 & 0 & 9-\lambda\end{vmatrix}=(3-\lambda)(\lambda^2-11\lambda+14)=0,$$

解得 $\lambda_1=3,\lambda_{2,3}=\dfrac{11\pm\sqrt{65}}{2}$,$\boldsymbol{A}$ 的特征值全为正,故 $\boldsymbol{A}$ 正定,即 $a=3$ 为所求.

因 $\boldsymbol{A}$ 为对称矩阵,故必存在正交变换 $\boldsymbol{x}=\boldsymbol{Q}\boldsymbol{y}$($\boldsymbol{Q}$ 为正交矩阵),化二次型为标准形

$$\boldsymbol{x}^{\mathrm{T}}\boldsymbol{A}\boldsymbol{x}=3y_1^2+\frac{11+\sqrt{65}}{2}y_2^2+\frac{11-\sqrt{65}}{2}y_3^2.$$

由 $\boldsymbol{y}^{\mathrm{T}}\boldsymbol{y}=\boldsymbol{y}^{\mathrm{T}}\boldsymbol{Q}^{\mathrm{T}}\boldsymbol{Q}\boldsymbol{y}=(\boldsymbol{Q}\boldsymbol{y})^{\mathrm{T}}(\boldsymbol{Q}\boldsymbol{y})=\boldsymbol{x}^{\mathrm{T}}\boldsymbol{x}=2$,可见

$$\boldsymbol{x}^{\mathrm{T}}\boldsymbol{A}\boldsymbol{x}\leqslant\frac{11+\sqrt{65}}{2}(y_1^2+y_2^2+y_3^2)=\frac{11+\sqrt{65}}{2}\boldsymbol{y}^{\mathrm{T}}\boldsymbol{y}=11+\sqrt{65},$$

因此当 $\boldsymbol{x}^{\mathrm{T}}\boldsymbol{x}=2$ 时,$\boldsymbol{x}^{\mathrm{T}}\boldsymbol{A}\boldsymbol{x}$ 的最大值是 $11+\sqrt{65}$(当 $y_1=y_3=0,y_2=\sqrt{2}$ 时取得).

例 7 设二维随机变量 (X,Y) 的密度函数为

$$f(x,y)=\begin{cases}\dfrac{1}{4}, & -1\leqslant x\leqslant 1,0\leqslant y\leqslant 2,\\ 0, & \text{其他},\end{cases}$$

求二次曲面 $f=x_1^2+2x_2^2+Yx_3^2+2x_1x_2+2Xx_1x_3=1$ 为椭球面的概率.

解 二次型 f 的矩阵为 $\boldsymbol{A}=\begin{pmatrix}1 & 1 & X\\ 1 & 2 & 0\\ X & 0 & Y\end{pmatrix}$,设 $\boldsymbol{A}$ 的特征值分别为 $\lambda_1,\lambda_2,\lambda_3$,在正交变换 $\boldsymbol{x}=\boldsymbol{Q}\boldsymbol{y}$ 下化二次型为 $f=\lambda_1y_1^2+\lambda_2y_2^2+\lambda_3y_3^2$,因为正交变换不改变二次曲面的形状,要使二次曲面为椭球面,必须要求 $\lambda_1,\lambda_2,\lambda_3$ 均大于 0.

因 $\boldsymbol{A}$ 的顺序主子式分别为

$$\Delta_1=1>0,\quad \Delta_2=\begin{vmatrix}1 & 1\\ 1 & 2\end{vmatrix}=1>0,\quad \Delta_3=|\boldsymbol{A}|=\lambda_1\lambda_2\lambda_3>0,$$

故 $\boldsymbol{A}$ 为正定矩阵. 而 $|\boldsymbol{A}|=Y-2X^2>0$,故二次曲面 $f=1$ 为椭球面的概率为

$$P\{Y-2X^2>0\}=\int_{-1}^{1}\mathrm{d}x\int_{2x^2}^{2}\frac{1}{4}\mathrm{d}y=\frac{2}{3}.$$

§7.4 二次型的应用

二次型的应用很广泛,这里仅举几例.

1. 化二次曲线、二次曲面为标准形

由方程

$$a_{11}x_1^2+\cdots+a_{nn}x_n^2+2a_{12}x_1x_2+\cdots+2a_{n-1,n}x_{n-1}x_n$$
$$+2a_{1,n+1}x_1+\cdots+2a_{n,n+1}x_n+a_{n+1,n+1}=0$$

表示二次曲线或二次曲面$\left(若|\boldsymbol{A}|=\begin{vmatrix}a_{11}&\cdots&a_{1n}\\ \vdots&&\vdots\\ a_{n1}&\cdots&a_{nn}\end{vmatrix}\neq 0\right)$，即方程表示二次曲线（当 $R(\boldsymbol{A})=2$ 时）或方程表示二次曲面（当 $R(\boldsymbol{A})=3$ 时），则分别称它为有心二次曲线或有心二次曲面. 非有心二次曲线称为无心二次曲线，非有心二次曲面称为无心二次曲面.

对于有心二次曲线或有心二次曲面，可经变换化为

$$\lambda_1x_1'^2+\lambda_2x_2'^2+\cdots+\lambda_nx_n'^2+D_{n+1,n+1}=0.$$

例 1 化下列二次曲面方程为标准形：

$$x^2+y^2+5z^2-6xy+2xz-2yz-4x+8y-12z+14=0.$$

解 这里的 $\boldsymbol{A}=\begin{pmatrix}1&-3&1\\-3&1&-1\\1&-1&5\end{pmatrix}$，$R(\boldsymbol{A})=3$.

因为 $\boldsymbol{A}$ 是对称矩阵，所以存在正交矩阵 $\boldsymbol{Q}$，使得 $\boldsymbol{Q}^{-1}\boldsymbol{A}\boldsymbol{Q}=\boldsymbol{Q}^{\mathrm{T}}\boldsymbol{A}\boldsymbol{Q}=\boldsymbol{\Lambda}$，现在已求出

$$\boldsymbol{Q}=\begin{pmatrix}\frac{\sqrt{3}}{3}&\frac{\sqrt{6}}{6}&\frac{\sqrt{2}}{2}\\-\frac{\sqrt{3}}{3}&-\frac{\sqrt{6}}{6}&\frac{\sqrt{2}}{2}\\-\frac{\sqrt{3}}{3}&\frac{\sqrt{6}}{3}&0\end{pmatrix},\quad \boldsymbol{\Lambda}=\begin{pmatrix}3&&\\&6&\\&&-2\end{pmatrix}.$$

经变换$\begin{pmatrix}x\\y\\z\end{pmatrix}=\boldsymbol{Q}\begin{pmatrix}x'\\y'\\z'\end{pmatrix}$，化原方程为

$$3x'^2+6y'^2-2z'^2-6\sqrt{6}y'+2\sqrt{2}z'+14=0.$$

再经变换

$$\begin{cases}x''=x',\\ y''=y'-\frac{\sqrt{6}}{2},\\ z''=z'-\frac{\sqrt{2}}{2},\end{cases}$$

可化原方程为

$$3x''^2+6y''^2-2z''^2=-6,$$

即$\dfrac{x''^2}{2}+y''^2-\dfrac{z''^2}{3}=-1$.这是双叶双曲面.

2. 合同矩阵

下面讨论合同矩阵的性质.

性质 1

① 自反性:$\boldsymbol{A}\simeq\boldsymbol{A}$;

对称性:若 $\boldsymbol{A}\simeq\boldsymbol{B}$,则 $\boldsymbol{B}\simeq\boldsymbol{A}$;

传递性:若 $\boldsymbol{A}\simeq\boldsymbol{B}$,$\boldsymbol{B}\simeq\boldsymbol{C}$,则 $\boldsymbol{A}\simeq\boldsymbol{C}$.

② 若 $\boldsymbol{A}\simeq\boldsymbol{B}$,则 $\boldsymbol{A}^{\mathrm{T}}\simeq\boldsymbol{B}^{\mathrm{T}}$,$\boldsymbol{A}^{-1}\simeq\boldsymbol{B}^{-1}$,$\boldsymbol{A}^{*}\simeq\boldsymbol{B}^{*}$,$k\boldsymbol{A}\simeq k\boldsymbol{B}$($k$ 为非零常数),$\boldsymbol{A}^{k}\simeq\boldsymbol{B}^{k}$($k$ 为整数).

③ 设有两个 n 阶对称矩阵 $\boldsymbol{A}$,$\boldsymbol{B}$,则 $\boldsymbol{A}\simeq\boldsymbol{B}$ 的充要条件是 $\boldsymbol{A}$,$\boldsymbol{B}$ 的秩及正(负)惯性指数分别相等.

④ 设有两个 n 阶对称矩阵 $\boldsymbol{A}$,$\boldsymbol{B}$,若 $\boldsymbol{A}\sim\boldsymbol{B}$,则 $\boldsymbol{A}\simeq\boldsymbol{B}$.

⑤ 若矩阵 $\boldsymbol{A}$ 经行、列施行相同的初等变换(即调法变换、倍法变换、消法变换)得到矩阵 $\boldsymbol{B}$,则 $\boldsymbol{A}\simeq\boldsymbol{B}$.

⑥ 若 $\boldsymbol{A}\simeq\boldsymbol{B}$,$\boldsymbol{A}$ 为对称矩阵,则 $\boldsymbol{B}$ 也为对称矩阵.

⑦ 若 $\boldsymbol{A}\simeq\boldsymbol{B}$,$\boldsymbol{A}$ 为正定矩阵,则 $\boldsymbol{B}$ 也为正定矩阵.

⑧ 任一对称矩阵合同于对角矩阵,任一正定矩阵合同于单位矩阵.

⑨ 合同矩阵相应的二次型的规范形是相同的.

说明 合同变换不改变矩阵的对称性、正定性,而相似变换不保持这一性质.

这里仅证明性质 ② 中"若 $\boldsymbol{A}\simeq\boldsymbol{B}$,则 $\boldsymbol{A}^{*}\simeq\boldsymbol{B}^{*}$".

证 因 $\boldsymbol{A}\simeq\boldsymbol{B}$,即存在可逆矩阵 $\boldsymbol{C}$,使得 $\boldsymbol{B}=\boldsymbol{C}^{\mathrm{T}}\boldsymbol{A}\boldsymbol{C}$,则

$$|\boldsymbol{B}|=|\boldsymbol{C}^{\mathrm{T}}\boldsymbol{A}\boldsymbol{C}|=|\boldsymbol{C}^{\mathrm{T}}||\boldsymbol{A}||\boldsymbol{C}|=|\boldsymbol{C}|^2|\boldsymbol{A}|.$$

而 $\boldsymbol{A}^{-1}\simeq\boldsymbol{B}^{-1}$,即存在可逆矩阵 $\boldsymbol{C}_1$,使得 $\boldsymbol{B}^{-1}=\boldsymbol{C}_1^{\mathrm{T}}\boldsymbol{A}^{-1}\boldsymbol{C}_1$.

由 $\boldsymbol{A}^{*}=|\boldsymbol{A}|\boldsymbol{A}^{-1}$,$\boldsymbol{B}^{*}=|\boldsymbol{B}|\boldsymbol{B}^{-1}$,得

$$\begin{aligned}\boldsymbol{B}^{*}&=|\boldsymbol{C}|^2|\boldsymbol{A}|\boldsymbol{C}_1^{\mathrm{T}}\boldsymbol{A}^{-1}\boldsymbol{C}_1=(|\boldsymbol{C}|\boldsymbol{C}_1)^{\mathrm{T}}|\boldsymbol{A}|\boldsymbol{A}^{-1}(|\boldsymbol{C}|\boldsymbol{C}_1)\\&=(|\boldsymbol{C}|\boldsymbol{C}_1)^{\mathrm{T}}\boldsymbol{A}^{*}(|\boldsymbol{C}|\boldsymbol{C}_1),\end{aligned}$$

故 $\boldsymbol{A}^{*}\simeq\boldsymbol{B}^{*}$.

下面讨论合同对角化.

定义 1 在可逆线性变换 $\boldsymbol{x}=\boldsymbol{P}\boldsymbol{y}$ 下,

$$f=\boldsymbol{x}^{\mathrm{T}}\boldsymbol{A}\boldsymbol{x}=(\boldsymbol{P}\boldsymbol{y})^{\mathrm{T}}\boldsymbol{A}(\boldsymbol{P}\boldsymbol{y})=\boldsymbol{y}^{\mathrm{T}}(\boldsymbol{P}^{\mathrm{T}}\boldsymbol{A}\boldsymbol{P})\boldsymbol{y}=\boldsymbol{y}^{\mathrm{T}}\boldsymbol{\Lambda}\boldsymbol{y},$$

其中 $\boldsymbol{\Lambda}$ 为对角矩阵，称为合同对角化.

合同对角化的方法详见 §7.2 中化二次型为标准形：在配方法中，例 1 的合同对角矩阵为 $\begin{pmatrix}2&&\\&-1&\\&&4\end{pmatrix}$；在正交变换法中，例 2 的合同对角矩阵为 $\begin{pmatrix}-2&&\\&1&\\&&4\end{pmatrix}$；在初等变换法中，例 3 的合同对角矩阵为 $\begin{pmatrix}2&&\\&-1&\\&&4\end{pmatrix}$.

3. 矩阵的等价、相似与合同

$\boldsymbol{A}$ 与 $\boldsymbol{B}$ 等价（$\boldsymbol{A}\cong\boldsymbol{B}$）的充要条件是 $\boldsymbol{A}$ 经过初等变换得到 $\boldsymbol{B}$.

$\boldsymbol{A}$ 与 $\boldsymbol{B}$ 等价（$\boldsymbol{A}\cong\boldsymbol{B}$）的充要条件是存在可逆矩阵 $\boldsymbol{P},\boldsymbol{Q}$，使得

$$\boldsymbol{PAQ}=\boldsymbol{B}.$$

$\boldsymbol{A}$ 与 $\boldsymbol{B}$ 等价（$\boldsymbol{A}\cong\boldsymbol{B}$）的充要条件是 $\boldsymbol{A},\boldsymbol{B}$ 为同型矩阵，且

$$R(\boldsymbol{A})=R(\boldsymbol{B}).$$

$\boldsymbol{A}$ 与 $\boldsymbol{B}$ 相似（$\boldsymbol{A}\sim\boldsymbol{B}$）的充要条件是存在可逆矩阵 $\boldsymbol{P}$，使得

$$\boldsymbol{P}^{-1}\boldsymbol{AP}=\boldsymbol{B}.$$

$\boldsymbol{A}$ 与 $\boldsymbol{B}$ 合同（$\boldsymbol{A}\simeq\boldsymbol{B}$）的充要条件是存在可逆矩阵 $\boldsymbol{C}$，使得

$$\boldsymbol{C}^{\mathrm{T}}\boldsymbol{AC}=\boldsymbol{B}.$$

$\boldsymbol{A}$ 与 $\boldsymbol{B}$ 合同（$\boldsymbol{A}\simeq\boldsymbol{B}$）的充要条件是 $\boldsymbol{x}^{\mathrm{T}}\boldsymbol{Ax}$ 与 $\boldsymbol{x}^{\mathrm{T}}\boldsymbol{Bx}$ 有相同的正、负惯性指数.

例 2 矩阵 $\boldsymbol{A}=\begin{pmatrix}1&0\\0&2\end{pmatrix}$ 与 $\boldsymbol{B}=\begin{pmatrix}1&0\\0&4\end{pmatrix}$ 是否等价、相似、合同？

解 因为 $R(\boldsymbol{A})=R(\boldsymbol{B})=2$，且 $\boldsymbol{A},\boldsymbol{B}$ 为同型矩阵，所以矩阵 $\boldsymbol{A}$ 与 $\boldsymbol{B}$ 等价.

又因为矩阵 $\boldsymbol{A}$ 与 $\boldsymbol{B}$ 的特征值不同，所以矩阵 $\boldsymbol{A}$ 与 $\boldsymbol{B}$ 不相似.

再因为 $\boldsymbol{x}^{\mathrm{T}}\boldsymbol{Ax}=x_1^2+2x_2^2$ 与 $\boldsymbol{x}^{\mathrm{T}}\boldsymbol{Bx}=x_1^2+4x_2^2$ 有相同的正、负惯性指数（即正惯性指数为 2，负惯性指数为 0），所以矩阵 $\boldsymbol{A}$ 与 $\boldsymbol{B}$ 合同. 或由

$$\begin{pmatrix}1&\\&\sqrt{2}\end{pmatrix}^{\mathrm{T}}\begin{pmatrix}1&\\&2\end{pmatrix}\begin{pmatrix}1&\\&\sqrt{2}\end{pmatrix}=\begin{pmatrix}1&\\&4\end{pmatrix},$$

可知矩阵 $\boldsymbol{A}$ 与 $\boldsymbol{B}$ 合同.

例 3 矩阵 $\boldsymbol{A}=\begin{pmatrix}1&1&1\\1&1&1\\1&1&1\end{pmatrix}$ 与 $\boldsymbol{B}=\begin{pmatrix}3&0&0\\0&0&0\\0&0&0\end{pmatrix}$ 是否等价、相似、合同？

解　因为 $R(\boldsymbol{A})=R(\boldsymbol{B})=1$，且 $\boldsymbol{A},\boldsymbol{B}$ 为同型矩阵，所以矩阵 $\boldsymbol{A}$ 与 $\boldsymbol{B}$ 等价.

由 $|\boldsymbol{A}-\lambda\boldsymbol{E}|=\lambda^2(3-\lambda)$，得 $\boldsymbol{A}$ 的特征值分别为 3，0，0. 因 $\boldsymbol{A}$ 为对称矩阵，故 $\boldsymbol{A}$ 必能相似对角化，且

$$\boldsymbol{A}\sim\begin{pmatrix}3 & & \\ & 0 & \\ & & 0\end{pmatrix},$$

即 $\boldsymbol{A}\sim\boldsymbol{B}$.

又因 $\boldsymbol{A},\boldsymbol{B}$ 为对称矩阵，故矩阵 $\boldsymbol{A}$ 与 $\boldsymbol{B}$ 合同.

因而矩阵 $\boldsymbol{A}$ 与 $\boldsymbol{B}$ 等价、相似、合同.

说明　对称矩阵 $\boldsymbol{A}\sim\boldsymbol{B}$ 可推出 $\boldsymbol{A}\simeq\boldsymbol{B}$，但 $\boldsymbol{A}\simeq\boldsymbol{B}$ 不一定能推出 $\boldsymbol{A}$ 与 $\boldsymbol{B}$ 相似.

4. 正定与负定的一个应用

下面利用二次型的正定性，给出在多元函数微积分学中关于多元函数极值判定的一个充分条件.

设 n 元函数 $f(x_1,x_2,\cdots,x_n)$ 在点 $(x_1^0,x_2^0,\cdots,x_n^0)$ 的某邻域中有一阶、二阶连续偏导数，又 $(x_1^0+h_1,x_2^0+h_2,\cdots,x_n^0+h_n)$ 为该邻域中任意一点.

由多元函数的泰勒(Taylor)公式有

$$f(x_0+h)=f(x_0)+\sum_{i=1}^{n}f_i(x_0)h_i+\frac{1}{2!}\sum_{i=1}^{n}\sum_{j=1}^{n}f_{ij}(x_0+\theta h)h_ih_j,$$

其中

$$0<\theta<1,\quad x_0=(x_1^0,x_2^0,\cdots,x_n^0),\quad h=(h_1,h_2,\cdots,h_n),$$

$$f_i(x_0)=\frac{\partial f(x_0)}{\partial x_i}\quad(i=1,2,\cdots,n),$$

$$f_{ij}(x_0+\theta h)=f_{ji}(x_0+\theta h)=\frac{\partial^2 f(x_0+\theta h)}{\partial x_i\partial x_j}=\frac{\partial^2 f(x_0+\theta h)}{\partial x_j\partial x_i}\quad(i,j=1,2,\cdots,n).$$

当 $x_0=(x_1^0,x_2^0,\cdots,x_n^0)$ 是 $f(x)$ 的驻点时，则有 $f_i(x_0)=0(i=1,2,\cdots,n)$，于是 $f(x_0)$ 是否为 $f(x)$ 的极值，就看

$$\sum_{i=1}^{n}\sum_{j=1}^{n}f_{ij}(x_0+\theta h)h_ih_j$$

的符号. 由 $f_{ij}(x)$ 在点 x_0 的某邻域中的连续性知，在该邻域中上式的符号由 $\sum\limits_{i=1}^{n}\sum\limits_{j=1}^{n}f_{ij}(x_0)h_ih_j$ 的符号来定，而后一式是 $h_1,h_2,\cdots,h_n$ 的一个 n 元二

次型，它的符号取决于对称矩阵

$$\boldsymbol{H}(x_0)=\begin{pmatrix} f_{11}(x_0) & f_{12}(x_0) & \cdots & f_{1n}(x_0) \\ f_{21}(x_0) & f_{22}(x_0) & \cdots & f_{2n}(x_0) \\ \vdots & \vdots & & \vdots \\ f_{n1}(x_0) & f_{n2}(x_0) & \cdots & f_{nn}(x_0) \end{pmatrix}$$

是否为有定矩阵. 称矩阵 $\boldsymbol{H}(x_0)$ 为 $f(x)$ 在点 x_0 处的 n 阶黑塞(Hesse)矩阵，其 k 阶顺序主子式记为 $|\boldsymbol{H}_k(x_0)|$ $(k=1,2,\cdots,n)$.

有如下判别法：

(1) 若 $|\boldsymbol{H}_k(x_0)|>0(k=1,2,\cdots,n)$，则 $f(x_0)$ 为 $f(x)$ 的极小值；

(2) 若 $(-1)^k|\boldsymbol{H}_k(x_0)|>0(k=1,2,\cdots,n)$，则 $f(x_0)$ 为 $f(x)$ 的极大值；

(3) 若 $\boldsymbol{H}(x_0)$ 为不定矩阵，则 $f(x_0)$ 为非极值.

例 4 求函数 $f(x,y,z)=\mathrm{e}^{2x}+\mathrm{e}^{-y}+\mathrm{e}^{z^2}-(2x+2\mathrm{e}z-y)$ 的极值.

解 $\dfrac{\partial f}{\partial x}=2\mathrm{e}^{2x}-2,\quad \dfrac{\partial f}{\partial y}=-\mathrm{e}^{-y}+1,\quad \dfrac{\partial f}{\partial z}=2z\mathrm{e}^{z^2}-2\mathrm{e},$

故点 $x_0=(0,0,1)$ 是驻点. 而

$$\frac{\partial^2 f}{\partial x^2}=4\mathrm{e}^{2x},\quad \frac{\partial^2 f}{\partial y^2}=\mathrm{e}^{-y},\quad \frac{\partial^2 f}{\partial z^2}=4z^2\mathrm{e}^{z^2}+2\mathrm{e}^{z^2},$$

其余二阶偏导数为 0，故 $\boldsymbol{H}(x_0)=\begin{pmatrix} 4 & 0 & 0 \\ 0 & 1 & 0 \\ 0 & 0 & 6\mathrm{e} \end{pmatrix}$（这是在驻点处的黑塞矩阵）为正定矩阵，从而在点 $x_0=(0,0,1)$ 处，$f(x_0)=2-\mathrm{e}$ 为函数的极小值.

习题七

1. 用矩阵记号表示下列二次型，并求二次型矩阵 $\boldsymbol{A}$ 的秩 $R(\boldsymbol{A})$：

$$f=x^2+y^2-7z^2-2xy-4xz-4yz.$$

2. 设有对称矩阵 $\boldsymbol{A}$ 与 $\boldsymbol{B}$，求可逆矩阵 $\boldsymbol{C}$，使得 $\boldsymbol{C}^{\mathrm{T}}\boldsymbol{A}\boldsymbol{C}=\boldsymbol{B}$，其中

$$\boldsymbol{A}=\begin{pmatrix} 0 & 1 & 1 \\ 1 & 2 & 1 \\ 1 & 1 & 0 \end{pmatrix},\quad \boldsymbol{B}=\begin{pmatrix} 2 & 1 & 1 \\ 1 & 0 & 1 \\ 1 & 1 & 0 \end{pmatrix}.$$

3. 设矩阵 $\boldsymbol{A}$ 与 $\boldsymbol{B}$ 合同，求可逆矩阵 $\boldsymbol{C}$，使得 $\boldsymbol{C}^{\mathrm{T}}\boldsymbol{A}\boldsymbol{C}=\boldsymbol{B}$，其中

$$A=\begin{pmatrix}1&&\\&-1&\\&&1\end{pmatrix},\quad B=\begin{pmatrix}1&&\\&1&\\&&-1\end{pmatrix}.$$

4. 设二次型 $f=x_1^2+3x_2^2+x_3^2+2x_1x_2+2x_1x_3+2x_2x_3$，求 f 的正惯性指数.

5. 用配方法化二次型 $f=x_1^2-3x_2^2-2x_1x_2+2x_1x_3-6x_2x_3$ 为标准形.

6. 求一个正交变换化二次型 $f=2x_1^2+3x_2^2+3x_3^2+4x_2x_3$ 为标准形.

7. 若二次型 $f=x_1^2+x_2^2+x_3^2-4x_1x_2-4x_1x_3+2ax_2x_3$ 通过正交变换 $\boldsymbol{x}=\boldsymbol{Q}\boldsymbol{y}$ 化为标准形 $f=3y_1^2+3y_2^2+cy_3^2$，求 a,c 及正交矩阵 $\boldsymbol{Q}$，并写出相应的正交变换及标准形.

8. 设二次型 $f=\boldsymbol{x}^{\mathrm{T}}\boldsymbol{A}\boldsymbol{x}$ 的秩为 1，$\boldsymbol{A}$ 中行元素之和为 3，求 f 在正交变换 $\boldsymbol{x}=\boldsymbol{Q}\boldsymbol{y}$ 下的标准形.

9. 用特征值法化二次型 $f=x_1^2+5x_2^2+5x_3^2+2x_1x_2-4x_1x_3$ 为标准形.

10. 用初等变换法化二次型 $f=2x_1x_2-6x_2x_3+2x_1x_3$ 为标准形.

11. 用线性变换法化二次型 $f=2x_1^2+3x_2^2-4x_3^2$ 为规范形.

12. 设二次型 $f=ax_1^2+ax_2^2+(a-1)x_3^2+2x_1x_3-2x_2x_3$，求二次型 f 的矩阵的所有特征值，且若二次型的规范形为 $y_1^2+y_2^2$，求 a 的值.

13. 设二次型 $f=x_1^2+5x_2^2+5x_3^2+2x_1x_2-4x_1x_3$，当 $\boldsymbol{x}^{\mathrm{T}}\boldsymbol{x}=2$ 时，求 f 的最大值.

14. 判别下列二次型的正定性：

(1) $f=3x^2+4y^2+5z^2+4xy-4yz$；

(2) $f=-5x_1^2-6x_2^2-4x_3^2+4x_1x_2+4x_1x_3$.

15. 已知 $\boldsymbol{A}$ 为 n 阶对称矩阵，且 $\boldsymbol{AB}+\boldsymbol{B}^{\mathrm{T}}\boldsymbol{A}$ 为正定矩阵，证明：$\boldsymbol{A}$ 是可逆矩阵.

16. 设 $\boldsymbol{U}$ 为可逆矩阵，$\boldsymbol{A}=\boldsymbol{U}^{\mathrm{T}}\boldsymbol{U}$，证明：$f=\boldsymbol{x}^{\mathrm{T}}\boldsymbol{A}\boldsymbol{x}$ 为正定二次型.

17. 证明：

(1) 若 $\boldsymbol{A}$ 为正定矩阵，则 $\boldsymbol{A}^{-1}$ 也为正定矩阵；

(2) 若 $\boldsymbol{A},\boldsymbol{B}$ 均为 n 阶正定矩阵，则 $\boldsymbol{A}+\boldsymbol{B}$ 也为 n 阶正定矩阵.

18. 已知 $\boldsymbol{A}$ 为反对称矩阵(即 $\boldsymbol{A}^{\mathrm{T}}=-\boldsymbol{A}$)，证明：$\boldsymbol{E}-\boldsymbol{A}^2$ 为正定矩阵，其中 $\boldsymbol{E}$ 为单位矩阵.

19. 求一个正交变换把二次曲面方程化为标准方程，二次曲面方程为

$$f=3x^2+5y^2+5z^2+4xy-4xz-10yz=1.$$

20. 若二次曲面方程为 $f=x^2+3y^2+z^2+2axy+2xz+2yz=4$，经正交变换化为 $y_1^2+4z_1^2=4$，求 a 的值.

21. 设 $\boldsymbol{A}$ 为三阶对称矩阵，将矩阵 $\boldsymbol{A}$ 对调第一、二行和第一、二列得到矩阵 $\boldsymbol{B}$，判断 $\boldsymbol{A}$ 与 $\boldsymbol{B}$ 是否等价、相似、合同.

22. 设有矩阵 $\boldsymbol{A}=\begin{pmatrix}1&\\&2\end{pmatrix}$ 与 $\boldsymbol{B}=\begin{pmatrix}1&\\&-4\end{pmatrix}$，问：$\boldsymbol{A}$ 与 $\boldsymbol{B}$ 是否等价、相似、合同？

本章小结

23. 求函数 $f=x_1+x_2-\mathrm{e}^{x_1}-\mathrm{e}^{x_2}+2\mathrm{e}^{x_3}-\mathrm{e}^{x_3^2}$ 的极值.

第八章　线 性 空 间

线性空间是某一类事物从量方面的一个抽象，线性变换反映了线性空间中元素间最基本的线性联系．线性代数就是研究线性空间与线性变换的理论学科．本章主要是用之前相关的知识去研究线性空间与线性变换．本章将讨论两个问题：

（1）　线性空间的概念、基与维数、元素的坐标；

（2）　线性变换的概念和矩阵表示．

课程思政案例

知识结构

§8.1 线性空间的定义与性质

微课视频

定义 1 设 V 为一个非空集合，$\mathbf{R}$ 为实数域. 若集合 V 对在 V 和实数域 $\mathbf{R}$ 上定义的加法和数乘两种运算满足下列规则，则称 V 为实数域 $\mathbf{R}$ 上的线性空间或向量空间.

首先，集合 V 对于称为加法和数乘的两种运算各自满足封闭性，即对任意两个元素 $\boldsymbol{\alpha},\boldsymbol{\beta}\in V$，有 $\boldsymbol{\alpha}+\boldsymbol{\beta}\in V$；对任一数 $\lambda\in\mathbf{R}$ 与任一元素 $\boldsymbol{\alpha}\in V$，有 $\lambda\boldsymbol{\alpha}\in V$.

其次，集合 V 对这两种运算满足以下八条运算规律(设 $\boldsymbol{\alpha},\boldsymbol{\beta},\boldsymbol{\gamma}\in V$；$\lambda,\mu\in\mathbf{R}$)：

① $\boldsymbol{\alpha}+\boldsymbol{\beta}=\boldsymbol{\beta}+\boldsymbol{\alpha}$；

② $(\boldsymbol{\alpha}+\boldsymbol{\beta})+\boldsymbol{\gamma}=\boldsymbol{\alpha}+(\boldsymbol{\beta}+\boldsymbol{\gamma})$；

③ 在 V 中存在零元素 $\mathbf{0}$，对任何 $\boldsymbol{\alpha}\in V$，都有 $\boldsymbol{\alpha}+\mathbf{0}=\boldsymbol{\alpha}$；

④ 对任何 $\boldsymbol{\alpha}\in V$，都有 $\boldsymbol{\alpha}$ 的负元素 $-\boldsymbol{\alpha}\in V$，使得 $\boldsymbol{\alpha}+(-\boldsymbol{\alpha})=\mathbf{0}$；

⑤ $1\boldsymbol{\alpha}=\boldsymbol{\alpha}$；

⑥ $\lambda(\mu\boldsymbol{\alpha})=(\lambda\mu)\boldsymbol{\alpha}$；

⑦ $(\lambda+\mu)\boldsymbol{\alpha}=\lambda\boldsymbol{\alpha}+\mu\boldsymbol{\alpha}$；

⑧ $\lambda(\boldsymbol{\alpha}+\boldsymbol{\beta})=\lambda\boldsymbol{\alpha}+\lambda\boldsymbol{\beta}$.

说明 要验证 V 是否为 $\mathbf{R}$ 上的线性空间就看其是否满足两种运算的封闭性及以上八条运算规律.

例 1 在实数域 $\mathbf{R}$ 和集合 $\mathbf{R}_+$ (正实数全体) 上定义运算：

$$a\oplus b=ab\quad(a,b\in\mathbf{R}_+),$$

$$\lambda\circ a=a^{\lambda}\quad(\lambda\in\mathbf{R},a\in\mathbf{R}_+),$$

证明：$\mathbf{R}_+$ 对上述定义的加法"$\oplus$"与数乘"$\circ$"运算构成实数域 $\mathbf{R}$ 上的线性空间.

证 对加法封闭：对任意的 $a,b\in\mathbf{R}_+$，有 $a\oplus b=ab\in\mathbf{R}_+$；

对数乘封闭：对任意的 $\lambda\in\mathbf{R},a\in\mathbf{R}_+$，有 $\lambda\circ a=a^{\lambda}\in\mathbf{R}_+$.

下面再验证满足八条运算规律：

① $a\oplus b=ab=ba=b\oplus a$；

② $(a\oplus b)\oplus c=ab\oplus c=abc=a(bc)=a\oplus(b\oplus c)$；

③ $\mathbf{R}_+$ 中存在零元素 1，对任何 $a\in\mathbf{R}_+$，都有 $a\oplus 1=a\cdot 1=a$；

④ 对任何 $a\in\mathbf{R}_+$，都有负元素 $a^{-1}\in\mathbf{R}_+$，使得 $a\oplus a^{-1}=aa^{-1}=1$；

⑤ $1 \circ a = a^1 = a$；

⑥ $\lambda \circ (\mu \circ a) = \lambda \circ a^\mu = (a^\mu)^\lambda = a^{\lambda\mu} = (\lambda\mu) \circ a (\lambda, \mu \in \mathbf{R})$；

⑦ $(\lambda + \mu) \circ a = a^{\lambda+\mu} = a^\lambda a^\mu = a^\lambda \oplus a^\mu = \lambda \circ a \oplus \mu \circ a$；

⑧ $\lambda \circ (a \oplus b) = \lambda \circ (ab) = (ab)^\lambda = a^\lambda b^\lambda = a^\lambda \oplus b^\lambda = \lambda \circ a \oplus \lambda \circ b$.

经验证 $\mathbf{R}_+$ 对所定义的运算构成了 $\mathbf{R}$ 上的线性空间.

例 2 设集合 V 为与向量 $(0,0,1)$ 不平行的全体三维数组向量. 定义两种运算：数组向量的加法和数乘运算，判断集合 V 是否构成实数域 $\mathbf{R}$ 上的线性空间.

解 取 $\boldsymbol{\alpha} = (2,2,3) \in V$，$\boldsymbol{\beta} = (-2,-2,-2) \in V$，则 $\boldsymbol{\alpha} + \boldsymbol{\beta} = (0,0,1) \notin V$，故 V 对所定义的运算不封闭，即集合 V 在实数域 $\mathbf{R}$ 上对定义的两种运算不构成线性空间.

说明 ① 线性空间的向量概念更加抽象化. 例如，二阶方阵全体的集合 S 对矩阵的加法和数乘两种运算构成了线性空间，$\boldsymbol{P}_1 = \begin{pmatrix} 1 & 0 \\ 0 & 0 \end{pmatrix}$，$\boldsymbol{P}_2 = \begin{pmatrix} 0 & 1 \\ 0 & 0 \end{pmatrix}$ 等是线性空间 S 中的元素，均可看成是向量.

② 线性空间的概念是集合与运算两者的结合. 在同一集合里，若定义两种不同的线性运算就构成不同的线性空间，因此所定义的线性运算是线性空间的本质，而其中的元素（即向量）是什么倒并不重要.

直接从线性空间的定义，可推出线性空间的一些简单性质.

性质 1

① 零元素是唯一的；

② 负元素是唯一的；

③ 加法的消去律成立，即若 $\boldsymbol{\alpha} + \boldsymbol{\beta} = \boldsymbol{\alpha} + \boldsymbol{\gamma}$，则 $\boldsymbol{\beta} = \boldsymbol{\gamma}$；

④ 方程 $\boldsymbol{\alpha} + \boldsymbol{x} = \boldsymbol{\beta}$ 在线性空间内有且只有一个解 $\boldsymbol{x} = \boldsymbol{\beta} + (-\boldsymbol{\alpha})$；

⑤ $0\boldsymbol{\alpha} = \mathbf{0}$（左边的“0”是数，右边的“$\mathbf{0}$”表示零元素）；

⑥ $\lambda\mathbf{0} = \mathbf{0}$（其中“$\mathbf{0}$”是指零元素）；

⑦ $(-\lambda)\boldsymbol{\alpha} = \lambda(-\boldsymbol{\alpha}) = -\lambda\boldsymbol{\alpha}$；

⑧ 若 $\lambda\boldsymbol{\alpha} = \mathbf{0}$，则有 $\lambda = 0$ 或 $\boldsymbol{\alpha} = \mathbf{0}$.

下面仅证明性质 ⑥ 和性质 ⑧.

证 ⑥ 由 $\lambda\boldsymbol{\alpha} = \lambda(\boldsymbol{\alpha} + \mathbf{0}) = \lambda\boldsymbol{\alpha} + \lambda\mathbf{0}$，得

$$\lambda\boldsymbol{\alpha} + \mathbf{0} = \lambda\boldsymbol{\alpha} = \lambda\boldsymbol{\alpha} + \lambda\mathbf{0}.$$

根据加法消去律有 $\lambda\mathbf{0} = \mathbf{0}$.

⑧ 若 $\lambda\boldsymbol{\alpha} = \mathbf{0}$，根据性质 ⑤ 可知当 $\lambda = 0$ 时，$\lambda\boldsymbol{\alpha} = \mathbf{0}$；若 $\lambda \neq 0$，则 λ^{-1} 存在，有 $\lambda^{-1}(\lambda\boldsymbol{\alpha}) = \lambda^{-1}\mathbf{0}$，故 $(\lambda^{-1}\lambda)\boldsymbol{\alpha} = 1\boldsymbol{\alpha} = \boldsymbol{\alpha} = \mathbf{0}$.

定义 2 方程 $\boldsymbol{\alpha} + \boldsymbol{x} = \boldsymbol{\beta}$ 的唯一解 $\boldsymbol{x} = \boldsymbol{\beta} + (-\boldsymbol{\alpha})$ 可记为 $\boldsymbol{x} = \boldsymbol{\beta} - \boldsymbol{\alpha}$，

称为 $\boldsymbol{\beta}$ 与 $\boldsymbol{\alpha}$ 的差.

说明 求差的运算称为减法运算.

定义 3 设 W 是线性空间 V 的一个非空子集. 若 W 对于 V 中定义的加法与数乘运算也构成一个线性空间,则称 W 为 V 的子空间.

对于子空间,有如下定理加以判别.

定理 1 设 W 是线性空间 V 的一个非空子集,则 W 是 V 的子空间的充要条件是 W 对于 V 中定义的加法与数乘运算具有封闭性,即

(1) 若 $\boldsymbol{\alpha},\boldsymbol{\beta} \in W$,则 $\boldsymbol{\alpha}+\boldsymbol{\beta} \in W$;

(2) 若 $\lambda \in \mathbf{R},\boldsymbol{\alpha} \in W$,则 $\lambda\boldsymbol{\alpha} \in W$.

说明 从定理 1 可知,由子空间线性运算的两条规则(加法与数乘封闭)就可推得线性空间的八条运算规律.

§8.2 线性空间的基与维数

在前面,我们用线性运算讨论了数组向量之间的关系,介绍了一些重要概念,如线性相关、线性无关与线性表示等,这些概念及其性质只涉及线性运算,因此对于这里的线性空间仍然适用. 下面我们将直接引用这些概念及其性质.

微课视频

定义 1 给定线性空间 V 的一组向量 $\boldsymbol{\alpha}_1,\boldsymbol{\alpha}_2,\cdots,\boldsymbol{\alpha}_n$,若满足:

(1) $\boldsymbol{\alpha}_1,\boldsymbol{\alpha}_2,\cdots,\boldsymbol{\alpha}_n$ 线性无关;

(2) V 中任一向量 $\boldsymbol{\alpha}$ 总可由 $\boldsymbol{\alpha}_1,\boldsymbol{\alpha}_2,\cdots,\boldsymbol{\alpha}_n$ 线性表示,即存在数 $k_1,k_2,\cdots,k_n$,使得

$$\boldsymbol{\alpha}=k_1\boldsymbol{\alpha}_1+k_2\boldsymbol{\alpha}_2+\cdots+k_n\boldsymbol{\alpha}_n, \tag{8.1}$$

则称这组向量为线性空间 V 的一个基,其中向量 $\boldsymbol{\alpha}_1,\boldsymbol{\alpha}_2,\cdots,\boldsymbol{\alpha}_n$ 称为基向量,称(8.1)式的系数 $k_1,k_2,\cdots,k_n$ 为向量 $\boldsymbol{\alpha}$ 在这个基下的坐标.

定义 2 在线性空间 V 的任意一个基中,基向量的个数称为线性空间 V 的维数,记为 $\dim V$.

下面讨论求线性空间的基与维数的方法.

(1) 目测法. 此法就是初步目测出基与维数,然后再加以检验.

例 1 求线性空间 $P[x]_3$ 的基与维数,其中 $P[x]_3$ 为次数不超过三次的多项式的全体.

解 设 $P[x]_3=a_3x^3+a_2x^2+a_1x+a_0$.

例如,取$\boldsymbol{\alpha}_1=1,\boldsymbol{\alpha}_2=x,\boldsymbol{\alpha}_3=x^2,\boldsymbol{\alpha}_4=x^3$,它们线性无关,故它们是线性空间$P[x]_3$的一个基,线性空间的维数$\dim V=4$,$P[x]_3$中任一向量$a_3x^3+a_2x^2+a_1x+a_0$在此基下的坐标为$(a_0,a_1,a_2,a_3)$.

又如,取$\boldsymbol{\beta}_1=1,\boldsymbol{\beta}_2=x+1,\boldsymbol{\beta}_3=3x^2,\boldsymbol{\beta}_4=x^3+1$,它们线性无关,故它们是线性空间$P[x]_3$的另一个基,$P[x]_3$中任一向量$a_3x^3+a_2x^2+a_1x+a_0$在此基下的坐标设为$(k_1,k_2,k_3,k_4)$,即

$$a_3x^3+a_2x^2+a_1x+a_0=k_4(x^3+1)+k_3(3x^2)+k_2(x+1)+k_1(1).$$

比较上式两边同次幂的系数,求得$k_4=a_3,k_3=\dfrac{a_2}{3},k_2=a_1,k_1=a_0-a_1-a_3$.

(2) 基变换法.此法就是根据下面的结论:已知线性空间V的一个基为$\boldsymbol{\alpha}_1,\boldsymbol{\alpha}_2,\cdots,\boldsymbol{\alpha}_n$,则$\boldsymbol{\beta}_1(\boldsymbol{\beta}_1=a_{11}\boldsymbol{\alpha}_1+a_{12}\boldsymbol{\alpha}_2+\cdots+a_{1n}\boldsymbol{\alpha}_n),\boldsymbol{\beta}_2(\boldsymbol{\beta}_2=a_{21}\boldsymbol{\alpha}_1+a_{22}\boldsymbol{\alpha}_2+\cdots+a_{2n}\boldsymbol{\alpha}_n),\cdots,\boldsymbol{\beta}_n(\boldsymbol{\beta}_n=a_{n1}\boldsymbol{\alpha}_1+a_{n2}\boldsymbol{\alpha}_2+\cdots+a_{nn}\boldsymbol{\alpha}_n)$为基的充要条件是

$$A=\begin{vmatrix} a_{11} & a_{12} & \cdots & a_{1n} \\ a_{21} & a_{22} & \cdots & a_{2n} \\ \vdots & \vdots & & \vdots \\ a_{n1} & a_{n2} & \cdots & a_{nn} \end{vmatrix}\neq 0.$$

例 2 若向量组$\boldsymbol{\alpha}_1,\boldsymbol{\alpha}_2,\cdots,\boldsymbol{\alpha}_n$是$n$维线性空间$V$的一个基,证明:$\boldsymbol{\beta}_1=\boldsymbol{\alpha}_1,\boldsymbol{\beta}_2=\boldsymbol{\alpha}_1+\boldsymbol{\alpha}_2,\cdots,\boldsymbol{\beta}_n=\boldsymbol{\alpha}_1+\boldsymbol{\alpha}_2+\cdots+\boldsymbol{\alpha}_n$也是$V$的一个基.

证 因为$A=\begin{vmatrix} 1 & 0 & \cdots & 0 \\ 1 & 1 & \cdots & 0 \\ \vdots & \vdots & & \vdots \\ 1 & 1 & \cdots & 1 \end{vmatrix}=1\neq 0$,所以$\boldsymbol{\beta}_1,\boldsymbol{\beta}_2,\cdots,\boldsymbol{\beta}_n$是$V$的一个基.

(3) 添加法.此法就是添加基向量的个数.

例 3 设V_s是n维线性空间V_n的一个子空间,$\boldsymbol{\alpha}_1,\boldsymbol{\alpha}_2,\cdots,\boldsymbol{\alpha}_s$是$V_s$的一个基,证明:$V_n$中存在向量$\boldsymbol{\alpha}_{s+1},\cdots,\boldsymbol{\alpha}_n$,使得$\boldsymbol{\alpha}_1,\boldsymbol{\alpha}_2,\cdots,\boldsymbol{\alpha}_s,\boldsymbol{\alpha}_{s+1},\cdots,\boldsymbol{\alpha}_n$为$V_n$的一个基.

证 对维数差$n-s=m$用数学归纳法.

当$m=0$时,结论显然成立.

当$m=k$时,假设结论成立.

当 $m=k+1$ 时，$\boldsymbol{\alpha}_1,\boldsymbol{\alpha}_2,\cdots,\boldsymbol{\alpha}_s$ 是 V_s 的一个基(则它们一定线性无关)，但还不是 V_n 的一个基，则在 V_n 中必存在一个向量 $\boldsymbol{\alpha}_{s+1}$ 不能由 $\boldsymbol{\alpha}_1,\boldsymbol{\alpha}_2,\cdots,\boldsymbol{\alpha}_s$ 线性表示，这时就把 $\boldsymbol{\alpha}_{s+1}$ 添加进去，于是 $\boldsymbol{\alpha}_1,\boldsymbol{\alpha}_2,\cdots,\boldsymbol{\alpha}_s,\boldsymbol{\alpha}_{s+1}$ 必线性无关(若 $\boldsymbol{\alpha}_1,\boldsymbol{\alpha}_2,\cdots,\boldsymbol{\alpha}_s,\boldsymbol{\alpha}_{s+1}$ 线性相关，由于 $\boldsymbol{\alpha}_1,\boldsymbol{\alpha}_2,\cdots,\boldsymbol{\alpha}_s$ 线性无关，则 $\boldsymbol{\alpha}_{s+1}$ 可由 $\boldsymbol{\alpha}_1,\boldsymbol{\alpha}_2,\cdots,\boldsymbol{\alpha}_s$ 线性表示，矛盾)，把它作为 V_n 的子空间 V_{s+1} 的一个基，于是 V_{s+1} 是 $s+1$ 维的.

而 $n-(s+1)=n-s-1=m-1=(k+1)-1=k$，于是由数学归纳法假设证得在 V_n 中存在 $\boldsymbol{\alpha}_{s+1},\cdots,\boldsymbol{\alpha}_n$，使得 $\boldsymbol{\alpha}_1,\boldsymbol{\alpha}_2,\cdots,\boldsymbol{\alpha}_s,\boldsymbol{\alpha}_{s+1},\cdots,\boldsymbol{\alpha}_n$ 为 V_n 的一个基.

说明 ① 线性空间 V_n 的基不是唯一的，但它的维数是唯一的(即定数).

② 线性空间 V_n 的一个基，也叫基底. 在线性方程组的解向量空间中基础解系就是一个基，其维数就是基础解系中所含解向量的个数. 若把 V_n 看成向量组，V_n 的基就是向量组的极大无关组，V_n 的维数就是向量组的秩.

③ 在线性空间 V_n 中引进一个基 $\boldsymbol{\alpha}_1,\boldsymbol{\alpha}_2,\cdots,\boldsymbol{\alpha}_n$ 后，V_n 可表示为

$$V_n=\{\boldsymbol{\alpha}=k_1\boldsymbol{\alpha}_1+k_2\boldsymbol{\alpha}_2+\cdots+k_n\boldsymbol{\alpha}_n \mid k_1,k_2,\cdots,k_n\in\mathbf{R}\}.$$

④ 在线性空间 V_n 中引进坐标后，就把抽象的向量 $\boldsymbol{\alpha}$($\boldsymbol{\alpha}\in V_n$) 与具体的数组向量 $(k_1,k_2,\cdots,k_n)$ 联系起来.

⑤ 为使一般抽象的 n 维线性空间 V_n 更形象化，往往在 V_n 与 $\mathbf{R}^n$(由 n 维数组向量所构成的线性空间)之间建立一个一一对应的关系，且保持线性组合对应，即若

$$\boldsymbol{\alpha}\in V_n,\quad \boldsymbol{\beta}\in V_n,\quad \boldsymbol{\alpha}\leftrightarrow(x_1,x_2,\cdots,x_n),\quad \boldsymbol{\beta}\leftrightarrow(y_1,y_2,\cdots,y_n),$$

则 $\boldsymbol{\alpha}+\boldsymbol{\beta}\leftrightarrow(x_1,x_2,\cdots,x_n)+(y_1,y_2,\cdots,y_n)$，$\lambda\boldsymbol{\alpha}\leftrightarrow\lambda(x_1,x_2,\cdots,x_n)$，这时称 V_n 与 $\mathbf{R}^n$ 同构.

⑥ 一个向量的坐标是相对于基而言的，一个向量对不同的基一般有不同的坐标. 向量的分量与坐标是不同的概念，使任一向量的分量与坐标均相等的这个基称为自然基，$\mathbf{R}^n$ 的自然基是 $\boldsymbol{e}_1,\boldsymbol{e}_2,\cdots,\boldsymbol{e}_n$，其中 $\boldsymbol{e}_i$($i=1,2,\cdots,n$) 为 n 阶单位矩阵 $\boldsymbol{E}$ 的第 i 列.

由说明 ⑥ 可见，同一个向量在不同基下一般有不同的坐标，那么不同的基与不同的坐标之间有怎样的联系呢？

设 $\boldsymbol{\alpha}_1,\boldsymbol{\alpha}_2,\cdots,\boldsymbol{\alpha}_n$ 及 $\boldsymbol{\beta}_1,\boldsymbol{\beta}_2,\cdots,\boldsymbol{\beta}_n$ 是线性空间 V_n 的两个基，且

$$\begin{cases}\boldsymbol{\beta}_1=p_{11}\boldsymbol{\alpha}_1+p_{21}\boldsymbol{\alpha}_2+\cdots+p_{n1}\boldsymbol{\alpha}_n,\\ \boldsymbol{\beta}_2=p_{12}\boldsymbol{\alpha}_1+p_{22}\boldsymbol{\alpha}_2+\cdots+p_{n2}\boldsymbol{\alpha}_n,\\ \qquad\cdots\cdots\\ \boldsymbol{\beta}_n=p_{1n}\boldsymbol{\alpha}_1+p_{2n}\boldsymbol{\alpha}_2+\cdots+p_{nn}\boldsymbol{\alpha}_n,\end{cases}$$

即

$$\begin{pmatrix}\boldsymbol{\beta}_1\\ \boldsymbol{\beta}_2\\ \vdots\\ \boldsymbol{\beta}_n\end{pmatrix}=\begin{pmatrix}p_{11} & p_{21} & \cdots & p_{n1}\\ p_{12} & p_{22} & \cdots & p_{n2}\\ \vdots & \vdots & & \vdots\\ p_{1n} & p_{2n} & \cdots & p_{nn}\end{pmatrix}\begin{pmatrix}\boldsymbol{\alpha}_1\\ \boldsymbol{\alpha}_2\\ \vdots\\ \boldsymbol{\alpha}_n\end{pmatrix}=\boldsymbol{P}^{\mathrm{T}}\begin{pmatrix}\boldsymbol{\alpha}_1\\ \boldsymbol{\alpha}_2\\ \vdots\\ \boldsymbol{\alpha}_n\end{pmatrix} \tag{8.2}$$

或

$$(\boldsymbol{\beta}_1,\boldsymbol{\beta}_2,\cdots,\boldsymbol{\beta}_n)=(\boldsymbol{\alpha}_1,\boldsymbol{\alpha}_2,\cdots,\boldsymbol{\alpha}_n)\boldsymbol{P}. \tag{8.3}$$

定义 3 (8.2)式和(8.3)式称为基变换公式，矩阵 $\boldsymbol{P}$ 称为由基 $\boldsymbol{\alpha}_1,\boldsymbol{\alpha}_2,\cdots,\boldsymbol{\alpha}_n$ 到基 $\boldsymbol{\beta}_1,\boldsymbol{\beta}_2,\cdots,\boldsymbol{\beta}_n$ 的过渡矩阵. 由于 $\boldsymbol{\beta}_1,\boldsymbol{\beta}_2,\cdots,\boldsymbol{\beta}_n$ 线性无关，故过渡矩阵 $\boldsymbol{P}$ 可逆.

定理 1 设线性空间 V_n 中的向量 $\boldsymbol{\alpha}$ 在基 $\boldsymbol{\alpha}_1,\boldsymbol{\alpha}_2,\cdots,\boldsymbol{\alpha}_n$ 下的坐标为 $(x_1,x_2,\cdots,x_n)$，在基 $\boldsymbol{\beta}_1,\boldsymbol{\beta}_2,\cdots,\boldsymbol{\beta}_n$ 下的坐标为 $(x'_1,x'_2,\cdots,x'_n)$. 若两个基满足(8.2)式和(8.3)式，则有坐标变换公式

$$\begin{pmatrix}x_1\\ x_2\\ \vdots\\ x_n\end{pmatrix}=\boldsymbol{P}\begin{pmatrix}x'_1\\ x'_2\\ \vdots\\ x'_n\end{pmatrix} \quad 或 \quad \begin{pmatrix}x'_1\\ x'_2\\ \vdots\\ x'_n\end{pmatrix}=\boldsymbol{P}^{-1}\begin{pmatrix}x_1\\ x_2\\ \vdots\\ x_n\end{pmatrix}. \tag{8.4}$$

证 因

$$(\boldsymbol{\alpha}_1,\boldsymbol{\alpha}_2,\cdots,\boldsymbol{\alpha}_n)\begin{pmatrix}x_1\\ x_2\\ \vdots\\ x_n\end{pmatrix}=\boldsymbol{\alpha}=(\boldsymbol{\beta}_1,\boldsymbol{\beta}_2,\cdots,\boldsymbol{\beta}_n)\begin{pmatrix}x'_1\\ x'_2\\ \vdots\\ x'_n\end{pmatrix}$$

$$=(\boldsymbol{\alpha}_1,\boldsymbol{\alpha}_2,\cdots,\boldsymbol{\alpha}_n)\boldsymbol{P}\begin{pmatrix}x'_1\\ x'_2\\ \vdots\\ x'_n\end{pmatrix},$$

而 $\boldsymbol{\alpha}_1,\boldsymbol{\alpha}_2,\cdots,\boldsymbol{\alpha}_n$ 线性无关，故有(8.4)式成立.

说明 定理 1 的逆命题成立，即若 V_n 中任一向量在两个基下的坐标满足坐标变换公式(8.4)，则这两个基满足基变换公式(8.2)或(8.3).

例 4 设向量 $\boldsymbol{\alpha}$ 在基 $\boldsymbol{\alpha}_1,\boldsymbol{\alpha}_2,\cdots,\boldsymbol{\alpha}_n$ 下的坐标为 $(n,n-1,\cdots,1)$，求 $\boldsymbol{\alpha}$ 在基 $\boldsymbol{\alpha}_1$，$\boldsymbol{\alpha}_1+\boldsymbol{\alpha}_2,\cdots,\boldsymbol{\alpha}_1+\boldsymbol{\alpha}_2+\cdots+\boldsymbol{\alpha}_n$ 下的坐标.

解 第一步，求过渡矩阵 $\boldsymbol{P}$. 记

$$\boldsymbol{\beta}_1=\boldsymbol{\alpha}_1,\quad \boldsymbol{\beta}_2=\boldsymbol{\alpha}_1+\boldsymbol{\alpha}_2,\quad \cdots,\quad \boldsymbol{\beta}_n=\boldsymbol{\alpha}_1+\boldsymbol{\alpha}_2+\cdots+\boldsymbol{\alpha}_n,$$

则

$$(\boldsymbol{\beta}_1,\boldsymbol{\beta}_2,\cdots,\boldsymbol{\beta}_n)=(\boldsymbol{\alpha}_1,\boldsymbol{\alpha}_2,\cdots,\boldsymbol{\alpha}_n)\begin{pmatrix}1&1&\cdots&1\\0&1&\cdots&1\\\vdots&\vdots&&\vdots\\0&0&\cdots&1\end{pmatrix}=(\boldsymbol{\alpha}_1,\boldsymbol{\alpha}_2,\cdots,\boldsymbol{\alpha}_n)\boldsymbol{P}.$$

第二步,代入坐标变换公式. 已知 $\begin{pmatrix}x_1\\x_2\\\vdots\\x_n\end{pmatrix}=\begin{pmatrix}n\\n-1\\\vdots\\1\end{pmatrix}$,则

$$\begin{pmatrix}x'_1\\x'_2\\\vdots\\x'_n\end{pmatrix}=\begin{pmatrix}1&1&\cdots&1\\0&1&\cdots&1\\\vdots&\vdots&&\vdots\\0&0&\cdots&1\end{pmatrix}^{-1}\begin{pmatrix}x_1\\x_2\\\vdots\\x_n\end{pmatrix}$$

$$=\begin{pmatrix}1&-1&0&\cdots&0&0\\0&1&-1&\cdots&0&0\\0&0&1&\cdots&0&0\\\vdots&\vdots&\vdots&&\vdots&\vdots\\0&0&0&\cdots&1&-1\\0&0&0&\cdots&0&1\end{pmatrix}\begin{pmatrix}n\\n-1\\\vdots\\1\end{pmatrix}$$

$$=\begin{pmatrix}1\\1\\\vdots\\1\end{pmatrix},$$

即 $\boldsymbol{\alpha}$ 在基 $\boldsymbol{\beta}_1,\boldsymbol{\beta}_2,\cdots,\boldsymbol{\beta}_n$ 下的坐标为$(1,1,\cdots,1)$.

例 5 在 $\mathbf{R}^3$ 中有两个基:

$$\boldsymbol{\alpha}_1=(1,2,3)^{\mathrm{T}},\quad \boldsymbol{\alpha}_2=(2,3,1)^{\mathrm{T}},\quad \boldsymbol{\alpha}_3=(3,1,2)^{\mathrm{T}};$$

$$\boldsymbol{\beta}_1=(1,2,3)^{\mathrm{T}},\quad \boldsymbol{\beta}_2=(2,2,4)^{\mathrm{T}},\quad \boldsymbol{\beta}_3=(3,1,3)^{\mathrm{T}},$$

求坐标变换公式.

解 第一步,求过渡矩阵 $\boldsymbol{P}$.

在 $\mathbf{R}^3$ 中有一个基 $\boldsymbol{e}_1=(1,0,0)^{\mathrm{T}},\boldsymbol{e}_2=(0,1,0)^{\mathrm{T}},\boldsymbol{e}_3=(0,0,1)^{\mathrm{T}}$,则

$$(\boldsymbol{\alpha}_1,\boldsymbol{\alpha}_2,\boldsymbol{\alpha}_3)=(\boldsymbol{e}_1,\boldsymbol{e}_2,\boldsymbol{e}_3)\boldsymbol{A},\quad (\boldsymbol{\beta}_1,\boldsymbol{\beta}_2,\boldsymbol{\beta}_3)=(\boldsymbol{e}_1,\boldsymbol{e}_2,\boldsymbol{e}_3)\boldsymbol{B},$$

其中

$$\boldsymbol{A}=\begin{pmatrix}1&2&3\\2&3&1\\3&1&2\end{pmatrix},\quad \boldsymbol{B}=\begin{pmatrix}1&2&3\\2&2&1\\3&4&3\end{pmatrix}.$$

故$(\boldsymbol{\beta}_1,\boldsymbol{\beta}_2,\boldsymbol{\beta}_3)=(\boldsymbol{\alpha}_1,\boldsymbol{\alpha}_2,\boldsymbol{\alpha}_3)\boldsymbol{A}^{-1}\boldsymbol{B}$,这时 $\boldsymbol{P}=\boldsymbol{A}^{-1}\boldsymbol{B}$.

第二步,代入坐标变换公式.

$$\begin{pmatrix} x'_1 \\ x'_2 \\ \vdots \\ x'_n \end{pmatrix} = \boldsymbol{P}^{-1} \begin{pmatrix} x_1 \\ x_2 \\ \vdots \\ x_n \end{pmatrix} = \boldsymbol{B}^{-1}\boldsymbol{A} \begin{pmatrix} x_1 \\ x_2 \\ \vdots \\ x_n \end{pmatrix},$$

而

$$\boldsymbol{B}^{-1}\boldsymbol{A} = \begin{pmatrix} 1 & 9 & 2 \\ 0 & -\frac{19}{2} & -\frac{5}{2} \\ 0 & 4 & 2 \end{pmatrix},$$

则

$$\begin{pmatrix} x'_1 \\ x'_2 \\ \vdots \\ x'_n \end{pmatrix} = \begin{pmatrix} 1 & 9 & 2 \\ 0 & -\frac{19}{2} & -\frac{5}{2} \\ 0 & 4 & 2 \end{pmatrix} \begin{pmatrix} x_1 \\ x_2 \\ \vdots \\ x_n \end{pmatrix}.$$

说明 ① 这里求 $\boldsymbol{B}^{-1}\boldsymbol{A}$，可直接求 $\boldsymbol{B}$ 的逆矩阵 $\boldsymbol{B}^{-1}$，再用矩阵的乘法求出 $\boldsymbol{B}^{-1}\boldsymbol{A}$，亦可采用如下的方法：把 $(\boldsymbol{B} \mid \boldsymbol{A})$ 经初等行变换化为 $(\boldsymbol{E} \mid \boldsymbol{B}^{-1}\boldsymbol{A})$，从而求得 $\boldsymbol{B}^{-1}\boldsymbol{A}$，即

$$(\boldsymbol{B} \mid \boldsymbol{A}) = \left(\begin{array}{ccc|ccc} 1 & 2 & 3 & 1 & 2 & 3 \\ 2 & 2 & 1 & 2 & 3 & 1 \\ 3 & 4 & 3 & 3 & 1 & 2 \end{array}\right)$$

$$\xrightarrow[r_3 - 3r_1]{r_2 - 2r_1} \left(\begin{array}{ccc|ccc} 1 & 2 & 3 & 1 & 2 & 3 \\ 0 & -2 & -5 & 0 & -1 & -5 \\ 0 & -2 & -6 & 0 & -5 & -7 \end{array}\right)$$

$$\xrightarrow[r_3 - r_2]{r_1 + r_2} \left(\begin{array}{ccc|ccc} 1 & 0 & -2 & 1 & 1 & -2 \\ 0 & -2 & -5 & 0 & -1 & -5 \\ 0 & 0 & -1 & 0 & -4 & -2 \end{array}\right)$$

$$\xrightarrow[-r_3]{-\frac{1}{2}r_2} \left(\begin{array}{ccc|ccc} 1 & 0 & -2 & 1 & 1 & -2 \\ 0 & 1 & \frac{5}{2} & 0 & \frac{1}{2} & \frac{5}{2} \\ 0 & 0 & 1 & 0 & 4 & 2 \end{array}\right)$$

$$\xrightarrow[r_2 - \frac{5}{2}r_3]{r_1 + 2r_3} \left(\begin{array}{ccc|ccc} 1 & 0 & 0 & 1 & 9 & 2 \\ 0 & 1 & 0 & 0 & -\frac{19}{2} & -\frac{5}{2} \\ 0 & 0 & 1 & 0 & 4 & 2 \end{array}\right),$$

故

$$B^{-1}A=\begin{pmatrix}1 & 9 & 2\\ 0 & -\frac{19}{2} & -\frac{5}{2}\\ 0 & 4 & 2\end{pmatrix}.$$

② 求过渡矩阵 $\boldsymbol{P}$ 的方法有两种.

方法1　直接用定义,即直接用一个基 $\boldsymbol{\alpha}$(即 $\boldsymbol{\alpha}_1,\boldsymbol{\alpha}_2,\cdots,\boldsymbol{\alpha}_n$)到另一个基 $\boldsymbol{\beta}$(即 $\boldsymbol{\beta}_1,\boldsymbol{\beta}_2,\cdots,\boldsymbol{\beta}_n$)的基变换公式 $(\boldsymbol{\beta}_1,\boldsymbol{\beta}_2,\cdots,\boldsymbol{\beta}_n)=(\boldsymbol{\alpha}_1,\boldsymbol{\alpha}_2,\cdots,\boldsymbol{\alpha}_n)\boldsymbol{P}$(简记为 $\boldsymbol{\beta}=\boldsymbol{\alpha}\boldsymbol{P}$)去求 $\boldsymbol{P}$(见例 4,即用公式(8.3)).

方法2　通过第三个基 $\boldsymbol{E}_3$ 间接求解.设已知两个基 $\boldsymbol{E}_1,\boldsymbol{E}_2$,求基 $\boldsymbol{E}_1$ 到基 $\boldsymbol{E}_2$ 的过渡矩阵 $\boldsymbol{P}$,其求解过程如下:取第三个基 $\boldsymbol{E}_3$,分别写出由 $\boldsymbol{E}_3$ 到 $\boldsymbol{E}_1$,$\boldsymbol{E}_3$ 到 $\boldsymbol{E}_2$ 的过渡矩阵 $\boldsymbol{A}$ 与 $\boldsymbol{B}$,即 $\boldsymbol{E}_1=\boldsymbol{E}_3\boldsymbol{A}$,$\boldsymbol{E}_2=\boldsymbol{E}_3\boldsymbol{B}$,则 $\boldsymbol{E}_2=\boldsymbol{E}_1\boldsymbol{A}^{-1}\boldsymbol{B}$,其中 $\boldsymbol{A}^{-1}\boldsymbol{B}$ 就是所求的 $\boldsymbol{P}$(见例 5).

下面再举一例,直接用方法 1 去求过渡矩阵 $\boldsymbol{P}$.

例 6　已知 $\mathbf{R}^3$ 中两个基 $\boldsymbol{\alpha}_1=(1,1,1)^{\mathrm{T}},\boldsymbol{\alpha}_2=(1,0,-1)^{\mathrm{T}},\boldsymbol{\alpha}_3=(1,0,1)^{\mathrm{T}};\boldsymbol{\beta}_1=(1,2,1)^{\mathrm{T}},\boldsymbol{\beta}_2=(2,3,4)^{\mathrm{T}},\boldsymbol{\beta}_3=(3,4,3)^{\mathrm{T}}$,求 $\boldsymbol{\eta}=(1,0,0)^{\mathrm{T}}$ 分别在这两个基下的坐标,并求由基 $\boldsymbol{\alpha}_1,\boldsymbol{\alpha}_2,\boldsymbol{\alpha}_3$ 到基 $\boldsymbol{\beta}_1,\boldsymbol{\beta}_2,\boldsymbol{\beta}_3$ 的过渡矩阵.

解　设 $\boldsymbol{\eta}=(\boldsymbol{\alpha}_1,\boldsymbol{\alpha}_2,\boldsymbol{\alpha}_3)\boldsymbol{x}$,则

$$\boldsymbol{x}=(\boldsymbol{\alpha}_1,\boldsymbol{\alpha}_2,\boldsymbol{\alpha}_3)^{-1}\boldsymbol{\eta}=\begin{pmatrix}0 & 1 & 0\\ \frac{1}{2} & 0 & -\frac{1}{2}\\ \frac{1}{2} & -1 & \frac{1}{2}\end{pmatrix}\begin{pmatrix}1\\0\\0\end{pmatrix}=\begin{pmatrix}0\\ \frac{1}{2}\\ \frac{1}{2}\end{pmatrix}.$$

又设 $\boldsymbol{\eta}=(\boldsymbol{\beta}_1,\boldsymbol{\beta}_2,\boldsymbol{\beta}_3)\boldsymbol{y}$,则

$$\boldsymbol{y}=(\boldsymbol{\beta}_1,\boldsymbol{\beta}_2,\boldsymbol{\beta}_3)^{-1}\boldsymbol{\eta}=\frac{1}{4}\begin{pmatrix}-7 & 6 & -1\\ -2 & 0 & 2\\ 5 & -2 & -1\end{pmatrix}\begin{pmatrix}1\\0\\0\end{pmatrix}=\frac{1}{4}\begin{pmatrix}-7\\-2\\5\end{pmatrix}.$$

因 $(\boldsymbol{\beta}_1,\boldsymbol{\beta}_2,\boldsymbol{\beta}_3)=(\boldsymbol{\alpha}_1,\boldsymbol{\alpha}_2,\boldsymbol{\alpha}_3)\boldsymbol{P}$,其中 $\boldsymbol{P}$ 为过渡矩阵,故

$$\boldsymbol{P}=(\boldsymbol{\alpha}_1,\boldsymbol{\alpha}_2,\boldsymbol{\alpha}_3)^{-1}(\boldsymbol{\beta}_1,\boldsymbol{\beta}_2,\boldsymbol{\beta}_3).$$

由

$$(\boldsymbol{\alpha}_1,\boldsymbol{\alpha}_2,\boldsymbol{\alpha}_3\ \vdots\ \boldsymbol{\beta}_1,\boldsymbol{\beta}_2,\boldsymbol{\beta}_3)=\left(\begin{array}{ccc:ccc}1 & 1 & 1 & 1 & 2 & 3\\ 1 & 0 & 0 & 2 & 3 & 4\\ 1 & -1 & 1 & 1 & 4 & 3\end{array}\right)$$

$$\xrightarrow{r_1\leftrightarrow r_2}\left(\begin{array}{ccc:ccc}1 & 0 & 0 & 2 & 3 & 4\\ 1 & 1 & 1 & 1 & 2 & 3\\ 1 & -1 & 1 & 1 & 4 & 3\end{array}\right)\xrightarrow[r_3-r_1]{r_2-r_1}\left(\begin{array}{ccc:ccc}1 & 0 & 0 & 2 & 3 & 4\\ 0 & 1 & 1 & -1 & -1 & -1\\ 0 & -1 & 1 & -1 & 1 & -1\end{array}\right)$$

$$\xrightarrow{r_3+r_2}\left(\begin{array}{ccc:ccc}1&0&0&2&3&4\\0&1&1&-1&-1&-1\\0&0&2&-2&0&-2\end{array}\right)\xrightarrow[r_2-r_3]{\frac{1}{2}r_3}\left(\begin{array}{ccc:ccc}1&0&0&2&3&4\\0&1&0&0&-1&0\\0&0&1&-1&0&-1\end{array}\right)$$

$$=(\boldsymbol{E}\mid(\boldsymbol{\alpha}_1,\boldsymbol{\alpha}_2,\boldsymbol{\alpha}_3)^{-1}(\boldsymbol{\beta}_1,\boldsymbol{\beta}_2,\boldsymbol{\beta}_3))=(\boldsymbol{E}\mid\boldsymbol{P}),$$

得

$$\boldsymbol{P}=\begin{pmatrix}2&3&4\\0&-1&0\\-1&0&-1\end{pmatrix}.$$

说明 ① 例 6 对复习向量在基下的坐标及过渡矩阵很有帮助,值得阅读.

② 例 6 亦可先求$(\boldsymbol{\alpha}_1,\boldsymbol{\alpha}_2,\boldsymbol{\alpha}_3)^{-1}$,再通过$(\boldsymbol{\alpha}_1,\boldsymbol{\alpha}_2,\boldsymbol{\alpha}_3)^{-1}(\boldsymbol{\beta}_1,\boldsymbol{\beta}_2,\boldsymbol{\beta}_3)$求 $\boldsymbol{P}$.

§8.3 线性变换

定义 1 设 V 与 U 均是 $\mathbf{R}$ 上的线性空间,T 是一个从 V 到 U 的映射.若 T 具有线性运算的性质,即任意给定 $\boldsymbol{\alpha},\boldsymbol{\beta}\in V,k\in\mathbf{R}$,有

$$\begin{aligned}&(1)\ T(\boldsymbol{\alpha}+\boldsymbol{\beta})=T(\boldsymbol{\alpha})+T(\boldsymbol{\beta});\\&(2)\ T(k\boldsymbol{\alpha})=kT(\boldsymbol{\alpha}),\end{aligned}\tag{8.5}$$

则称 T 为从线性空间 V 到 U 的一个线性映射或线性变换.若 $V=U$,则称 T 为线性空间 V 中的线性变换.

说明 (8.5)式相当于一个等式,设 $\boldsymbol{\alpha},\boldsymbol{\beta}\in V,k_1,k_2\in\mathbf{R}$,则

$$T(k_1\boldsymbol{\alpha}+k_2\boldsymbol{\beta})=k_1T(\boldsymbol{\alpha})+k_2T(\boldsymbol{\beta}).$$

例 1 在线性空间 V 上,定义变换:

(1) 恒等变换 $E:E(\boldsymbol{\alpha})=\boldsymbol{\alpha}\ (\boldsymbol{\alpha}\in V)$;

(2) 零变换 $O:O(\boldsymbol{\alpha})=\mathbf{0}$;

(3) 数乘变换 $k:k(\boldsymbol{\alpha})=k\boldsymbol{\alpha}\ (k\in\mathbf{R})$,

则它们都是 V 中的线性变换.

例 2 下列变换为线性变换吗?

(1) 变换 f 化向量 $\boldsymbol{\alpha}=(a_1,a_2)$ 为向量 $f(\boldsymbol{\alpha})=(a_1-2a_2,3a_2-a_1)$;

(2) 变换 φ 化向量 $\boldsymbol{\alpha}=(a_1,a_2)$ 为向量 $\varphi(\boldsymbol{\alpha})=(2a_1+a_2,a_2^2)$.

解 (1) 任取两向量 $\boldsymbol{\alpha}=(a_1,a_2)$, $\boldsymbol{\beta}=(b_1,b_2)$，有

$$f(\boldsymbol{\alpha})=(a_1-2a_2,3a_2-a_1),\quad f(\boldsymbol{\beta})=(b_1-2b_2,3b_2-b_1),$$
$$f(\boldsymbol{\alpha}+\boldsymbol{\beta})=((a_1+b_1)-2(a_2+b_2),3(a_2+b_2)-(a_1+b_1)),$$
$$f(\boldsymbol{\alpha})+f(\boldsymbol{\beta})=(a_1-2a_2+b_1-2b_2,3a_2-a_1+3b_2-b_1),$$

故 $f(\boldsymbol{\alpha}+\boldsymbol{\beta})=f(\boldsymbol{\alpha})+f(\boldsymbol{\beta})$. 此外，

$$f(k\boldsymbol{\alpha})=(ka_1-2(ka_2),3(ka_2)-ka_1)=(k(a_1-2a_2),k(3a_2-a_1))$$
$$=k(a_1-2a_2,3a_2-a_1)=kf(\boldsymbol{\alpha}),$$

经检验变换 f 为线性变换.

(2) 任取两向量 $\boldsymbol{\alpha}=(a_1,a_2)$, $\boldsymbol{\beta}=(b_1,b_2)$，有

$$\varphi(\boldsymbol{\alpha}+\boldsymbol{\beta})=(2(a_1+b_1)+(a_2+b_2),(a_2+b_2)^2),$$
$$\varphi(\boldsymbol{\alpha})+\varphi(\boldsymbol{\beta})=(2a_1+a_2,a_2^2)+(2b_1+b_2,b_2^2)$$
$$=(2(a_1+b_1)+a_2+b_2,a_2^2+b_2^2).$$

由此可见 $\varphi(\boldsymbol{\alpha}+\boldsymbol{\beta})\neq\varphi(\boldsymbol{\alpha})+\varphi(\boldsymbol{\beta})$，故变换 φ 不是线性变换.

不难从线性空间的定义推出线性变换的一些性质.

性质 1

① $T(\mathbf{0})=\mathbf{0}$, $T(-\boldsymbol{\alpha})=-T(\boldsymbol{\alpha})$；

② 若 $\boldsymbol{\beta}=k_1\boldsymbol{\alpha}_1+k_2\boldsymbol{\alpha}_2+\cdots+k_r\boldsymbol{\alpha}_r$，则

$$T(\boldsymbol{\beta})=k_1T(\boldsymbol{\alpha}_1)+k_2T(\boldsymbol{\alpha}_2)+\cdots+k_rT(\boldsymbol{\alpha}_r);$$

③ 线性变换将线性相关的向量组变成线性相关的向量组. 反之却不一定成立，例如零变换就是一个不成立的例子；

④ 设 T 是线性空间 V 中的一个线性变换，则 V 在 T 映射下的像集

$$T(V)=\{T(\boldsymbol{\alpha})\mid\boldsymbol{\alpha}\in V\}$$

是 V 的一个子空间，称为 T 的**像子空间**；

⑤ 设 T 是线性空间 V 中的一个线性变换，若 $T(\boldsymbol{\alpha})=\boldsymbol{\beta}$，则称 $\boldsymbol{\alpha}$ 为 $\boldsymbol{\beta}$ 的一个原像. 记零向量 $\mathbf{0}$ 的全部原像集合为

$$T^{-1}(\mathbf{0})=\{\boldsymbol{\alpha}\mid T(\boldsymbol{\alpha})=\mathbf{0},\boldsymbol{\alpha}\in V\},$$

则它是 V 的一个子空间，称为 T 的**核子空间**.

下面仅证明性质 ⑤.

证 ⑤ 由 $T(\mathbf{0})=\mathbf{0}$, $\mathbf{0}\in T^{-1}(\mathbf{0})$，可知 $T^{-1}(\mathbf{0})$ 非空.

设 $\boldsymbol{\alpha},\boldsymbol{\beta}\in T^{-1}(\mathbf{0})$, $k\in\mathbf{R}$，则

$$T(\boldsymbol{\alpha}+\boldsymbol{\beta})=T(\boldsymbol{\alpha})+T(\boldsymbol{\beta})=\mathbf{0}+\mathbf{0}=\mathbf{0},$$

故 $\boldsymbol{\alpha}+\boldsymbol{\beta}\in T^{-1}(\mathbf{0})$；

$$T(k\boldsymbol{\alpha})=kT(\boldsymbol{\alpha})=k\mathbf{0}=\mathbf{0},$$

故 $k\boldsymbol{\alpha}\in T^{-1}(\mathbf{0})$. 这说明 $T^{-1}(\mathbf{0})$ 是 V 的一个子空间.

微课视频

§8.4 线性变换在基下的矩阵

定义 1 设 T 是线性空间 V_n 中的线性变换,在 V_n 中取定一个基 $\boldsymbol{\alpha}:\boldsymbol{\alpha}_1,\boldsymbol{\alpha}_2,\cdots,\boldsymbol{\alpha}_n$. 若基 $\boldsymbol{\alpha}$ 在线性变换 T 下的像为

$$\begin{cases} T(\boldsymbol{\alpha}_1)=a_{11}\boldsymbol{\alpha}_1+a_{21}\boldsymbol{\alpha}_2+\cdots+a_{n1}\boldsymbol{\alpha}_n, \\ T(\boldsymbol{\alpha}_2)=a_{12}\boldsymbol{\alpha}_1+a_{22}\boldsymbol{\alpha}_2+\cdots+a_{n2}\boldsymbol{\alpha}_n, \\ \qquad\cdots\cdots \\ T(\boldsymbol{\alpha}_n)=a_{1n}\boldsymbol{\alpha}_1+a_{2n}\boldsymbol{\alpha}_2+\cdots+a_{nn}\boldsymbol{\alpha}_n, \end{cases} \tag{8.6}$$

记 $T(\boldsymbol{\alpha}_1,\boldsymbol{\alpha}_2,\cdots,\boldsymbol{\alpha}_n)=(T(\boldsymbol{\alpha}_1),T(\boldsymbol{\alpha}_2),\cdots,T(\boldsymbol{\alpha}_n))$,则(8.6)式可表示为

$$T(\boldsymbol{\alpha}_1,\boldsymbol{\alpha}_2,\cdots,\boldsymbol{\alpha}_n)=(\boldsymbol{\alpha}_1,\boldsymbol{\alpha}_2,\cdots,\boldsymbol{\alpha}_n)\boldsymbol{A}, \tag{8.7}$$

其中 $\boldsymbol{A}=\begin{pmatrix} a_{11} & a_{12} & \cdots & a_{1n} \\ a_{21} & a_{22} & \cdots & a_{2n} \\ \vdots & \vdots & & \vdots \\ a_{n1} & a_{n2} & \cdots & a_{nn} \end{pmatrix}$,称 $\boldsymbol{A}$ 为线性变换 T 在基 $\boldsymbol{\alpha}$ 下的矩阵.

下面介绍求线性变换在基下矩阵的方法.

(1) 定义法.

例 1 在 $P[x]_2$ 中取一个基 $\boldsymbol{\rho}:\boldsymbol{\rho}_1=x^2,\boldsymbol{\rho}_2=x,\boldsymbol{\rho}_3=1$,求线性变换 $T[p(x)]=-p(x)-p'(x)(p(x)\in P[x]_2)$ 在此基下的矩阵 $\boldsymbol{A}$,其中 $p'(x)$ 表示 $p(x)$ 的导数.

解 $T(\boldsymbol{\rho}_1)=T(x^2)=-x^2-2x=-\boldsymbol{\rho}_1-2\boldsymbol{\rho}_2$,

$T(\boldsymbol{\rho}_2)=T(x)=-x-1=-\boldsymbol{\rho}_2-\boldsymbol{\rho}_3$,

$T(\boldsymbol{\rho}_3)=T(1)=-1-0=-\boldsymbol{\rho}_3$,

即

$$T(\boldsymbol{\rho}_1,\boldsymbol{\rho}_2,\boldsymbol{\rho}_3)=(\boldsymbol{\rho}_1,\boldsymbol{\rho}_2,\boldsymbol{\rho}_3)\begin{pmatrix} -1 & 0 & 0 \\ -2 & -1 & 0 \\ 0 & -1 & -1 \end{pmatrix},$$

故 T 在基 $\boldsymbol{\rho}$ 下的矩阵为 $\boldsymbol{A}=\begin{pmatrix} -1 & 0 & 0 \\ -2 & -1 & 0 \\ 0 & -1 & -1 \end{pmatrix}$.

例 2 二阶对称矩阵的全体

$$V_3=\left\{\boldsymbol{A}=\begin{pmatrix} x_1 & x_2 \\ x_2 & x_3 \end{pmatrix}\middle| x_1,x_2,x_3\in\mathbf{R}\right\}$$

对于矩阵的线性运算构成三维线性空间. 在 V_3 中取一个基

$$\boldsymbol{A}_1=\begin{pmatrix}1&0\\0&0\end{pmatrix},\quad \boldsymbol{A}_2=\begin{pmatrix}0&1\\1&0\end{pmatrix},\quad \boldsymbol{A}_3=\begin{pmatrix}0&0\\0&1\end{pmatrix},$$

在 V_3 中定义合同变换 $T(\boldsymbol{A})=\begin{pmatrix}1&0\\1&1\end{pmatrix}\boldsymbol{A}\begin{pmatrix}1&1\\0&1\end{pmatrix}$,求 T 在基 $\boldsymbol{A}_1,\boldsymbol{A}_2,\boldsymbol{A}_3$ 下的矩阵.

解 $$T(\boldsymbol{A}_1)=\begin{pmatrix}1&0\\1&1\end{pmatrix}\begin{pmatrix}1&0\\0&0\end{pmatrix}\begin{pmatrix}1&1\\0&1\end{pmatrix}=\begin{pmatrix}1&1\\1&1\end{pmatrix}$$

$$=\begin{pmatrix}1&0\\0&0\end{pmatrix}+\begin{pmatrix}0&1\\1&0\end{pmatrix}+\begin{pmatrix}0&0\\0&1\end{pmatrix}=\boldsymbol{A}_1+\boldsymbol{A}_2+\boldsymbol{A}_3,$$

$$T(\boldsymbol{A}_2)=\begin{pmatrix}1&0\\1&1\end{pmatrix}\begin{pmatrix}0&1\\1&0\end{pmatrix}\begin{pmatrix}1&1\\0&1\end{pmatrix}=\begin{pmatrix}0&1\\1&2\end{pmatrix}$$

$$=\begin{pmatrix}0&1\\1&0\end{pmatrix}+2\begin{pmatrix}0&0\\0&1\end{pmatrix}=0\cdot\boldsymbol{A}_1+\boldsymbol{A}_2+2\cdot\boldsymbol{A}_3,$$

$$T(\boldsymbol{A}_3)=\begin{pmatrix}1&0\\1&1\end{pmatrix}\begin{pmatrix}0&0\\0&1\end{pmatrix}\begin{pmatrix}1&1\\0&1\end{pmatrix}=\begin{pmatrix}0&0\\0&1\end{pmatrix}=0\cdot\boldsymbol{A}_1+0\cdot\boldsymbol{A}_2+\boldsymbol{A}_3,$$

即

$$T(\boldsymbol{A}_1,\boldsymbol{A}_2,\boldsymbol{A}_3)=(\boldsymbol{A}_1,\boldsymbol{A}_2,\boldsymbol{A}_3)\begin{pmatrix}1&0&0\\1&1&0\\1&2&1\end{pmatrix},$$

故 T 在基 $\boldsymbol{A}_1,\boldsymbol{A}_2,\boldsymbol{A}_3$ 下的矩阵为 $\boldsymbol{A}=\begin{pmatrix}1&0&0\\1&1&0\\1&2&1\end{pmatrix}$.

(2) 坐标变换法. 此法就是利用结论:若 $\boldsymbol{\alpha}$ 与 $T(\boldsymbol{\alpha})$ 在基 $\boldsymbol{\alpha}_1,\boldsymbol{\alpha}_2,\cdots,\boldsymbol{\alpha}_n$ 下的坐标分别为

$$\boldsymbol{\alpha}=\begin{pmatrix}x_1\\x_2\\\vdots\\x_n\end{pmatrix},\quad T(\boldsymbol{\alpha})=\boldsymbol{A}\begin{pmatrix}x_1\\x_2\\\vdots\\x_n\end{pmatrix},$$

则

$$T(\boldsymbol{\alpha})=\boldsymbol{A}\boldsymbol{\alpha},$$

其中 $\boldsymbol{A}$ 为线性变换 T 在基 $\boldsymbol{\alpha}_1,\boldsymbol{\alpha}_2,\cdots,\boldsymbol{\alpha}_n$ 下的矩阵.

例 3 设 $\boldsymbol{\alpha}$ 在基 $\boldsymbol{\xi}_1,\boldsymbol{\xi}_2$ 下的坐标为 (a_1,a_2)，$T(\boldsymbol{\alpha})$ 在基 $\boldsymbol{\xi}_1,\boldsymbol{\xi}_2$ 下的坐标为 $(a_1-2a_2,3a_2-a_1)$，求线性变换 T 在基 $\boldsymbol{\xi}_1,\boldsymbol{\xi}_2$ 下的矩阵 $\boldsymbol{A}$.

解 $T(\boldsymbol{\alpha})=T\begin{pmatrix}a_1\\a_2\end{pmatrix}=\begin{pmatrix}a_1-2a_2\\3a_2-a_1\end{pmatrix}=\begin{pmatrix}1&-2\\-1&3\end{pmatrix}\begin{pmatrix}a_1\\a_2\end{pmatrix}$，故 $\boldsymbol{A}=\begin{pmatrix}1&-2\\-1&3\end{pmatrix}$.

说明 此法亦可转化为用定义法去解题，具体如下：

$$\begin{aligned}T(\boldsymbol{\alpha})&=(a_1-2a_2)\boldsymbol{\xi}_1+(3a_2-a_1)\boldsymbol{\xi}_2\\&=a_1(\boldsymbol{\xi}_1-\boldsymbol{\xi}_2)+a_2(-2\boldsymbol{\xi}_1+3\boldsymbol{\xi}_2),\end{aligned}$$

$$T(\boldsymbol{\alpha})=T(a_1\boldsymbol{\xi}_1+a_2\boldsymbol{\xi}_2)=a_1T(\boldsymbol{\xi}_1)+a_2T(\boldsymbol{\xi}_2),$$

故

$$\begin{cases}T(\boldsymbol{\xi}_1)=\boldsymbol{\xi}_1-\boldsymbol{\xi}_2,\\T(\boldsymbol{\xi}_2)=-2\boldsymbol{\xi}_1+3\boldsymbol{\xi}_2,\end{cases}$$

即

$$T(\boldsymbol{\xi}_1,\boldsymbol{\xi}_2)=(\boldsymbol{\xi}_1,\boldsymbol{\xi}_2)\begin{pmatrix}1&-2\\-1&3\end{pmatrix},$$

则 $\boldsymbol{A}=\begin{pmatrix}1&-2\\-1&3\end{pmatrix}$.

(3) 基变换法. 此法就是利用结论：设线性空间 V_n 中有两个基

$$\boldsymbol{\alpha}_1,\boldsymbol{\alpha}_2,\cdots,\boldsymbol{\alpha}_n;\quad \boldsymbol{\beta}_1,\boldsymbol{\beta}_2,\cdots,\boldsymbol{\beta}_n,$$

由基 $\boldsymbol{\alpha}_1,\boldsymbol{\alpha}_2,\cdots,\boldsymbol{\alpha}_n$ 到基 $\boldsymbol{\beta}_1,\boldsymbol{\beta}_2,\cdots,\boldsymbol{\beta}_n$ 的过渡矩阵为 $\boldsymbol{P}$，V_n 中的线性变换 T 在这两个基下的矩阵分别为 $\boldsymbol{A}$ 与 $\boldsymbol{B}$，则

$$\boldsymbol{B}=\boldsymbol{P}^{-1}\boldsymbol{A}\boldsymbol{P}.$$

此结论证明如下：按上述结论的假设，有 $(\boldsymbol{\beta}_1,\boldsymbol{\beta}_2,\cdots,\boldsymbol{\beta}_n)=(\boldsymbol{\alpha}_1,\boldsymbol{\alpha}_2,\cdots,\boldsymbol{\alpha}_n)\boldsymbol{P}$，$\boldsymbol{P}$ 可逆，

$$T(\boldsymbol{\alpha}_1,\boldsymbol{\alpha}_2,\cdots,\boldsymbol{\alpha}_n)=(\boldsymbol{\alpha}_1,\boldsymbol{\alpha}_2,\cdots,\boldsymbol{\alpha}_n)\boldsymbol{A},$$

$$T(\boldsymbol{\beta}_1,\boldsymbol{\beta}_2,\cdots,\boldsymbol{\beta}_n)=(\boldsymbol{\beta}_1,\boldsymbol{\beta}_2,\cdots,\boldsymbol{\beta}_n)\boldsymbol{B}.$$

于是

$$\begin{aligned}(\boldsymbol{\beta}_1,\boldsymbol{\beta}_2,\cdots,\boldsymbol{\beta}_n)\boldsymbol{B}&=T(\boldsymbol{\beta}_1,\boldsymbol{\beta}_2,\cdots,\boldsymbol{\beta}_n)=T[(\boldsymbol{\alpha}_1,\boldsymbol{\alpha}_2,\cdots,\boldsymbol{\alpha}_n)\boldsymbol{P}]\\&=T(\boldsymbol{\alpha}_1,\boldsymbol{\alpha}_2,\cdots,\boldsymbol{\alpha}_n)\boldsymbol{P}=(\boldsymbol{\alpha}_1,\boldsymbol{\alpha}_2,\cdots,\boldsymbol{\alpha}_n)\boldsymbol{A}\boldsymbol{P}\\&=(\boldsymbol{\beta}_1,\boldsymbol{\beta}_2,\cdots,\boldsymbol{\beta}_n)\boldsymbol{P}^{-1}\boldsymbol{A}\boldsymbol{P}.\end{aligned}$$

因为 $\boldsymbol{\beta}_1,\boldsymbol{\beta}_2,\cdots,\boldsymbol{\beta}_n$ 线性无关，所以 $\boldsymbol{B}=\boldsymbol{P}^{-1}\boldsymbol{A}\boldsymbol{P}$.

说明 此结论表明 $\boldsymbol{B}$ 与 $\boldsymbol{A}$ 相似，且两个基之间的过渡矩阵 $\boldsymbol{P}$ 就是相似变换矩阵.

例 4　在 $\mathbf{R}^3$ 中 T 表示将向量投影到 xOy 面的线性变换，即

$$T(x\boldsymbol{i}+y\boldsymbol{j}+z\boldsymbol{k})=x\boldsymbol{i}+y\boldsymbol{j}.$$

取两个基 $\boldsymbol{i},\boldsymbol{j},\boldsymbol{k}$；$\boldsymbol{\alpha}=\boldsymbol{i},\boldsymbol{\beta}=\boldsymbol{j},\boldsymbol{\gamma}=\boldsymbol{i}+\boldsymbol{j}+\boldsymbol{k}$，求 T 在基 $\boldsymbol{\alpha},\boldsymbol{\beta},\boldsymbol{\gamma}$ 下的矩阵 $\boldsymbol{B}$.

解　第一步，求 T 在基 $\boldsymbol{i},\boldsymbol{j},\boldsymbol{k}$ 下的矩阵 $\boldsymbol{A}$.

$$\begin{cases} T(\boldsymbol{i})=\boldsymbol{i}=1\cdot\boldsymbol{i}+0\cdot\boldsymbol{j}+0\cdot\boldsymbol{k}, \\ T(\boldsymbol{j})=\boldsymbol{j}=0\cdot\boldsymbol{i}+1\cdot\boldsymbol{j}+0\cdot\boldsymbol{k}, \\ T(\boldsymbol{k})=\boldsymbol{0}=0\cdot\boldsymbol{i}+0\cdot\boldsymbol{j}+0\cdot\boldsymbol{k}, \end{cases}$$

故 $\boldsymbol{A}=\begin{pmatrix}1&0&0\\0&1&0\\0&0&0\end{pmatrix}$.

第二步，求由基 $\boldsymbol{i},\boldsymbol{j},\boldsymbol{k}$ 到基 $\boldsymbol{\alpha},\boldsymbol{\beta},\boldsymbol{\gamma}$ 的过渡矩阵 $\boldsymbol{P}$.

$$(\boldsymbol{\alpha},\boldsymbol{\beta},\boldsymbol{\gamma})=(\boldsymbol{i},\boldsymbol{j},\boldsymbol{k})\begin{pmatrix}1&0&1\\0&1&1\\0&0&1\end{pmatrix},$$

故 $\boldsymbol{P}=\begin{pmatrix}1&0&1\\0&1&1\\0&0&1\end{pmatrix}$，求出 $\boldsymbol{P}^{-1}=\begin{pmatrix}1&0&-1\\0&1&-1\\0&0&1\end{pmatrix}$.

第三步，求矩阵 $\boldsymbol{B}$.

利用 $\boldsymbol{B}=\boldsymbol{P}^{-1}\boldsymbol{A}\boldsymbol{P}$，求得 $\boldsymbol{B}=\begin{pmatrix}1&0&1\\0&1&1\\0&0&0\end{pmatrix}$.

下面讨论线性变换矩阵的一些性质.

性质 1　设 $\boldsymbol{\alpha}_1,\boldsymbol{\alpha}_2,\cdots,\boldsymbol{\alpha}_n$ 是 n 维线性空间 V_n 的一个基，在这个基下，每个线性变换 T 均对应一个 n 阶方阵 $\boldsymbol{A}$，这个对应具有如下性质：

① 线性变换的和对应矩阵的和；

② 线性变换的乘积对应矩阵的乘积；

③ 线性变换和数的乘积对应矩阵和数的乘积；

④ 可逆的线性变换与可逆矩阵对应，且逆矩阵对应逆变换.

下面仅证明性质 ①.

证　①设 T_1,T_2 是 V_n 中的两个线性变换，它们在基 $\boldsymbol{\alpha}_1,\boldsymbol{\alpha}_2,\cdots,\boldsymbol{\alpha}_n$ 下的矩阵分别是 $\boldsymbol{A},\boldsymbol{B}$，即

$$T_1(\boldsymbol{\alpha}_1,\boldsymbol{\alpha}_2,\cdots,\boldsymbol{\alpha}_n)=(\boldsymbol{\alpha}_1,\boldsymbol{\alpha}_2,\cdots,\boldsymbol{\alpha}_n)\boldsymbol{A},$$
$$T_2(\boldsymbol{\alpha}_1,\boldsymbol{\alpha}_2,\cdots,\boldsymbol{\alpha}_n)=(\boldsymbol{\alpha}_1,\boldsymbol{\alpha}_2,\cdots,\boldsymbol{\alpha}_n)\boldsymbol{B},$$

则

$$
\begin{aligned}
(T_1+T_2)(\boldsymbol{\alpha}_1,\boldsymbol{\alpha}_2,\cdots,\boldsymbol{\alpha}_n) &= T_1(\boldsymbol{\alpha}_1,\boldsymbol{\alpha}_2,\cdots,\boldsymbol{\alpha}_n)+T_2(\boldsymbol{\alpha}_1,\boldsymbol{\alpha}_2,\cdots,\boldsymbol{\alpha}_n)\\
&=(\boldsymbol{\alpha}_1,\boldsymbol{\alpha}_2,\cdots,\boldsymbol{\alpha}_n)\boldsymbol{A}+(\boldsymbol{\alpha}_1,\boldsymbol{\alpha}_2,\cdots,\boldsymbol{\alpha}_n)\boldsymbol{B}\\
&=(\boldsymbol{\alpha}_1,\boldsymbol{\alpha}_2,\cdots,\boldsymbol{\alpha}_n)(\boldsymbol{A}+\boldsymbol{B}),
\end{aligned}
$$

由此可知在基 $\boldsymbol{\alpha}_1,\boldsymbol{\alpha}_2,\cdots,\boldsymbol{\alpha}_n$ 下,线性变换 T_1+T_2 的矩阵是 $\boldsymbol{A}+\boldsymbol{B}$.

习题八

1. 证明:(1) 二阶方阵的全体 S_1;(2) 二阶对称矩阵的全体 S_2,对于矩阵的加法和数乘运算构成线性空间,并写出各个线性空间的一个基与维数.

2. 证明:一个 n 元非齐次线性方程组 $\boldsymbol{Ax}=\boldsymbol{b}$ 全部解向量组成的集合,对于 $\mathbf{R}^n$ 中向量的加法和数乘运算不构成线性空间.

3. 设 U 是线性空间 V 的一个子空间,证明:若 U 与 V 的维数相等,则 $U=V$.

4. 证明:$1,(x-1),(x-1)(x-2)$ 为 $P[x]_2$ 的一个基.

5. 在 $\mathbf{R}^3$ 中求向量 $\boldsymbol{\alpha}=(3,7,1)$ 在基 $\boldsymbol{\alpha}_1=(1,3,5)^{\mathrm{T}},\boldsymbol{\alpha}_2=(6,3,2)^{\mathrm{T}},\boldsymbol{\alpha}_3=(3,1,0)^{\mathrm{T}}$ 下的坐标.

6. 在 $\mathbf{R}^3$ 中有两个基 $\boldsymbol{\alpha}_1=(1,0,1)^{\mathrm{T}},\boldsymbol{\alpha}_2=(0,1,0)^{\mathrm{T}},\boldsymbol{\alpha}_3=(1,2,2)^{\mathrm{T}}$;$\boldsymbol{\beta}_1=(1,0,0)^{\mathrm{T}},\boldsymbol{\beta}_2=(1,1,0)^{\mathrm{T}},\boldsymbol{\beta}_3=(1,1,1)^{\mathrm{T}}$,求由基 $\boldsymbol{\alpha}_1,\boldsymbol{\alpha}_2,\boldsymbol{\alpha}_3$ 到基 $\boldsymbol{\beta}_1,\boldsymbol{\beta}_2,\boldsymbol{\beta}_3$ 的过渡矩阵.

7. 在 $\mathbf{R}^4$ 中有两个基 $\boldsymbol{e}_1=(1,0,0,0)^{\mathrm{T}},\boldsymbol{e}_2=(0,1,0,0)^{\mathrm{T}},\boldsymbol{e}_3=(0,0,1,0)^{\mathrm{T}},\boldsymbol{e}_4=(0,0,0,1)^{\mathrm{T}}$;$\boldsymbol{\alpha}_1=(26,75,75,25)^{\mathrm{T}},\boldsymbol{\alpha}_2=(31,95,94,32)^{\mathrm{T}},\boldsymbol{\alpha}_3=(17,53,55,20)^{\mathrm{T}},\boldsymbol{\alpha}_4=(43,132,134,49)^{\mathrm{T}}$,求在两个基下有相同坐标的向量.

8. n 阶对称矩阵的全体 V 对于矩阵的线性运算构成一个 $\dfrac{n(n+1)}{2}$ 维线性空间. 给出 n 阶方阵 $\boldsymbol{P}$,以 $\boldsymbol{\alpha}$ 表示 V 中的任一向量,变换 $T(\boldsymbol{\alpha})=\boldsymbol{P}^{\mathrm{T}}\boldsymbol{\alpha}\boldsymbol{P}$ 称为合同变换,证明:合同变换 T 是 V 中的线性变换.

9. 在 n 维线性空间 V_n 中,问下列变换 T 是否为线性变换?

(1) $T(\boldsymbol{\alpha})=\boldsymbol{\alpha}+\boldsymbol{\xi}$;

(2) $T(\boldsymbol{\alpha})=(\boldsymbol{\xi},\boldsymbol{\alpha})\boldsymbol{\alpha}$;

(3) $T(\boldsymbol{\alpha})=(\boldsymbol{\xi},\boldsymbol{\alpha})\boldsymbol{\xi}$(其中 $\boldsymbol{\xi}$ 为固定向量).

10. 说明 xOy 面上变换 $T\begin{pmatrix}x\\y\end{pmatrix}=\boldsymbol{A}\begin{pmatrix}x\\y\end{pmatrix}$ 的几何意义,其中

(1) $\boldsymbol{A}=\begin{pmatrix}-1&0\\0&1\end{pmatrix}$; (2) $\boldsymbol{A}=\begin{pmatrix}0&1\\1&0\end{pmatrix}$.

11. 函数集合 $V_3=\{\boldsymbol{\alpha}=(x_2x^2+x_1x+x_0)\mathrm{e}^x \mid x_2,x_1,x_0\in\mathbf{R}\}$ 对于函数的线性运算构成三维线性空间. 在 V_3 中取一个基 $\boldsymbol{\alpha}_1=x^2\mathrm{e}^x$, $\boldsymbol{\alpha}_2=x\mathrm{e}^x$, $\boldsymbol{\alpha}_3=\mathrm{e}^x$, 求微分运算 D 在此基下的矩阵 $\boldsymbol{A}$.

12. 设 T 是 V_3 中的线性变换，它在基 $\boldsymbol{\alpha}_1,\boldsymbol{\alpha}_2,\boldsymbol{\alpha}_3$ 下的矩阵为

$$\boldsymbol{A}=\begin{pmatrix}3&-2&-4\\-2&6&-2\\-4&-2&3\end{pmatrix},$$

又 $\boldsymbol{\beta}_1=2\boldsymbol{\alpha}_1+\boldsymbol{\alpha}_2+2\boldsymbol{\alpha}_3$, $\boldsymbol{\beta}_2=\boldsymbol{\alpha}_1-2\boldsymbol{\alpha}_2$, $\boldsymbol{\beta}_3=-2\boldsymbol{\alpha}_2+\boldsymbol{\alpha}_3$ 也是 V_3 的一个基，求 T 在基 $\boldsymbol{\beta}_1,\boldsymbol{\beta}_2,\boldsymbol{\beta}_3$ 下的矩阵 $\boldsymbol{B}$.

13. 已知 T 是 $\mathbf{R}^3$ 中的线性变换，它在基 $\boldsymbol{\alpha}_1,\boldsymbol{\alpha}_2,\boldsymbol{\alpha}_3$ 下的矩阵为 $\boldsymbol{A}=\begin{pmatrix}4&6&0\\-3&-5&0\\-3&-6&1\end{pmatrix}$，取 $\mathbf{R}^3$ 的另一个基 $\boldsymbol{\beta}_1=-\boldsymbol{\alpha}_1+\boldsymbol{\alpha}_2+\boldsymbol{\alpha}_3$, $\boldsymbol{\beta}_2=-2\boldsymbol{\alpha}_1+\boldsymbol{\alpha}_2$, $\boldsymbol{\beta}_3=\boldsymbol{\alpha}_3$，求 T 在基 $\boldsymbol{\beta}_1,\boldsymbol{\beta}_2,\boldsymbol{\beta}_3$ 下的矩阵 $\boldsymbol{B}$.

14. 设 V 为三维线性空间，$\boldsymbol{\xi}_1,\boldsymbol{\xi}_2,\boldsymbol{\xi}_3$ 是它的一个基，对任意的 $x_1,x_2,x_3\in\mathbf{R}$，有

$$T(x_1\boldsymbol{\xi}_1+x_2\boldsymbol{\xi}_2+x_3\boldsymbol{\xi}_3)=k_1x_1\boldsymbol{\xi}_1+k_2x_2\boldsymbol{\xi}_2+k_3x_3\boldsymbol{\xi}_3 \quad (k_1,k_2,k_3\in\mathbf{R}),$$

证明：T 是线性变换，并求 T 在基 $\boldsymbol{\xi}_1,\boldsymbol{\xi}_2,\boldsymbol{\xi}_3$ 下的矩阵 $\boldsymbol{A}$.

本章小结

习题参考答案与提示

习 题 一

1. (1) $D_1 = 21$；　(2) $D_2 = 3abc - a^3 - b^3 - c^3$.

2. (1) $0+0+2+3=5$；　(2) $0+1+\cdots+(n-2)+(n-1)=\dfrac{n(n-1)}{2}$.

3. $-a_{11}a_{23}a_{32}a_{44}, a_{11}a_{23}a_{34}a_{42}$.

4. $-32D$.

5. 0,6.

6. 3.

7. (1) $D_1 = 8$；　(2) $D_2 = x^2y^2$(提示:先 $r_1 - r_2, r_3 - r_4$,再 $c_2 - c_1, c_4 - c_3$).

8. (1) $D_1 = (-1)^{n+1}n!$；　(2) $D_2 = a^n + (-1)^{n+1}b^n$；

　(3) $D_3 = 2^{n-1}$；　(4) $D_4 = a^{n-2}(a^2-1)$.

9.10. 略.

11. 略.提示:先按第 $n, n+1$ 两行展开,再按第 $n-1, n$ 两行展开,这样继续下去得 $(a^2-b^2)^n$;或先按第一行、最后一行展开,这样继续下去得 $(a^2-b^2)^n$.

12. $x_1 = a, x_2 = b, x_3 = c$.

13. $f(x) = x^2 - 5x + 3$.

14. 0,1,5.

习 题 二

1. (1) $\boldsymbol{A}+\boldsymbol{B} = \begin{pmatrix} -5 & 2 & 4 \\ 2 & 4 & 4 \end{pmatrix}, \boldsymbol{A}-\boldsymbol{B} = \begin{pmatrix} -1 & 2 & 2 \\ 4 & -2 & 0 \end{pmatrix}, 3\boldsymbol{A}-2\boldsymbol{B} = \begin{pmatrix} -5 & 6 & 7 \\ 11 & -3 & 2 \end{pmatrix}$；

　(2) $\boldsymbol{Z} = \boldsymbol{B}-\boldsymbol{A} = \begin{pmatrix} 1 & -2 & -2 \\ -4 & 2 & 0 \end{pmatrix}$；　(3) $\boldsymbol{Y} = \dfrac{3}{2}(\boldsymbol{A}+\boldsymbol{B}) = \begin{pmatrix} -\dfrac{15}{2} & 3 & 6 \\ 3 & 6 & 6 \end{pmatrix}$.

2. $x = 12, y = 9, u = -2, v = -\dfrac{4}{3}$.

3. (1) $\boldsymbol{AB} = \begin{pmatrix} 32 & 50 \\ 29 & 47 \\ 29 & 47 \end{pmatrix}$；　(2) $3\boldsymbol{AB} = \begin{pmatrix} 96 & 150 \\ 87 & 141 \\ 87 & 141 \end{pmatrix}$.

4. $\boldsymbol{AB} = \begin{pmatrix} 10 & -5 & 12 \\ 2 & 3 & 2 \end{pmatrix}, \boldsymbol{ABC} = \begin{pmatrix} -20 & 6 \\ 4 & 24 \end{pmatrix}$.

5. $a_{11}x_1^2+a_{22}x_2^2+a_{33}x_3^2+2a_{12}x_1x_2+2a_{23}x_2x_3+2a_{13}x_1x_3$.

6. $\begin{pmatrix}1&-2&3\\1&0&-1\\0&3&1\end{pmatrix}\begin{pmatrix}3&-2&0\\0&1&1\\1&1&1\end{pmatrix}=\begin{pmatrix}6&-1&1\\2&-3&-1\\1&4&4\end{pmatrix}$.

7. $\begin{pmatrix}5&10&20\\6&15&10\\4&20&8\\8&12&6\end{pmatrix}\begin{pmatrix}4&1\\5&2\\4.5&1.5\end{pmatrix}=\begin{pmatrix}160&55\\144&51\\152&56\\119&41\end{pmatrix}$(万元).

8. $\boldsymbol{X}=\begin{pmatrix}4&1\\0&1\end{pmatrix}$.

9. $\boldsymbol{B}=\begin{pmatrix}a&b\\0&a\end{pmatrix}$,其中 a,b 为常数.

10. (1),(2) 成立的充要条件都是 $\boldsymbol{AB}=\boldsymbol{BA}$.

11. $2\boldsymbol{A}-\boldsymbol{B}=\begin{pmatrix}-5&-4&-3\\0&-2&-1\\0&0&1\end{pmatrix}$,$\boldsymbol{AB}=\begin{pmatrix}7&28&64\\0&40&99\\0&0&66\end{pmatrix}$.

12. 略.(1) 根据对称矩阵、反对称矩阵的性质;
(2) 根据对称矩阵的性质.

13. 略.(1) 根据对称矩阵的性质;
(2) 先证必要性,再证充分性.

14. 略.根据对称矩阵的性质.

15. (1) $\boldsymbol{A}^{\mathrm{T}}-3\boldsymbol{B}^{\mathrm{T}}=\begin{pmatrix}-2&4&7\\2&2&8\\3&6&3\end{pmatrix}$; (2) $(\boldsymbol{AB})^{\mathrm{T}}=\begin{pmatrix}1&4&7\\2&5&8\\6&12&18\end{pmatrix}$.

16. $\boldsymbol{A}^2=\begin{pmatrix}3&-1&-1\\-1&3&-1\\-1&-1&3\end{pmatrix}$.

17. $\boldsymbol{A}^k=\begin{pmatrix}1&0\\k\lambda&1\end{pmatrix}$(提示:用数学归纳法).

18. 证明略,$\boldsymbol{A}^{100}=\begin{pmatrix}1&0&0\\50&1&1\\50&0&1\end{pmatrix}$(提示:用数学归纳法).

19. 因 $|\boldsymbol{AB}|=|\boldsymbol{A}||\boldsymbol{B}|$,$\boldsymbol{AB}$ 可逆,故 $|\boldsymbol{AB}|\neq 0$,从而 $|\boldsymbol{A}|\neq 0$,$|\boldsymbol{B}|\neq 0$,$\boldsymbol{A},\boldsymbol{B}$ 可逆.

20. $|\boldsymbol{A}|=\pm 1$.

21. $\boldsymbol{A}^{-1}=\dfrac{1}{3}\begin{pmatrix}-5&-9\\2&3\end{pmatrix}$ $\left(\text{提示:设 }\boldsymbol{A}^{-1}=\begin{pmatrix}a_{11}&a_{12}\\a_{21}&a_{22}\end{pmatrix}\right)$.

22. $\boldsymbol{A}^{-1}=\dfrac{1}{3}\begin{pmatrix}-5&-9\\2&3\end{pmatrix}$.

23. (1) $\begin{pmatrix} 1 & -2 & 0 & 0 \\ -2 & 5 & 0 & 0 \\ 0 & 0 & 2 & -3 \\ 0 & 0 & -5 & 8 \end{pmatrix}$; (2) $\begin{pmatrix} 0 & 0 & \cdots & 0 & \frac{1}{a_n} \\ \frac{1}{a_1} & 0 & \cdots & 0 & 0 \\ 0 & \frac{1}{a_2} & \cdots & 0 & 0 \\ \vdots & \vdots & & \vdots & \vdots \\ 0 & 0 & \cdots & \frac{1}{a_{n-1}} & 0 \end{pmatrix}$.

习　题　三

1. $\boldsymbol{A}^{-1} = \begin{pmatrix} 1 & 3 & -2 \\ -\frac{3}{2} & -3 & \frac{5}{2} \\ 1 & 1 & -1 \end{pmatrix}$.

2. 行阶梯形矩阵为 $\boldsymbol{A}_1 = \begin{pmatrix} 1 & -1 & 2 & -1 \\ 0 & 4 & -6 & 5 \\ 0 & 0 & 0 & 0 \end{pmatrix}$,行最简形矩阵为 $\boldsymbol{A}_2 = \begin{pmatrix} 1 & 0 & \frac{1}{2} & \frac{1}{4} \\ 0 & 1 & -\frac{3}{2} & \frac{5}{4} \\ 0 & 0 & 0 & 0 \end{pmatrix}$.

3. $\boldsymbol{D} = \begin{pmatrix} 1 & 0 & 0 & 0 \\ 0 & 1 & 0 & 0 \\ 0 & 0 & 1 & 0 \end{pmatrix}$.

4. $\boldsymbol{D} = \begin{pmatrix} 1 & 0 & 0 \\ 0 & 1 & 0 \\ 0 & 0 & 1 \end{pmatrix}$.

5. 都可能有.例如,$\boldsymbol{A} = \begin{pmatrix} 1 & & \\ & 1 & \\ & & 0 \end{pmatrix}$,$R(\boldsymbol{A}) = 2$,其中有等于 0 的一阶、二阶子式.

6. (1) $R(\boldsymbol{A}) = 2$;　　(2) $R(\boldsymbol{B}) = 3$.

7. (1) 当 $k = 1$ 时,$R(\boldsymbol{A}) = 1$;　　(2) 当 $k = -2$ 时,$R(\boldsymbol{A}) = 2$;

(3) 当 $k \neq 1, k \neq -2$ 时,$R(\boldsymbol{A}) = 3$.

8. 略.先证必要性,再证充分性.

9. (1) 方程组有唯一解 $x_1 = x_2 = 1, x_3 = 2$;

(2) 方程组的通解为 $\begin{cases} x_1 = -2 - k_1 + 2k_2, \\ x_2 = 1 + k_1 - k_2, \\ x_3 = k_1, \\ x_4 = k_2 \end{cases}$　$(k_1, k_2 \in \mathbf{R})$.

10. (1) 方程组的通解为 $\begin{cases} x_1 = \dfrac{4}{3}k, \\ x_2 = -3k, \\ x_3 = \dfrac{4}{3}k, \\ x_4 = k \end{cases}$ $(k \in \mathbf{R})$；

(2) 方程组的通解为 $\begin{cases} x_1 = -\dfrac{3}{2}k_1 - k_2, \\ x_2 = \dfrac{7}{2}k_1 - 2k_2, \\ x_3 = k_1, \\ x_4 = k_2 \end{cases}$ $(k_1, k_2 \in \mathbf{R})$.

11. $\lambda = -1$.

12. 无非零解.

习　题　四

1. $(1,13,4)$.

2. $\left(\dfrac{1}{2},\dfrac{1}{2},\dfrac{2}{5}\right)$.

3. $\boldsymbol{\beta} = \boldsymbol{\alpha}_1 + \dfrac{1}{2}\boldsymbol{\alpha}_2 - \dfrac{1}{2}\boldsymbol{\alpha}_3$.

4. 当 $a \neq 1$ 时，$\boldsymbol{\beta}$ 可由 $\boldsymbol{\alpha}_1,\boldsymbol{\alpha}_2,\boldsymbol{\alpha}_3$ 唯一线性表示，其表示式为 $\boldsymbol{\beta} = -\boldsymbol{\alpha}_1 + 2\boldsymbol{\alpha}_2 + 0\boldsymbol{\alpha}_3$. 这一题亦可用克拉默法则求解.

5. (1) $a = 1$； (2) $\boldsymbol{\alpha}_1 = \boldsymbol{\beta}_1 + 0\boldsymbol{\beta}_2 + 0\boldsymbol{\beta}_3$，$\boldsymbol{\alpha}_2 = \boldsymbol{\beta}_1 + 0\boldsymbol{\beta}_2 + 0\boldsymbol{\beta}_3$，$\boldsymbol{\alpha}_3 = \boldsymbol{\beta}_1 + 0\boldsymbol{\beta}_2 + 0\boldsymbol{\beta}_3$.

6. (1) 线性相关； (2) 线性相关； (3) 线性无关； (4) 线性无关； (5) 线性相关.

7. $a = \dfrac{1}{7}$.

8. (1) $\boldsymbol{\alpha}_1 = (1,1,1)$，$\boldsymbol{\alpha}_2 = (0,0,0)$，$\boldsymbol{\alpha}_3 = (1,2,3)$，则 $\boldsymbol{\alpha}_1,\boldsymbol{\alpha}_2,\boldsymbol{\alpha}_3$ 线性相关，但 $\boldsymbol{\alpha}_1$ 却不能由 $\boldsymbol{\alpha}_2,\boldsymbol{\alpha}_3$ 线性表示；

(2) $\boldsymbol{\alpha}_1 = (1,1)$，$\boldsymbol{\alpha}_2 = \left(\dfrac{1}{2},\dfrac{1}{3}\right)$，$\boldsymbol{\beta}_1 = (-1,-1)$，$\boldsymbol{\beta}_2 = \left(-\dfrac{1}{2},-\dfrac{1}{3}\right)$，则存在 $k_1 = 1, k_2 = 1$，使得 $k_1\boldsymbol{\alpha}_1 + k_2\boldsymbol{\alpha}_2 + k_1\boldsymbol{\beta}_1 + k_2\boldsymbol{\beta}_2 = \mathbf{0}$，但 $\boldsymbol{\alpha}_1,\boldsymbol{\alpha}_2$ 线性无关，$\boldsymbol{\beta}_1,\boldsymbol{\beta}_2$ 也线性无关；

(3) $\boldsymbol{\alpha}_1 = (2,2)$，$\boldsymbol{\alpha}_2 = (1,1)$，$\boldsymbol{\beta}_1 = (3,4)$，$\boldsymbol{\beta}_2 = \left(\dfrac{1}{2},\dfrac{1}{3}\right)$，则只有 $k_1 = k_2 = 0$ 时，$0 \times \boldsymbol{\alpha}_1 + 0 \times \boldsymbol{\alpha}_2 + 0 \times \boldsymbol{\beta}_1 + 0 \times \boldsymbol{\beta}_2 = \mathbf{0}$ 成立，但这时 $\boldsymbol{\beta}_1,\boldsymbol{\beta}_2$ 线性无关，而 $\boldsymbol{\alpha}_1,\boldsymbol{\alpha}_2$ 线性相关.

9. 略. 根据线性相关性的定义.

10. 略. 用反证法，设 $\boldsymbol{\beta}$ 有两种不同表示方法，最后的结果说明表示式是唯一的.

11. 略. 先证必要性，再证充分性.

12. (1) 极大无关组为 $\boldsymbol{\alpha}_1,\boldsymbol{\alpha}_2$ 或 $\boldsymbol{\alpha}_2,\boldsymbol{\alpha}_3$ 或 $\boldsymbol{\alpha}_3,\boldsymbol{\alpha}_1$； (2) $R(\boldsymbol{\alpha}_1,\boldsymbol{\alpha}_2,\boldsymbol{\alpha}_3) = 2$.

13. (1) 极大无关组为 $\boldsymbol{\alpha}_1,\boldsymbol{\alpha}_2,\boldsymbol{\alpha}_3$； (2) $R(\boldsymbol{\alpha}_1,\boldsymbol{\alpha}_2,\boldsymbol{\alpha}_3,\boldsymbol{\alpha}_4) = 3$；

(3) $\boldsymbol{\alpha}_4 = \boldsymbol{\alpha}_1 - 2\boldsymbol{\alpha}_2 + 3\boldsymbol{\alpha}_3$.

14. (1) 由两个向量不成比例可知 $\boldsymbol{\alpha}_1,\boldsymbol{\alpha}_3$ 线性无关;

(2) 包含 $\boldsymbol{\alpha}_1,\boldsymbol{\alpha}_3$ 的极大无关组为 $\boldsymbol{\alpha}_1,\boldsymbol{\alpha}_2,\boldsymbol{\alpha}_3$;

(3) $\boldsymbol{\alpha}_4=\boldsymbol{\alpha}_1+\boldsymbol{\alpha}_2+\boldsymbol{\alpha}_3$.

15. 向量组等价,且 $\boldsymbol{\beta}_1=2\boldsymbol{\alpha}_1-3\boldsymbol{\alpha}_2,\boldsymbol{\beta}_2=-\boldsymbol{\alpha}_1+2\boldsymbol{\alpha}_2;\boldsymbol{\alpha}_1=2\boldsymbol{\beta}_1+3\boldsymbol{\beta}_2,\boldsymbol{\alpha}_2=\boldsymbol{\beta}_1+2\boldsymbol{\beta}_2$.(提示:以向量 $\boldsymbol{\alpha}_1,\boldsymbol{\alpha}_2,\boldsymbol{\beta}_1,\boldsymbol{\beta}_2$ 作为列构成矩阵 $\boldsymbol{A}$.)

16. (1) $[\boldsymbol{\alpha},\boldsymbol{\beta}]=2$; (2) $\theta=\arccos\dfrac{\sqrt{38}}{57}$.

17. (1) $[\boldsymbol{\alpha},\boldsymbol{\beta}]=0$; (2) $\theta=\dfrac{\pi}{2}$,即 $\boldsymbol{\alpha}\perp\boldsymbol{\beta}$.

18. $\boldsymbol{e}_1=\dfrac{\sqrt{3}}{3}\begin{pmatrix}1\\1\\1\end{pmatrix},\boldsymbol{e}_2=\dfrac{\sqrt{2}}{2}\begin{pmatrix}1\\0\\-1\end{pmatrix},\boldsymbol{e}_3=\dfrac{\sqrt{6}}{6}\begin{pmatrix}1\\-2\\1\end{pmatrix}$.

19. $\boldsymbol{e}_1=\dfrac{\sqrt{2}}{2}\begin{pmatrix}1\\0\\1\end{pmatrix},\boldsymbol{e}_2=\dfrac{\sqrt{6}}{6}\begin{pmatrix}1\\2\\-1\end{pmatrix},\boldsymbol{e}_3=\dfrac{\sqrt{3}}{3}\begin{pmatrix}-1\\1\\1\end{pmatrix}$.

20. (1) 不是正交矩阵; (2) 是正交矩阵,且 $\boldsymbol{B}^{-1}=\boldsymbol{B}^{\mathrm{T}}=\boldsymbol{B}$.

21. 略.先证 $\boldsymbol{M}$ 是对称矩阵,再证 $\boldsymbol{M}$ 是正交矩阵.

22. 略.用正交矩阵的定义.

习 题 五

1. (1) $\boldsymbol{Ax}=\mathbf{0}$ 总有解(因 $R(\boldsymbol{A})=R(\overline{\boldsymbol{A}})$). $\boldsymbol{Ax}=\mathbf{0}$ 只有零解时,就没有基础解系;$\boldsymbol{Ax}=\mathbf{0}$ 有非零解时,存在基础解系.基础解系不唯一.基础解系中含有 s 个解向量,其中 $s=n-R(\boldsymbol{A})$.

(2) 若已知 $\boldsymbol{Ax}=\mathbf{0}$ 的一个基础解系为 $\boldsymbol{\xi}_1,\boldsymbol{\xi}_2,\cdots,\boldsymbol{\xi}_{n-r}$,则 $\boldsymbol{Ax}=\mathbf{0}$ 的通解形式为 $\boldsymbol{x}=k_1\boldsymbol{\xi}_1+k_2\boldsymbol{\xi}_2+\cdots+k_{n-r}\boldsymbol{\xi}_{n-r}$,其中 $k_1,k_2,\cdots,k_{n-r}$ 为任意实数.

(3) 略. (4) 略.

2. 略.提示:三个向量共面的充要条件为

$$\begin{vmatrix}a_{11}&a_{12}&a_{13}\\a_{21}&a_{22}&a_{23}\\a_{31}&a_{32}&a_{33}\end{vmatrix}=0.$$

3. 略.按 $\boldsymbol{Ax}=\mathbf{0}$ 基础解系的定义去证.

4. 略.设 $\boldsymbol{\xi}_1,\boldsymbol{\xi}_2,\cdots,\boldsymbol{\xi}_{n-r}$ 为 $\boldsymbol{Ax}=\mathbf{0}$ 的基础解系,又设 $\boldsymbol{\alpha}_1,\boldsymbol{\alpha}_2,\cdots,\boldsymbol{\alpha}_{n-r}$ 为 $\boldsymbol{Ax}=\mathbf{0}$ 的线性无关解.由本章习题第 3 题可知,只要证明这两个解向量组等价即可.

5. 略.提示:利用原方程组与方程组

$$\begin{cases}a_{11}x_1+a_{12}x_2+\cdots+a_{1n}x_n=0,\\ \quad\cdots\cdots\\ a_{m1}x_1+a_{m2}x_2+\cdots+a_{mn}x_n=0,\\ e_1x_1+e_2x_2+\cdots+e_nx_n=0\end{cases}$$

同解，系数矩阵同秩，即可证明.

6. 略. 记 $\boldsymbol{B}=(\boldsymbol{f}_1,\boldsymbol{f}_2,\cdots,\boldsymbol{f}_n)$，先证必要性，再证充分性.

7. 略. 仿照 §5.1 中例 4.

8. 因为 $n=4,s=2$，所以 $R(\boldsymbol{A})=n-s=4-2=2$，对 $\boldsymbol{A}$ 用初等行变换化为行阶梯形矩阵、行最简形矩阵，从而得 $t=1$，由 $\boldsymbol{Ax}=\boldsymbol{0}$ 的同解方程组写出 $\boldsymbol{Ax}=\boldsymbol{0}$ 的通解.

9. 求出 $R(\boldsymbol{A})=n-1$，则 $\boldsymbol{Ax}=\boldsymbol{0}$ 的基础解系中所含解向量的个数 $s=n-R(\boldsymbol{A})=1$.

10. (1) 方程组只有零解；

(2) 通解为 $\boldsymbol{x}=k_1(-1,1,1,0)^{\mathrm{T}}+k_2(1,-2,0,1)^{\mathrm{T}}$；

(3) 通解为 $\boldsymbol{x}=k(-3,1,1,0)^{\mathrm{T}}$；

(4) 通解为 $\boldsymbol{x}=k_1(-2,1,1,0,0)^{\mathrm{T}}+k_2(-1,-3,0,1,0)^{\mathrm{T}}+k_3(2,1,0,0,1)^{\mathrm{T}}$.

11. (1) 通解为 $\boldsymbol{x}=k_1(2,-1,1,0)^{\mathrm{T}}+k_2(-3,1,0,1)^{\mathrm{T}}+(1,-2,0,0)^{\mathrm{T}}$；

(2) 通解为 $\boldsymbol{x}=k(-2,1,1)^{\mathrm{T}}+(-1,2,0)^{\mathrm{T}}$；

(3) 通解为 $\boldsymbol{x}=k(1,3,1,0)^{\mathrm{T}}+(-1,1,0,3)^{\mathrm{T}}$；

(4) 通解为

$$\boldsymbol{x}=k_1(-1,0,1,0,0)^{\mathrm{T}}+k_2\left(-\frac{1}{3},\frac{5}{3},0,1,0\right)^{\mathrm{T}}+k_3(0,-1,0,0,1)^{\mathrm{T}}+\left(\frac{1}{3},\frac{4}{3},0,0,0\right)^{\mathrm{T}}.$$

12. 当 $\lambda\neq 1,\lambda\neq -2$ 时，方程组有唯一解 $x_1=x_2=x_3=\dfrac{1}{\lambda-1}$；

当 $\lambda=1$ 时，方程组无解；

当 $\lambda=-2$ 时，方程组有无穷多解，其通解为 $\boldsymbol{x}=k(-2,-2,1)^{\mathrm{T}}+(-1,-1,0)^{\mathrm{T}}$，其中 k 为任意实数.

13. $k=5$.

14. 当 $k=-\dfrac{4}{5}$ 时，方程组无解；当 $k\neq 1,k\neq -\dfrac{4}{5}$ 时，方程组有唯一解；当 $k=1$ 时，方程组有无穷多解，其通解为 $\boldsymbol{x}=k(0,1,1)^{\mathrm{T}}+(1,-1,0)^{\mathrm{T}}$，其中 k 为任意实数.

15. (1) 若 $R(\boldsymbol{A})=R(\overline{\boldsymbol{A}})=r=m<n$，$\boldsymbol{Ax}=\boldsymbol{b}$ 必有解，且有无穷多解；

(2) 若 $R(\boldsymbol{A})=R(\overline{\boldsymbol{A}})=r=m=n$，$\boldsymbol{Ax}=\boldsymbol{b}$ 必有解，且有唯一解；

(3) 不正确，因 $R(\boldsymbol{A})$，$R(\overline{\boldsymbol{A}})$ 两者不一定相等.

16. 略. 可用行列式计算其系数行列式 $|\boldsymbol{A}|=\lambda^2(\lambda+3)$.

17. 略. 可用 $\boldsymbol{Ax}=\boldsymbol{b}$ 的解的定义去证或用 $\boldsymbol{Ax}=\boldsymbol{b}$ 的解的性质去证.

18. 略. $\boldsymbol{Ax}=\boldsymbol{b}$ 有解的充要条件是 $R(\boldsymbol{A})=R(\overline{\boldsymbol{A}})=3$，对 $\overline{\boldsymbol{A}}$ 施行初等行变换，化为行阶梯形矩阵.

19. 略. 先证 $\dfrac{\boldsymbol{\eta}_2+\boldsymbol{\eta}_3}{2}$ 是 $\boldsymbol{Ax}=\boldsymbol{b}$ 的解，再证 $\boldsymbol{\eta}_3-\boldsymbol{\eta}_1$ 与 $\boldsymbol{\eta}_2-\boldsymbol{\eta}_1$ 均为 $\boldsymbol{Ax}=\boldsymbol{0}$ 的解，且线性无关.

20. $\boldsymbol{Ax}=\boldsymbol{b}$ 的一个解为 $\boldsymbol{\eta}=(-8,13,0,2)^{\mathrm{T}}$，对应的 $\boldsymbol{Ax}=\boldsymbol{0}$ 的基础解系为 $\boldsymbol{\xi}=(-1,1,1,0)^{\mathrm{T}}$.

21. 由 $\boldsymbol{b}=\boldsymbol{\alpha}_1+\boldsymbol{\alpha}_2+\boldsymbol{\alpha}_3+\boldsymbol{\alpha}_4$ 得 $(1,1,1,1)^{\mathrm{T}}$ 是 $\boldsymbol{Ax}=\boldsymbol{b}$ 的一个特解. 又由 $\boldsymbol{\alpha}_1-2\boldsymbol{\alpha}_2+\boldsymbol{\alpha}_3=\boldsymbol{0}$ 得 $(1,-2,1,0)^{\mathrm{T}}$ 是对应的 $\boldsymbol{Ax}=\boldsymbol{0}$ 的一个基础解系，故 $\boldsymbol{Ax}=\boldsymbol{b}$ 的通解为 $\boldsymbol{x}=k(1,-2,1,0)^{\mathrm{T}}+(1,1,1,1)^{\mathrm{T}}$，其中 k 为任意实数.

22. $\boldsymbol{Ax}=\boldsymbol{b}$ 的通解为 $\boldsymbol{x}=k(3,4,5,6)^{\mathrm{T}}+(2,3,4,5)^{\mathrm{T}}$，其中 k 为任意实数.

23. 列出 $\boldsymbol{Ax}=\boldsymbol{b}$，求正整数解，记小鸡、母鸡和公鸡的只数分别为 x_1,x_2,x_3，则

$$\begin{pmatrix}x_1\\x_2\\x_3\end{pmatrix}=\begin{pmatrix}78\\20\\2\end{pmatrix},\begin{pmatrix}81\\15\\4\end{pmatrix},\begin{pmatrix}84\\10\\6\end{pmatrix},\begin{pmatrix}87\\5\\8\end{pmatrix}.$$

习 题 六

1. (1) $\lambda_1=-1,\lambda_2=\lambda_3=2$，属于$\lambda_1=-1$的特征向量为$\boldsymbol{\xi}_1=(1,0,1)^{\mathrm{T}}$，属于$\lambda_2=\lambda_3=2$的特征向量为$\boldsymbol{\xi}_2=(0,1,-1)^{\mathrm{T}},\boldsymbol{\xi}_3=(1,0,4)^{\mathrm{T}}$.

(2) $\lambda_1=\lambda_2=\lambda_3=-1$，属于特征值$-1$的特征向量为$\boldsymbol{\xi}=(-1,-1,1)^{\mathrm{T}}$.

(3) $\lambda_1=\lambda_2=\lambda_3=a$，$R(\boldsymbol{A}-a\boldsymbol{E})=0$，故$(\boldsymbol{A}-a\boldsymbol{E})\boldsymbol{x}=\boldsymbol{0}$的基础解系中解向量的个数为$n-R(\boldsymbol{A})=3-0=3$，从而任意三个线性无关的向量都是它的基础解系. 不妨取三维单位向量组$\boldsymbol{e}_1=(1,0,0)^{\mathrm{T}},\boldsymbol{e}_2=(0,1,0)^{\mathrm{T}},\boldsymbol{e}_3=(0,0,1)^{\mathrm{T}}$，就是$\boldsymbol{A}$的属于特征值$a$的特征向量.

说明：此结论可推广到n阶，不妨取n维单位向量组

$$\boldsymbol{e}_1=(1,0,\cdots,0)^{\mathrm{T}},\quad \boldsymbol{e}_2=(0,1,\cdots,0)^{\mathrm{T}},\quad \cdots,\quad \boldsymbol{e}_n=(0,0,\cdots,1)^{\mathrm{T}},$$

就是$\boldsymbol{A}$的属于特征值a的特征向量.

2. $a=1,\lambda_2=\lambda_3=2$.

3. 略. 由$\boldsymbol{A}^2=\boldsymbol{A}$得$\boldsymbol{A}(\boldsymbol{A}-\boldsymbol{E})=\boldsymbol{0}$，再利用特征值的结论.

4. -5.

5. 利用方阵的行列式等于方阵的特征值之积，$|2\boldsymbol{A}^*-3\boldsymbol{E}|=126$.

6. 略. 用反证法.

7. $\boldsymbol{B}$的特征值分别为$-4,-6,-12$，其相似对角矩阵为$\begin{pmatrix}-4&&\\&-6&\\&&-12\end{pmatrix}$.

8. (1) 方阵$\boldsymbol{A}$的特征值分别为$1,3,0$，有三个不同的特征值，故$\boldsymbol{A}$可相似对角化.

(2) 方阵$\boldsymbol{B}$的特征值分别为$1,1,3$，当$\lambda=1$时，$R(\boldsymbol{B}-\boldsymbol{E})=2$，故$(\boldsymbol{B}-\boldsymbol{E})\boldsymbol{x}=\boldsymbol{0}$的基础解系中仅含一个向量，即$\lambda=1$只有一个线性无关的特征向量，$\boldsymbol{B}$不能相似对角化.

(3) 方阵$\boldsymbol{C}$有一个特征值为$6\left(\sum\limits_i a_{ii}=1+2+3=6\right)$、两个特征值为0. 当$\lambda=0$时，$R(\boldsymbol{C}-\lambda\boldsymbol{E})=R(\boldsymbol{C})=1$，这说明$(\boldsymbol{C}-0\boldsymbol{E})\boldsymbol{x}=\boldsymbol{0}$的基础解系由两个解向量组成，故有两个线性无关的特征向量，$\boldsymbol{C}$可相似对角化.

9. (1) 由$\boldsymbol{A}\boldsymbol{\xi}=\lambda\boldsymbol{\xi}$得关于$a,b,\lambda$所对应的三个方程，故有$a=-3,b=0,\lambda=-1$.

(2) 由$|\boldsymbol{A}-\lambda\boldsymbol{E}|=0$得$\boldsymbol{A}$的特征值分别为$\lambda_1=\lambda_2=\lambda_3=-1$. 因$R(\boldsymbol{A}+\boldsymbol{E})=2$，故$-1$只有一个线性无关的特征向量，则$\boldsymbol{A}$不能相似对角化.

10. (1) 因$\boldsymbol{A}\sim\boldsymbol{B}$，故其特征多项式相同，由此解得$x=0,y=-2$.

(2) $\boldsymbol{A}$与$\boldsymbol{B}$的特征值分别为$\lambda_1=-1,\lambda_2=2,\lambda_3=-2$.

将$\lambda_1=-1$代入$(\boldsymbol{A}-\lambda_1\boldsymbol{E})\boldsymbol{x}=\boldsymbol{0}$，得对应的特征向量为$\boldsymbol{\xi}_1=(0,2,-1)^{\mathrm{T}}$；

将$\lambda_2=2$代入$(\boldsymbol{A}-\lambda_2\boldsymbol{E})\boldsymbol{x}=\boldsymbol{0}$，得对应的特征向量为$\boldsymbol{\xi}_2=(0,1,1)^{\mathrm{T}}$；

将$\lambda_3=-2$代入$(\boldsymbol{A}-\lambda_3\boldsymbol{E})\boldsymbol{x}=\boldsymbol{0}$，得对应的特征向量为$\boldsymbol{\xi}_3=(1,0,-1)^{\mathrm{T}}$.

令$\boldsymbol{P}=(\boldsymbol{\xi}_1,\boldsymbol{\xi}_2,\boldsymbol{\xi}_3)$，则$\boldsymbol{P}^{-1}\boldsymbol{A}\boldsymbol{P}=\boldsymbol{B}$.

11. $\boldsymbol{A}=\begin{pmatrix}2&0&0\\0&1&0\\0&0&3\end{pmatrix}$，$|\boldsymbol{A}^2-2\boldsymbol{E}|=-14$.

12. 利用实对称矩阵属于不同特征值的特征向量正交，得 $\boldsymbol{\xi}_1^{\mathrm{T}}\boldsymbol{\xi}_3=0$，$\boldsymbol{\xi}_2^{\mathrm{T}}\boldsymbol{\xi}_3=0$（设属于特征值 λ_3 的特征向量为 $\boldsymbol{\xi}_3=(x_1,x_2,x_3)^{\mathrm{T}}$），求得 $\boldsymbol{\xi}_3=(2,-2,1)^{\mathrm{T}}$.

将 $\boldsymbol{\xi}_1,\boldsymbol{\xi}_2,\boldsymbol{\xi}_3$ 单位化得 $\boldsymbol{q}_1,\boldsymbol{q}_2,\boldsymbol{q}_3$. 作

$$\boldsymbol{Q}=(\boldsymbol{q}_1,\boldsymbol{q}_2,\boldsymbol{q}_3)=\frac{1}{3}\begin{pmatrix}1&2&2\\2&1&-2\\2&-2&1\end{pmatrix},\quad \boldsymbol{\Lambda}=\begin{pmatrix}1&0&0\\0&-1&0\\0&0&0\end{pmatrix},$$

则 $\boldsymbol{Q}^{-1}\boldsymbol{A}\boldsymbol{Q}=\boldsymbol{Q}^{\mathrm{T}}\boldsymbol{A}\boldsymbol{Q}=\boldsymbol{\Lambda}$，从而

$$\boldsymbol{A}=\boldsymbol{Q}\boldsymbol{\Lambda}\boldsymbol{Q}^{\mathrm{T}}=\frac{1}{3}\begin{pmatrix}-1&0&2\\0&1&2\\2&2&0\end{pmatrix}.$$

13. 利用实对称矩阵属于不同特征值的特征向量正交，得 $\boldsymbol{\xi}_1^{\mathrm{T}}\boldsymbol{\xi}_2=0$，$\boldsymbol{\xi}_1^{\mathrm{T}}\boldsymbol{\xi}_3=0$（设属于特征值$\lambda_2=\lambda_3$ 的特征向量为 $\boldsymbol{\xi}_2,\boldsymbol{\xi}_3$），求得 $\boldsymbol{\xi}_2=(-1,1,0)^{\mathrm{T}}$，$\boldsymbol{\xi}_3=(-1,0,1)^{\mathrm{T}}$.

将 $\boldsymbol{\xi}_1,\boldsymbol{\xi}_2,\boldsymbol{\xi}_3$ 正交化：取

$$\boldsymbol{\eta}_1=\boldsymbol{\xi}_1,\quad \boldsymbol{\eta}_2=\boldsymbol{\xi}_2,\quad \boldsymbol{\eta}_3=\boldsymbol{\xi}_3-\frac{[\boldsymbol{\eta}_2,\boldsymbol{\xi}_3]}{[\boldsymbol{\eta}_2,\boldsymbol{\eta}_2]}\boldsymbol{\eta}_2=\frac{1}{2}\begin{pmatrix}-1\\-1\\2\end{pmatrix}.$$

再将 $\boldsymbol{\eta}_1,\boldsymbol{\eta}_2,\boldsymbol{\eta}_3$ 单位化：

$$\boldsymbol{q}_1=\frac{\sqrt{3}}{3}(1,1,1)^{\mathrm{T}},\quad \boldsymbol{q}_2=\frac{\sqrt{2}}{2}(-1,1,0)^{\mathrm{T}},\quad \boldsymbol{q}_3=\frac{\sqrt{6}}{6}(-1,-1,2)^{\mathrm{T}},$$

作

$$\boldsymbol{Q}=(\boldsymbol{q}_1,\boldsymbol{q}_2,\boldsymbol{q}_3)=\begin{pmatrix}\frac{\sqrt{3}}{3}&-\frac{\sqrt{2}}{2}&-\frac{\sqrt{6}}{6}\\\frac{\sqrt{3}}{3}&\frac{\sqrt{2}}{2}&-\frac{\sqrt{6}}{6}\\\frac{\sqrt{3}}{3}&0&\frac{\sqrt{6}}{3}\end{pmatrix},\quad \boldsymbol{\Lambda}=\begin{pmatrix}6&0&0\\0&3&0\\0&0&3\end{pmatrix},$$

则$\boldsymbol{Q}^{-1}\boldsymbol{A}\boldsymbol{Q}=\boldsymbol{Q}^{\mathrm{T}}\boldsymbol{A}\boldsymbol{Q}=\boldsymbol{\Lambda}$，从而 $\boldsymbol{A}=\boldsymbol{Q}\boldsymbol{\Lambda}\boldsymbol{Q}^{\mathrm{T}}=\begin{pmatrix}4&1&1\\1&4&1\\1&1&4\end{pmatrix}$.

14. 设矩阵 $\boldsymbol{A}=\begin{pmatrix}0&x&y\\x&0&z\\y&z&0\end{pmatrix}$，由 $\boldsymbol{A}\boldsymbol{\xi}=2\boldsymbol{\xi}$ 解得 $x=2,y=2,z=-2$，则$\boldsymbol{A}=\begin{pmatrix}0&2&2\\2&0&-2\\2&-2&0\end{pmatrix}$.

15. $\boldsymbol{Q}=\frac{1}{3}\begin{pmatrix}1&2&-2\\2&1&2\\-2&2&1\end{pmatrix}$，则 $\boldsymbol{Q}^{-1}\boldsymbol{A}\boldsymbol{Q}=\boldsymbol{Q}^{\mathrm{T}}\boldsymbol{A}\boldsymbol{Q}=\boldsymbol{\Lambda}=\begin{pmatrix}10&&\\&1&\\&&1\end{pmatrix}$.

16. (1) 略. §6.2 相似矩阵的性质 1 中的 ⑥.

(2) 令 $A=\begin{pmatrix}0&1\\0&0\end{pmatrix}$, $B=\begin{pmatrix}0&0\\0&0\end{pmatrix}$, 则 A, B 有相同的特征多项式(即 $|A-\lambda E|=\lambda^2=|B-\lambda E|$),

但 A, B 不相似,否则存在可逆矩阵 P,使得 $P^{-1}AP=B=O$,从而 $A=POP^{-1}=O$,矛盾.

(3) 由 A, B 均为实对称矩阵知 A, B 均相似于对角矩阵 Λ,其中 $\Lambda=\begin{pmatrix}\lambda_1&&&\\&\lambda_2&&\\&&\ddots&\\&&&\lambda_n\end{pmatrix}$,即存在可逆

矩阵 P_1, P_2,使得 $P_1^{-1}AP_1=P_2^{-1}BP_2$,于是 $(P_1P_2^{-1})^{-1}A(P_1P_2^{-1})=B$.

17. 由 $|A-\lambda E|=\lambda(2-\lambda)(\lambda-2)=0$ 得矩阵 A 的特征值分别为 $\lambda_1=0$, $\lambda_2=\lambda_3=2$.

属于 $\lambda_1=0$ 的特征向量为 $\xi_1=(-1,0,1)^{\mathrm{T}}$;

属于 $\lambda_2=\lambda_3=2$ 的特征向量为 $\xi_2=(0,1,0)^{\mathrm{T}}$, $\xi_3=(1,0,1)^{\mathrm{T}}$.

经正交化、单位化后,作 $Q=(q_1,q_2,q_3)=\begin{pmatrix}-\frac{\sqrt{2}}{2}&0&\frac{\sqrt{2}}{2}\\0&1&0\\\frac{\sqrt{2}}{2}&0&\frac{\sqrt{2}}{2}\end{pmatrix}$,使 $Q^{-1}AQ=Q^{\mathrm{T}}AQ=\Lambda=$

$\begin{pmatrix}0&&\\&2&\\&&2\end{pmatrix}$,则 $A^k=Q\Lambda^kQ^{\mathrm{T}}=\begin{pmatrix}2^{k-1}&0&2^{k-1}\\0&2^k&0\\2^{k-1}&0&2^{k-1}\end{pmatrix}$.

18. A 有特征值 $\lambda_1=1$, $\lambda_2=4$. 属于 $\lambda_1=1$ 的特征向量为 $\xi_1=(1,-1)^{\mathrm{T}}$,属于 $\lambda_2=4$ 的特征向量为 $\xi_2=(1,2)^{\mathrm{T}}$.

$$P=\begin{pmatrix}1&1\\-1&2\end{pmatrix},\quad P^{-1}=\frac{1}{3}\begin{pmatrix}2&-1\\1&1\end{pmatrix},\quad A=P\Lambda P^{-1},$$

$$A^k=P\Lambda^kP^{-1}=\frac{1}{3}\begin{pmatrix}2+4^k&-1+4^k\\-2+2\times4^k&1+2\times4^k\end{pmatrix}.$$

19. 把 $e_1=(1,0)^{\mathrm{T}}$, $e_2=(0,1)^{\mathrm{T}}$ 用 $\xi_1=(1,-1)^{\mathrm{T}}$, $\xi_2=(1,2)^{\mathrm{T}}$ 表示:

$$e_1=\frac{1}{3}(2\xi_1+\xi_2),\quad e_2=\frac{1}{3}(-\xi_1+\xi_2),$$

则

$$A^k=A^kE=A^k(e_1,e_2)=\frac{1}{3}(2A^k\xi_1+A^k\xi_2,-A^k\xi_1+A^k\xi_2)$$

$$=\frac{1}{3}\begin{pmatrix}2+4^k&-1+4^k\\-2+2\times4^k&1+2\times4^k\end{pmatrix}.$$

20. 令 $\boldsymbol{x}=\begin{pmatrix}x_1\\x_2\end{pmatrix}$，$\boldsymbol{A}=\begin{pmatrix}1&2\\4&3\end{pmatrix}$，化为 $\dfrac{\mathrm{d}\boldsymbol{x}}{\mathrm{d}t}=\boldsymbol{A}\boldsymbol{x}$. 化 $\boldsymbol{A}$ 为对角矩阵 $\boldsymbol{\Lambda}$，为此要找出 $\boldsymbol{P}$，使得 $\boldsymbol{P}^{-1}\boldsymbol{A}\boldsymbol{P}=\boldsymbol{\Lambda}$. 求出 $\boldsymbol{P}=\begin{pmatrix}1&1\\2&-1\end{pmatrix}$，则 $\boldsymbol{P}^{-1}=\dfrac{1}{3}\begin{pmatrix}1&1\\2&-1\end{pmatrix}$，$\boldsymbol{\Lambda}=\begin{pmatrix}5&0\\0&-1\end{pmatrix}$. 再做变换 $\boldsymbol{x}=\boldsymbol{P}\boldsymbol{y}$，$\boldsymbol{y}=\begin{pmatrix}y_1\\y_2\end{pmatrix}$，化为 $\dfrac{\mathrm{d}\boldsymbol{y}}{\mathrm{d}t}=\boldsymbol{\Lambda}\boldsymbol{y}$，即 $\begin{cases}\dfrac{\mathrm{d}y_1}{\mathrm{d}t}=5y_1,\\ \dfrac{\mathrm{d}y_2}{\mathrm{d}t}=-y_2,\end{cases}$ 解得 $\begin{cases}y_1=c_1\mathrm{e}^{5t},\\ y_2=c_2\mathrm{e}^{-t},\end{cases}$ 原方程组的通解为

$$\begin{cases}x_1=y_1+y_2=c_1\mathrm{e}^{5t}+c_2\mathrm{e}^{-t},\\ x_2=2y_1-y_2=2c_1\mathrm{e}^{5t}-c_2\mathrm{e}^{-t}.\end{cases}$$

21. (1) 由 $\begin{cases}x_{n+1}=\dfrac{5}{6}x_n+\dfrac{2}{5}\left(\dfrac{1}{6}x_n+y_n\right),\\ y_{n+1}=\dfrac{3}{5}\left(\dfrac{1}{6}x_n+y_n\right),\end{cases}$ 得 $\boldsymbol{A}=\begin{pmatrix}\dfrac{9}{10}&\dfrac{2}{5}\\ \dfrac{1}{10}&\dfrac{3}{5}\end{pmatrix}$.

(2) 验证略. 特征值 $\lambda_1=1$，$\lambda_2=\dfrac{1}{2}$.

(3) $\begin{pmatrix}x_{n+1}\\y_{n+1}\end{pmatrix}=\cdots=\boldsymbol{A}^n\begin{pmatrix}\dfrac{1}{2}\\ \dfrac{1}{2}\end{pmatrix}$，由 $\boldsymbol{P}^{-1}\boldsymbol{A}\boldsymbol{P}=\boldsymbol{\Lambda}=\begin{pmatrix}\lambda_1&\\&\lambda_2\end{pmatrix}$，得

$$\boldsymbol{A}=\boldsymbol{P}\boldsymbol{\Lambda}\boldsymbol{P}^{-1},\quad \boldsymbol{A}^n=\boldsymbol{P}\boldsymbol{\Lambda}^n\boldsymbol{P}^{-1}=\frac{1}{5}\begin{pmatrix}4+\left(\dfrac{1}{2}\right)^n & 4-4\times\left(\dfrac{1}{2}\right)^n\\ 1-\left(\dfrac{1}{2}\right)^n & 1+4\times\left(\dfrac{1}{2}\right)^n\end{pmatrix},$$

因此

$$\begin{pmatrix}x_{n+1}\\y_{n+1}\end{pmatrix}=\frac{1}{10}\begin{pmatrix}8-3\times\left(\dfrac{1}{2}\right)^n\\ 2+3\times\left(\dfrac{1}{2}\right)^n\end{pmatrix}.$$

习 题 七

1. $f=(x,y,z)\boldsymbol{A}\begin{pmatrix}x\\y\\z\end{pmatrix}$，其中 $\boldsymbol{A}=\begin{pmatrix}1&-1&-2\\-1&1&-2\\-2&-2&-7\end{pmatrix}$，$R(\boldsymbol{A})=3$.

2. 观察 $\boldsymbol{A}$，$\boldsymbol{B}$ 发现，对调 $\boldsymbol{A}$ 的第一、二这两列与第一、二这两行得到 $\boldsymbol{B}$，由初等变换可知左乘 $\boldsymbol{E}(1,2)$ 及右乘 $\boldsymbol{E}(1,2)$ 得 $\boldsymbol{E}(1,2)\boldsymbol{A}\boldsymbol{E}(1,2)=\boldsymbol{B}$，而 $\boldsymbol{E}(1,2)=\boldsymbol{E}^{\mathrm{T}}(1,2)$，故

$$\boldsymbol{C}=\boldsymbol{E}(1,2)=\begin{pmatrix}0&1&0\\1&0&0\\0&0&1\end{pmatrix}.$$

3. $\boldsymbol{A}$ 对调第二、三这两行与第二、三这两列得到 $\boldsymbol{B}$，由初等变换可知左乘 $\boldsymbol{E}(2,3)$ 与右乘 $\boldsymbol{E}(2,3)$ 得 $\boldsymbol{E}(2,3)\boldsymbol{A}\boldsymbol{E}(2,3)=\boldsymbol{B}$，而 $\boldsymbol{E}(2,3)=\boldsymbol{E}^{\mathrm{T}}(2,3)$，故

$$C = E(2,3) = \begin{pmatrix} 1 & 0 & 0 \\ 0 & 0 & 1 \\ 0 & 1 & 0 \end{pmatrix}.$$

4. f 的正惯性指数为 2.
5. $f = y_1^2 - 4y_2^2$.
6. 做正交变换 $\begin{pmatrix} x_1 \\ x_2 \\ x_3 \end{pmatrix} = \begin{pmatrix} 0 & 1 & 0 \\ -\frac{\sqrt{2}}{2} & 0 & \frac{\sqrt{2}}{2} \\ \frac{\sqrt{2}}{2} & 0 & \frac{\sqrt{2}}{2} \end{pmatrix} \begin{pmatrix} y_1 \\ y_2 \\ y_3 \end{pmatrix}$，则 $f = y_1^2 + 2y_2^2 + 5y_3^2$.
7. 写出二次型矩阵 $\boldsymbol{A}$ 与标准形矩阵 $\boldsymbol{\Lambda}$，在正交变换下 $\boldsymbol{A}$ 与 $\boldsymbol{\Lambda}$ 相似，解得

$$a = -2,\quad c = -3,\quad \boldsymbol{Q} = \begin{pmatrix} -\frac{\sqrt{2}}{2} & \frac{\sqrt{6}}{6} & \frac{\sqrt{3}}{3} \\ \frac{\sqrt{2}}{2} & \frac{\sqrt{6}}{6} & \frac{\sqrt{3}}{3} \\ 0 & -\frac{\sqrt{6}}{3} & \frac{\sqrt{3}}{3} \end{pmatrix},$$

在正交变换 $\boldsymbol{x} = \boldsymbol{Q}\boldsymbol{y}$ 下的标准形为 $f = 3y_1^2 + 3y_2^2 - 3y_3^2$.
8. f 的标准形为 $f = 3y_1^2$.
9. 写出二次型矩阵 $\boldsymbol{A}$，由 $|\boldsymbol{A} - \lambda\boldsymbol{E}| = -\lambda(5-\lambda)(6-\lambda)$ 求得特征值分别为 $\lambda_1 = 0, \lambda_2 = 5, \lambda_3 = 6$，则 f 的标准形为 $f = 5y_2^2 + 6y_3^2$.
10. 写出二次型矩阵 $\boldsymbol{A}$，由 $\begin{pmatrix} \boldsymbol{A} \\ \cdots \\ \boldsymbol{E} \end{pmatrix}$ 化为 $\begin{pmatrix} 2 & 0 & 0 \\ 0 & -2 & 0 \\ 0 & 0 & 6 \\ \hdashline 1 & -1 & 3 \\ 1 & 1 & -1 \\ 0 & 0 & 1 \end{pmatrix}$，则做可逆线性变换

$$\begin{pmatrix} x_1 \\ x_2 \\ x_3 \end{pmatrix} = \begin{pmatrix} 1 & -1 & 3 \\ 1 & 1 & -1 \\ 0 & 0 & 1 \end{pmatrix} \begin{pmatrix} y_1 \\ y_2 \\ y_3 \end{pmatrix}$$

化为标准形 $f = 2y_1^2 - 2y_2^2 + 6y_3^2$.
11. 令 $x_1 = \frac{z_1}{\sqrt{2}}, x_2 = \frac{z_2}{\sqrt{3}}, x_3 = \frac{z_3}{2}$，化为 $f = z_1^2 + z_2^2 - z_3^2$.
12. 写出二次型 f 的矩阵 $\boldsymbol{A}$，由 $|\boldsymbol{A} - \lambda\boldsymbol{E}| = 0$ 得 $\boldsymbol{A}$ 的特征值分别为 $\lambda_1 = a, \lambda_2 = a-2, \lambda_3 = a+1$. 若规范形为 $y_1^2 + y_2^2$，说明有两个特征值为正，一个为 0. 若 $\lambda_2 = 0$，即 $a = 2, \lambda_1 = a = 2, \lambda_3 = a+1 = 3$，符合题意. $\lambda_1 = 0, \lambda_3 = 0$，均不符合题意.
13. 先求 $\boldsymbol{x}^{\mathrm{T}}\boldsymbol{x} = \cdots = \boldsymbol{y}^{\mathrm{T}}\boldsymbol{y} = 2$，再求二次型 f 的矩阵 $\boldsymbol{A}$ 的特征值 $\lambda_1 = 0, \lambda_2 = 5, \lambda_3 = 6$，这时 $\boldsymbol{x}^{\mathrm{T}}\boldsymbol{A}\boldsymbol{x} = 5y_2^2 + 6y_3^2 \leqslant 6\boldsymbol{y}^{\mathrm{T}}\boldsymbol{y} = 12$.
14. (1) 正定； (2) 负定.

15. 对任意 $\boldsymbol{x} \neq \mathbf{0}$,由题设$\boldsymbol{x}^{\mathrm{T}}(\boldsymbol{AB}+\boldsymbol{B}^{\mathrm{T}}\boldsymbol{A})\boldsymbol{x} > 0$. 由此恒有 $\boldsymbol{Ax} \neq \mathbf{0}$,即 $\boldsymbol{Ax} = \mathbf{0}$ 只有零解,从而 $\boldsymbol{A}$ 可逆.
16. 略. 利用定义可证得 f 为正定二次型.
17. 略.(1) 用定义去证 f 为正定二次型,或用$\boldsymbol{A}^{-1}$ 的全部特征值都为正;
(2) 用定义去证$\boldsymbol{x}^{\mathrm{T}}(\boldsymbol{A}+\boldsymbol{B})\boldsymbol{x} = \boldsymbol{x}^{\mathrm{T}}\boldsymbol{Ax}+\boldsymbol{x}^{\mathrm{T}}\boldsymbol{Bx} > 0$.
18. 略. 先证 $\boldsymbol{E}-\boldsymbol{A}^2$ 为对称矩阵,再证 $\boldsymbol{x}^{\mathrm{T}}(\boldsymbol{E}-\boldsymbol{A}^2)\boldsymbol{x} > 0(\boldsymbol{x} \neq \mathbf{0})$.
19. 在正交变换$\begin{pmatrix} x \\ y \\ z \end{pmatrix} = \begin{pmatrix} 0 & \frac{2\sqrt{2}}{3} & -\frac{1}{3} \\ \frac{\sqrt{2}}{2} & -\frac{\sqrt{2}}{6} & -\frac{2}{3} \\ \frac{\sqrt{2}}{2} & \frac{\sqrt{2}}{6} & \frac{2}{3} \end{pmatrix} \begin{pmatrix} x' \\ y' \\ z' \end{pmatrix}$下,化二次曲面方程为$2y'^2+11z'^2=1$.
20. $f = \boldsymbol{x}^{\mathrm{T}}\boldsymbol{Ax}$,因二次型经正交变换化为 $y_1^2+4z_1^2=4$,故 $\boldsymbol{A}$ 的特征值分别为$\lambda_1=0,\lambda_2=1,\lambda_3=4$,再由 $|\boldsymbol{A}| = -(a-1)^2 = \lambda_1\lambda_2\lambda_3 = 0$ 得 $a=1$.
21. 矩阵 $\boldsymbol{A}$ 经初等变换得矩阵 $\boldsymbol{B}$,故 $\boldsymbol{A}$ 与 $\boldsymbol{B}$ 等价.

由初等矩阵知有$\begin{pmatrix} 0 & 1 & 0 \\ 1 & 0 & 0 \\ 0 & 0 & 1 \end{pmatrix}\boldsymbol{A}\begin{pmatrix} 0 & 1 & 0 \\ 1 & 0 & 0 \\ 0 & 0 & 1 \end{pmatrix} = \boldsymbol{B}$,因为

$$\begin{pmatrix} 0 & 1 & 0 \\ 1 & 0 & 0 \\ 0 & 0 & 1 \end{pmatrix}^{-1} = \begin{pmatrix} 0 & 1 & 0 \\ 1 & 0 & 0 \\ 0 & 0 & 1 \end{pmatrix}, \quad \begin{pmatrix} 0 & 1 & 0 \\ 1 & 0 & 0 \\ 0 & 0 & 1 \end{pmatrix}^{\mathrm{T}} = \begin{pmatrix} 0 & 1 & 0 \\ 1 & 0 & 0 \\ 0 & 0 & 1 \end{pmatrix},$$

所以 $\boldsymbol{A}$ 与 $\boldsymbol{B}$ 相似、合同.
22. 因为 $R(\boldsymbol{A}) = R(\boldsymbol{B}) = 2$,且 $\boldsymbol{A}$ 与 $\boldsymbol{B}$ 为同型矩阵,所以矩阵 $\boldsymbol{A}$ 与 $\boldsymbol{B}$ 等价.

又因为矩阵 $\boldsymbol{A}$ 与 $\boldsymbol{B}$ 的特征值不等,所以 $\boldsymbol{A}$ 与 $\boldsymbol{B}$ 不相似.

再因为对于矩阵 $\boldsymbol{A}$ 与 $\boldsymbol{B}$,若$\boldsymbol{C}^{\mathrm{T}}\boldsymbol{AC} = \boldsymbol{B}$,则 $|\boldsymbol{B}| = |\boldsymbol{C}^{\mathrm{T}}\boldsymbol{AC}| = |\boldsymbol{C}^2||\boldsymbol{A}| > 0$. 而 $|\boldsymbol{B}| < 0$,所以 $\boldsymbol{A}$ 与 $\boldsymbol{B}$ 不合同.
23. 驻点为$(0,0,1)$,在驻点处的黑塞矩阵为

$$\boldsymbol{H}(x_0) = \begin{pmatrix} -1 & 0 & 0 \\ 0 & -1 & 0 \\ 0 & 0 & -4\mathrm{e} \end{pmatrix}.$$

因 $\boldsymbol{H}(x_0)$ 为负定矩阵,故 $f(0,0,1) = \mathrm{e}-1$ 为函数的极大值.

习　题　八

1. 略.(1) 首先证明 S_1 对加法和数乘运算封闭. 又根据矩阵加法和数乘运算满足的运算规律,可知这两种运算满足线性运算的八条运算规律.

$$\boldsymbol{E} = \left\{\boldsymbol{E}_{11} = \begin{pmatrix} 1 & 0 \\ 0 & 0 \end{pmatrix}, \boldsymbol{E}_{12} = \begin{pmatrix} 0 & 1 \\ 0 & 0 \end{pmatrix}, \boldsymbol{E}_{21} = \begin{pmatrix} 0 & 0 \\ 1 & 0 \end{pmatrix}, \boldsymbol{E}_{22} = \begin{pmatrix} 0 & 0 \\ 0 & 1 \end{pmatrix}\right\}$$

为 S_1 的一个基,维数为 4.

(2) S_2 是 S_1 的子集,只要证明 S_2 对于矩阵的加法和数乘运算封闭即可.

$$\boldsymbol{G} = \left\{\boldsymbol{G}_1 = \begin{pmatrix} 1 & 0 \\ 0 & 0 \end{pmatrix}, \boldsymbol{G}_2 = \begin{pmatrix} 0 & 1 \\ 1 & 0 \end{pmatrix}, \boldsymbol{G}_3 = \begin{pmatrix} 0 & 0 \\ 0 & 1 \end{pmatrix}\right\}$$

为 S_2 的一个基,维数为 3.

2. 略.因对加法和数乘运算不封闭.

3. 略.设 V 的维数为 r,若 $r=0$,则 V 与 U 都是零空间,显然有 $V=U$;若 $r\neq 0$,由题设知 $U\subset V$,再证 $V\subset U$,即可证得 $V=U$.

4. 略.方法 1:用基的定义法去证(即目测法);方法 2:用基变换法去证.

5. $\boldsymbol{\alpha}$ 在基 $\boldsymbol{\alpha}_1,\boldsymbol{\alpha}_2,\boldsymbol{\alpha}_3$ 下的坐标为 $(33,-82,154)^{\mathrm{T}}$.

6. 设过渡矩阵为 $\boldsymbol{P}$,由 $(\boldsymbol{\beta}_1,\boldsymbol{\beta}_2,\boldsymbol{\beta}_3)=(\boldsymbol{\alpha}_1,\boldsymbol{\alpha}_2,\boldsymbol{\alpha}_3)\boldsymbol{P}$ 得

$$\boldsymbol{P}=(\boldsymbol{\alpha}_1,\boldsymbol{\alpha}_2,\boldsymbol{\alpha}_3)^{-1}(\boldsymbol{\beta}_1,\boldsymbol{\beta}_2,\boldsymbol{\beta}_3),$$

利用 $(\boldsymbol{\alpha}_1,\boldsymbol{\alpha}_2,\boldsymbol{\alpha}_3 \,\vdots\, \boldsymbol{E})=\cdots=(\boldsymbol{E} \,\vdots\, (\boldsymbol{\alpha}_1,\boldsymbol{\alpha}_2,\boldsymbol{\alpha}_3)^{-1})$ 求得

$$(\boldsymbol{\alpha}_1,\boldsymbol{\alpha}_2,\boldsymbol{\alpha}_3)^{-1}=\begin{pmatrix}2&0&-1\\2&1&-2\\-1&0&1\end{pmatrix},$$

故

$$\boldsymbol{P}=\begin{pmatrix}2&0&-1\\2&1&-2\\-1&0&1\end{pmatrix}\begin{pmatrix}1&1&1\\0&1&1\\0&0&1\end{pmatrix}=\begin{pmatrix}2&2&1\\2&3&1\\-1&-1&0\end{pmatrix}.$$

7. 设由基 $\boldsymbol{e}_1,\boldsymbol{e}_2,\boldsymbol{e}_3,\boldsymbol{e}_4$ 到基 $\boldsymbol{\alpha}_1,\boldsymbol{\alpha}_2,\boldsymbol{\alpha}_3,\boldsymbol{\alpha}_4$ 的过渡矩阵为 $\boldsymbol{P}$,由于

$$(\boldsymbol{\alpha}_1,\boldsymbol{\alpha}_2,\boldsymbol{\alpha}_3,\boldsymbol{\alpha}_4)=(\boldsymbol{e}_1,\boldsymbol{e}_2,\boldsymbol{e}_3,\boldsymbol{e}_4)\begin{bmatrix}26&31&17&43\\75&95&53&132\\75&94&55&134\\25&32&20&49\end{bmatrix},$$

故

$$\boldsymbol{P}=\begin{bmatrix}26&31&17&43\\75&95&53&132\\75&94&55&134\\25&32&20&49\end{bmatrix}.$$

因向量 $\boldsymbol{y}=(y_1,y_2,y_3,y_4)^{\mathrm{T}}$ 在基 $\boldsymbol{e}_1,\boldsymbol{e}_2,\boldsymbol{e}_3,\boldsymbol{e}_4$ 下的坐标就是它自身,而在基 $\boldsymbol{\alpha}_1,\boldsymbol{\alpha}_2,\boldsymbol{\alpha}_3,\boldsymbol{\alpha}_4$ 下的坐标由坐标变换公式 $\boldsymbol{P}^{-1}\boldsymbol{y}$ 得到,故要使 $\boldsymbol{y}$ 在两个基下有相同的坐标,必须且只需 $\boldsymbol{P}^{-1}\boldsymbol{y}=\boldsymbol{y}$,即 $\boldsymbol{y}=\boldsymbol{P}\boldsymbol{y}$,亦即 $(\boldsymbol{P}-\boldsymbol{E})\boldsymbol{y}=\boldsymbol{0}$.这是一个齐次线性方程组 $\boldsymbol{A}\boldsymbol{x}=\boldsymbol{0}$,对系数矩阵 $\boldsymbol{A}=\boldsymbol{P}-\boldsymbol{E}$ 施行初等行变换,化为行最简形矩阵:$\boldsymbol{A}=\boldsymbol{P}-\boldsymbol{E}\rightarrow\cdots\rightarrow\begin{bmatrix}1&0&0&\frac{8}{5}\\0&1&0&-1\\0&0&1&2\\0&0&0&0\end{bmatrix}$,便得 $\begin{cases}y_1=-\frac{8}{5}y_4,\\y_2=y_4,\\y_3=-2y_4.\end{cases}$ 令 $y_4=1$,则 $\begin{cases}y_1=-\frac{8}{5},\\y_2=1,\\y_3=-2.\end{cases}$ 故得 $\boldsymbol{A}\boldsymbol{x}=\boldsymbol{0}$ 的基础解系为 $\boldsymbol{\xi}=\left(-\frac{8}{5},1,-2,1\right)^{\mathrm{T}}$,从而求得在两个基下有相同坐标的向量为 $\boldsymbol{y}=(y_1,y_2,y_3,y_4)^{\mathrm{T}}=k\left(-\frac{8}{5},1,-2,1\right)^{\mathrm{T}}$,其中 k 为任意实数.

8. 略.按线性变换的定义去证.

9. (1) 当且仅当 $\boldsymbol{\xi}=\mathbf{0}$ 时 T 才是线性变换； (2) T 不是线性变换； (3) T 是线性变换.

10. (1) xOy 面上该变换表示以 y 轴为镜面的镜面反射映射,或者说像与原像关于 y 轴对称；

(2) xOy 面上该变换表示以直线 $y=x$ 为镜面的镜面反射映射,或者说像与原像关于 $y=x$ 对称.

11. $\boldsymbol{A}=\begin{pmatrix}1&0&0\\2&1&0\\0&1&1\end{pmatrix}$.

12. 由基 $\boldsymbol{\alpha}_1,\boldsymbol{\alpha}_2,\boldsymbol{\alpha}_3$ 到基 $\boldsymbol{\beta}_1,\boldsymbol{\beta}_2,\boldsymbol{\beta}_3$ 的过渡矩阵为 $\boldsymbol{P}=\begin{pmatrix}2&1&0\\1&-2&-2\\2&0&1\end{pmatrix}$, 求出 $\boldsymbol{P}^{-1}=\dfrac{1}{9}\begin{pmatrix}2&1&2\\5&-2&-4\\-4&-2&5\end{pmatrix}$,故 $\boldsymbol{B}=\boldsymbol{P}^{-1}\boldsymbol{AP}=\begin{pmatrix}-2&0&0\\0&7&0\\0&0&7\end{pmatrix}$.

13. 过渡矩阵为 $\boldsymbol{P}=\begin{pmatrix}-1&-2&0\\1&1&0\\1&0&1\end{pmatrix}$,求出 $\boldsymbol{P}^{-1}=\begin{pmatrix}1&2&0\\-1&-1&0\\-1&-2&1\end{pmatrix}$,故 $\boldsymbol{B}=\boldsymbol{P}^{-1}\boldsymbol{AP}=\begin{pmatrix}-2&0&0\\0&1&0\\0&0&1\end{pmatrix}$.

14. 证明略.按线性变换的定义去证.由 $T(\boldsymbol{\xi}_1)=k_1\boldsymbol{\xi}_1,T(\boldsymbol{\xi}_2)=k_2\boldsymbol{\xi}_2,T(\boldsymbol{\xi}_3)=k_3\boldsymbol{\xi}_3$,得

$$T(\boldsymbol{\xi}_1,\boldsymbol{\xi}_2,\boldsymbol{\xi}_3)=(\boldsymbol{\xi}_1,\boldsymbol{\xi}_2,\boldsymbol{\xi}_3)\boldsymbol{A}=(\boldsymbol{\xi}_1,\boldsymbol{\xi}_2,\boldsymbol{\xi}_3)\begin{pmatrix}k_1&&\\&k_2&\\&&k_3\end{pmatrix},$$

故

$$\boldsymbol{A}=\begin{pmatrix}k_1&&\\&k_2&\\&&k_3\end{pmatrix}.$$

附录Ⅰ 历年考研真题（线性代数部分）

历年考研真题

附录Ⅱ 课程知识点拓扑图

拓扑图

参 考 文 献

[1] 同济大学数学系.工程数学:线性代数[M].6版.北京:高等教育出版社,2014.
[2] 丘维声.简明线性代数[M].北京:北京大学出版社,2002.
[3] 李尚志.线性代数[M].北京:高等教育出版社,2011.
[4] 黄廷祝,成孝予.线性代数与空间解析几何[M].5版.北京:高等教育出版社,2018.
[5] 刘三阳,马建荣,杨国平.线性代数[M].2版.北京:高等教育出版社,2009.
[6] 陈建龙,周建华,张小向,等.线性代数[M].2版.北京:科学出版社,2016.
[7] 周勇,李继猛.线性代数[M].2版.北京:北京大学出版社,2022.
[8] 段复建.线性代数[M].上海:复旦大学出版社,2017.
[9] 宋叔尼,阎家斌,陆小军.线性代数及其应用[M].北京:高等教育出版社,2014.
[10] 郝志峰,谢国瑞,汪国强,等.线性代数[M].3版.北京:高等教育出版社,2013.
[11] 郝志峰.线性代数学习指导与典型例题[M].北京:高等教育出版社,2006.
[12] 郝志峰.线性代数[M].2版.上海:复旦大学出版社,2017.

图书在版编目(CIP)数据

线性代数/郝志峰主编. —2 版. —北京：北京大学出版社，2023. 8
ISBN 978-7-301-34245-9

Ⅰ. ①线… Ⅱ. ①郝… Ⅲ. ①线性代数 Ⅳ. ①O151. 2

中国国家版本馆 CIP 数据核字(2023)第 137665 号

书　　名	线性代数（第二版） XIANXING DAISHU(DI-ER BAN)
著作责任者	郝志峰　主编
责任编辑	尹照原
标准书号	ISBN 978-7-301-34245-9
出版发行	北京大学出版社
地　　址	北京市海淀区成府路 205 号　100871
网　　址	http://www. pup. cn
新浪微博	@北京大学出版社
电子邮箱	zpup@pup. cn
电　　话	邮购部 010-62752015　发行部 010-62750672　编辑部 010-62752021
印 刷 者	长沙超峰印刷有限公司
经 销 者	新华书店
	787 毫米×1092 毫米　16 开本　14 印张　358 千字
	2019 年 4 月第 1 版
	2023 年 8 月第 2 版　2024 年 12 月第 3 次印刷
定　　价	49. 50 元